日産自動車の盛衰

自動車労連会長の証言

塩路一郎

緑風出版

はじめに

失脚

昭和六十一（一九八六）年六月十一日、私は写真週刊誌『フライデー』に掲載されたスキャンダルに止めを刺されるかたちで、自動車労連（日本自動車産業労働組合連合会＝日産自動車及び関係会社の労働組合の連合体）に辞表を出した。これに先立ち、三月の初めに自動車労連の会長と自動車総連（全日本自動車産業労働組合総連合会＝自動車業界全体の労働組合の総連合体）の会長を辞任していたから、私の労組人生はこの時をもって終わる。

昭和二十八（一九五三）年、日産に入社して以来、三十三年間、日本の労働組合運動のために、また、出身母体の日産自動車と組合員のために、粉骨砕身の努力をしてきたつもりの私にとって、この幕切れは実に不本意なものだ。

石原俊氏が日産社長に就任した昭和五十二（一九七七）年以来、私と石原氏の対立はことある毎にマスコミを賑わせたが、そのほとんどが社内の主導権をめぐって労組と経営陣が熾烈な権力闘争をしているというスキャンダルめいた切り口の記事、もしくは金、女にまつわるスキャンダルそのものだった。

われわれの対立が最も喧伝された日産の英国進出に関する労組の反対も、実際は〝明らかに〟会社の経営を危うくする――つまりは組合員の生活を危うくする――ような無謀な海外プロジェクトはやめて欲しいという、労組のトップとして至極あたりまえの提案に過ぎなかった。それが、あたかも私が権力奪取のために、石原氏を窮地に追い込む策謀をめぐらせているかの如く書かれ続ける。

昭和五十九（一九八四）年一月の『フォーカス』に、「日産の英国進出を脅かす『塩路天皇』のヨットと女の現場」というタイトルで二頁大の写真が掲載され、こう書かれてあった。

「平たくいえば、ホステスを連れてヨット遊びをしているところを見られたというので、塩路会長がアタマにきた。アタマにきたので、日産がいま抱えている最大の懸案である英国進出問題を、討論のテーブルから払い落とした、というわけだ」（一月二十七日号）

この記事が掲載されて以降、写真誌はもとより、週刊誌、月刊誌とありとあらゆる媒体にスキャンダルが露出され続けたから、それらのスキャンダル――醜い権力闘争――は、やはり真実であると世間に受け取られてしまったと思う。

真相を知る人は、会社がマスコミを使って組合攻撃を始めた早い段階から、良識あるマスコミにすべてを暴露して会社に反撃したらどうか、と薦めてくれた。しかし、私は沈黙を守るほうを選んだ。

真相を暴露すれば私一人の名誉回復はできる。だが、そのことで会社のイメージは地に墜ち、日産車の販売は激減することだろう。それは労働条件の切り下げや組合員たちの解雇に直結する。三十余年の労働運動を通して、私が守らねばならないと思い続けてきた組合員の生活を脅かすことだけはどうしても避けたかった。

しかし、私が黙って身を引いた途端、組合は石原体制支持を表明した。結果、経営政策の重大な誤りは看過されてしまうことになった。

真相とはこういうことだ。石原氏は無謀なプロジェクトをゴリ押しするために、反対している労組をつぶそうとした。そこで私を失脚させることを狙ってスキャンダルを仕組んだ。私が提起した経営のあり方をめぐる政策論争に、会社は謀略で応えたのである。

さらにその背景には、石原氏が社長就任の二十二年前（昭和三十年）に企て、失敗に終わった「幻のクーデター」がある。（第一部第一章第三節の三を参照）

経営政策論争を権力闘争にすり替えるために、会社が仕組んだ数々の謀略については本文で詳しく説明するつもりだが、『フォーカス』に載った写真の盗撮についてだけ、ここで一言述べておきたい。この写真は、日産自動車広報室の課長がカメラマンを佐島マリーナに誘導して撮らせたものだ。このことで石原社長が私に詫び状を書いたので、川又会長が提案した「ノックダウン生産方式」を組合が了解し、英国進出が決定したのである。

『フォーカス』問題は、私に尻尾（当時の総理大臣秘書も絡んだ会社のスキャンダル）を捕まれた石原氏が青くなった事件だが、これについても、私は自分が不利になることを承知で、社内に対しても沈黙を守った。

何故いま沈黙を破るのか

その当時から、私は日産の労使関係の歴史的評価を後世の史家に委ねようと思っていた。自動車労連の会長を辞めた時、労連の書庫に膨大な資料を残してきた。これを仔細に検討すれば歴史の真実は明らかになる。やがて誰かがその仕事をしてくれるだろうと考えた。

しかし、会長を辞任してしばらくして、私はそれが不可能であることを知った。団体交渉や経営協議会の議事録、テープなど労使関係に関わる資料や私の国際活動の殆どが、座間工場の焼却炉で灰にされていたのだ。

昭和六十一年三月初めに私が労連会長を辞任すると、会社（人事部・労務部）に誘導された三会（工場の現場監督者、係長・組長・安全主任の会）の代表が「労働組合を民主的な本来あるべき姿にする」と称して一四項目の組合規約修正案を執行部に提出、組合首脳部と約二カ月にわたる交渉の末に、「日産労組」は労連の中核組織としての機能を失い、メーカー・販売・部品の仲間が連帯して強大な交渉力を保持していた「自動車労連」も解体されて、組織名を「日産労連」に改めた（第四部第一章第一節）。

日産労連の初代会長になった清水春樹は、一九八八（昭和六十三）年春に運動史編集委員会を発足させ、自らは編集委員長として、一九九二（平成四）年六月に『全自・日産分会』上・中・下三巻を出版した。昭和二十八年の大争議を起こした全自・日産分会（全日本自動車産業労働組合日産自動車分会）の幹部から証言を集め、分会が発行した印刷物と資料をもとに、日産の労働組合の生い立ちから全自解散（一九五四年）までの運動史を編集して、その極左労組と戦って日産労組を結成し（一九五三年）、百日闘争を終わらせた中心人物・宮家愈氏と塩路を排除した日産争議史を作ったのである（第四部第二章第一節を参照）。

その一年後、一九九三年九月に行った「全日産労組創立四〇周年記念・特別講演」では、「日産グループの労働組合のトップリーダーの中で『天皇』と言われた人が三人いる」と、自分（清水）の前の三人、益田哲夫・宮家・塩路を「天皇」で束ねて断罪し、後で詳しく述べるように、日産の労使関係の歴史を根こそぎ改竄してしまった（第四部第二章を参照）。

この「特別講演」に呼応して、翌年の一九九四年十一月、石原氏が日本経済新聞に「私の履歴書」を書き、「塩路の組合が日産をダメにした」と明記した。

私は石原氏の「私の履歴書」に応えて、『文芸春秋』三月号（一九九五年）に会社の陰謀・マスコミ工作を象徴する佐島マリーナ事件の顛末を書いた。三月号が発売されて約二週間後、たまたま得本輝人自動車総連会長（故人・トヨタ出身）に会ったので、「読んでくれた？」と訊くと、「読んでない」と言う。「何故？」と訊いたら、「自動車総連の中央執行委員会で、草野日産労連会長から『あれは石原・塩路の個人的な確執で十年前に終わったことだ。今更書かれるのは迷惑な話だ』という発言があったので、それを中執として確認したからだ」という説明があった。

私は、「社外でも石原経営を擁護して歩くような日産労連の有様では、会社が潰れるのは時間の問題だ」と思った。その不幸な予感は的中した。四年後の一九九九年、経営が破綻した日産自動車は、かつて（一九七九年）石原氏が提携を申し入れたが断られた、ルノーの傘下に入ったのである。

その翌年、日経新聞の記者一五人の取材チームが日産自動車の再建をテーマにまとめた『起死回生』が出版され（二〇〇〇年）、その序章で塩路の存在を「魔物」と書いた。

そこには、

「塩路は五三年の第二組合発足に当たり『特攻隊長』の役割を果たした人物。プリンスとの合併に当たっては、川又の命を受けてプリンス側の労組の掌握に成功する。川又の寵愛を受け、権力を固めた塩路は『塩路天皇』といつしか呼ばれるようになり、日産における第二の権力を確立する。人事はすべて事前に相談が持ちかけられた。社内で塩路の悪口でも言おうものなら、直ちに塩路に報告されるといった具合だった。かつて日産を破滅の際まで追いやった第一組合の益田を倒した塩路は『第二の益田』と化していた。

日産労組『塩路天皇』の道楽——英国進出を脅かす『ヨットと女の現場』——と題した記事が写真週刊誌『フォーカス』を飾ったのは英国進出問題が最大の山場を迎えていた八四年一月。豪華ヨットで女性と遊ぶ塩路の姿をすっぱ抜いたその記事が掲載されたわずか十日後に、日産は長い懸案だった英国進出を正式決定。求心力を失った塩路は二年後、日産労組トップの座を追われ、石原と塩路の闘争にようやく終止符が打たれた。

『塩路さえいなくなれば……』。日産社内の関係者は口々にこう語り、復活を誓うが、事はそう簡単でなかった。自らに刃向かおうとする幹部や社員を徹底的にたたきつぶす恐怖政治を敷いた塩路という第二の権力と経営者のはざまで揺れ動いた社内には、事なかれ主義がはびこっていた。経営者がいくら改革の声を上げても、社内は容易には動かなかった」

と、会社が人事権を乱用し多額のマスコミ対策費を使い私を放逐して、社内に恐怖政治を敷いた石原独裁体制の経営責任を、私に転嫁するでっち上げストーリーが綴られている。

この二年後の二〇〇二年、石原氏が『私の履歴書』の内容に「書き残したこと」九項目を増補して『私と日産自動車』（日本経済新聞社）を上梓し、

「川又さんも岩越さんも労使協調の行き過ぎで、労組幹部の専横を許し、経営への介入を許してしま

った。私は先輩たちが残した負の遺産と格闘しなければならなかった。日産という会社の歴史が、私に与えた役回りだったとも言える」

と、自ら行った不当労働行為の数々を正当化した。のみならず、史実を全く塗り替えた虚言を連ねて、日産崩壊の経営責任を組合に転嫁している（第四部第二章第四節参照）。

このように、私を放逐した後の日産自動車の労使は、日産争議以来労使が協力して企業の復興発展に努めてきた史実を抹殺して、虚構の労使関係史を残そうと余念がない。

耐えてきた仲間たち

私の手記の三回目（最終回）が載った『文藝春秋』五月号の発売（四月十日）から一カ月ほど経ったときのこと、全日産労組横浜支部の常任ＯＢ約三十人から横浜市の関内にあるトンカツ屋に呼ばれた。『文春』に手記を書いたことへの慰労会だと言う。私を支持したが故に、私の失脚後、会社から差別扱いされ被害を受けている人たちの代表である。会の始めに、呼びかけ人の一人、元横浜支部長の出縄孝重君が次のような挨拶をした。

「私は先月日産を辞めました。会長が『文春』に〝今だから話そう〟を書いてくれたからです。私の家内や子供たちは、私が会社に差別扱いされていることを知って、『なぜ塩路会長を支持したのか』と、いくら説明しても解ってくれなかった。それが、今度『文藝春秋』に載った会長の手記を読んで、『お父さんが会長を支持したのは正しいことだった。そんな会社辞めたければ、辞めたらいい』と変わった。それで私は天下晴れて日産を辞めました」

そうしたら、その場にいた三人が「私も会長が手記を書いてくれたお陰で、胸を張って会社を辞めました」と。

私は涙をこらえるのに苦労した。私が『フライデー』で会社の手に落ちたのが一九八六年だから、以来九年間そのことで沢山の仲間に迷惑をかけ続けている。しかし、私に『フライデー』のことで質問したり文句を言った人は一人もいない。そして、会社側に付いた同僚や会社の仕打ち、無関係を装う組合幹部の態度に、黙って耐えている。彼らに質問しなければ、「係長を外された」とか「配転された」「給料を下げられた」という話を私にしない。

私が「申し訳ない」と詫びると、「会長が謝る必要はない。私たちは正しいと思うことを自分の信念でやっただけです」と。そういう誠実な組合員の仲間意識に支えられていたからこそ、私は会長としての仕事が出来て幸せだったという感慨と、その人たちを守れずに被害を与えている責任を痛感して、感謝と慙愧の念で私は胸がいっぱいになっていた。

このときも私は、私の軽はずみな行動によって長年苦労している大勢の仲間たちの名誉を回復しなければならない、という思いに駆られた。

そして、私たちの間に信頼と仲間意識を育んだ自動車労連の運動や日産の労使関係について、いずれすべてを正確に書き残さなければならない、と心に決めた。

自動車労連結成五十周年

それから十年、二〇〇五年の一月二十三日は自動車労連を結成して五十周年の記念日にあたる。そのこともあって、前年の十一月以降、昔の同志（日産労組・部労・販労の常任ＯＢ）二十数人から便りを頂いた。一九五三年の日産労組結成から私が自動車労連の会長になり（六二年）、プリンスとの合併問題（六六年）に取り組んだ頃までの、共に苦労を分け合った人たちである。

私はそれぞれの顔を思い浮かべながら書かれている事柄を思い出して、こういう仲間に囲まれていたお陰で私は労働運動を続けてこられたのだ、と感謝の気持ちがこみ上げてきた。この年は例年と違って、お互いに手探りながら新しい組合作りに燃えていた若かりし頃を思い出す正月になった。

年賀状の中には、「創立記念行事で会長にお会い出来ることを楽しみに……」と書かれていたのが七通もあった。これも懐かしい顔を思い浮かべて、当日私が居ないことを知ったらどう思うだろうかと、何か私が申し訳ないことをしているような気がした。

手紙の多くに共通していたことは、「自動車労連の歴史を書き残して欲しい」という強い要望だった。その理由の中に、「このままだと、我々が希望に燃えて取り組んで来た運動の理念や積み上げてきた歴史が消されてしまう。今の日産労連は昔とは違う」とか、「ゴーンのリバイバルプランに希望を託して、リストラにも耐えコストダウンに協力したのに、メーカー労組はベースアップでわれわれ部品はベースダウンです。塩路会長時代は格差圧縮で、毎年私たち部労の賃上げを個別企業毎に指導して頂いたことが思い出されます」、「組合を単一化して対等な交渉力を持っていた組合が、今年は組合民主化総仕上げの年だとして、部労も販労も単組毎の直加盟方式にするそうです」、「自動車労連は日産労連に名称を変えましたが、名称だけではなく中身まで変わってしまいました」等々、私の知らないことがいろいろ書かれてあった。

塩路を呼ぶな

一月下旬、元自動車労連三役の一人から来た手紙に次のようなことが書かれていた。

「今日、日本の労働運動は全く変質してしまったのではないか、社会の中でも企業の中でも組合員に対してさえも、労組の影響力は極めて希薄になってしまったように感じております。ご承知のように、先日日産労連の創立五十周年記念総会がありました。白倉豊さんから、『塩路さんが出席できるように現執行部に働きかけてほしい』との電話をもらいました。私は『塩路さんは出席されない方が良い、日産労連と自動車労連とは似て非なるもの、出席されても不愉快な思いをされるだけだから』と申しました。

今の労連にはかつてのように、日産の労使関係の中から、傘下の組合の労働条件を引き上げて行く力があるとは思えません。この次は各組合を解散して、単組毎に労連に加盟するようになるようです。私の理解では、労働者は一人一人では弱い者だから集まろうよ、というのが労働運動の原点だと思うのですが」

手紙は、「白倉さんから、塩路さんが五十周年行事に出席できるように現執行部に働きかけてほしい、との電話をもらいました」と述べているが、私にも前年の十一月末に白倉君から電話があった。

「元組合長クラス数人が手分けして、塩路会長を労連の五十周年記念行事に呼ぶように、日産労連の歴代会長や現役に要請活動をやっています」

「それは止めてくれ。これまでの経緯を見れば呼ぶはずがない。俺がやらせていると邪推するし、とにかくやめてほしい」と言ったが、もう後の祭り。

「いま草野忠義氏（連合事務局長）に電話したところです。『塩路さんに招待状を出すよう、労連内で相談してほしい。過去二十年間、現場は昔の労働者間の対立が解消されないままだ。塩路さんを呼べば、この問題も一挙に解決できる』と申し入れたら、『十二月はじめにJCの協議員会で塩路さんに会うから』と言っていたので、もし会ったら返事を聞いておいて下さい」と言われた。草野忠義は白倉豊君が全日産労組組合長の時の書記長だから、話し易い関係にあるのだとも言う。

十二月二日、IMF・JC懇親会で草野に会うと、

「私はもう日産労組の常任ではないし、影響力もありません。話は日産労連に投げてありますが、日産はいま昔の課長クラスが握っていますからね」

「昔の課長クラスって？」

「塩路さんの最後の頃に課長だった連中です」

と、草野らしい反応だった。そう言えば私がおとなしく引き下がるとでも思ったのだろうが、もともと私が出した要望ではないし、彼がどう答えるかに多少興味があっただけだ。それにしてもこの言葉が意味することは重大である。素直に理解すれば、〝会社の意向で組合の態度が決まる、彼の出身母体は〝会社の言いなりになる組合〟、ということだ。

黙って身を退いてよかったか

私は日産大争議があった昭和二十八年に日産自動車に入社した。当時の組合（全自・日産分会）は共産党が牛耳り、階級闘争の考えに立って争議を指導していた。組合長の益田哲夫氏は「会社が潰れても組織

は残る」と豪語し、実際、日産の存続は累卵《るいらん》の危うきにあったと思う。

私はその当時から、「会社が潰れてしまえば元も子もない。会社が健全な経営をしてはじめて、組合員の雇用が守られ、労働条件を向上できる」という考えのもと、第二組合（日産自動車労働組合）の結成に同志と共に奔走した。そして第二組合が第一組合を吸収し、名実共に日産労組になって以来、私は組合幹部の地位にあって、一貫して、会社の健全な経営こそ労働組合運動が目的を果たすための必須条件である、という姿勢を貫いてきた。

だから場合によっては、労組自らが労働条件の切り下げを提案したこともある。これもひとえにこの信念からのものであり、労組の第一の使命は組合員の雇用を守ることであるとの立場に他ならない。

大争議で会社が疲弊し労使で再建に取り組み始めた直後のことだ。昭和二十九年の不況に直面して、当時八〇〇〇人いた従業員のうち二〇〇〇人を解雇したいという内示が会社からあった。私はまだ入社一年足らずで一労組役員にすぎなかったが、「労働条件を切り下げても雇用を守るべきではないか、しかし近い将来に必ずそれは取り戻そう」と提案、労組が自ら賃下げを含む九項目の労働条件切り下げを提案して二〇〇〇人を守った。例えば、二十八年に入社した私の大卒初任給は一万四〇〇〇円だったが、翌年は九八〇〇円に下げられたのだ。

こうした「首切りが出てからでは遅い。首切りが出ないような会社にしよう」という労組の姿勢を、経営側も充分に理解し、会社の重要な政策は労使で協議して決めていこうという、日産独自の労使協議制度がつくられていったことは、まさに画期的なことだったと思う。

労使協議制をもとに生産性の向上を進めた日産労使の努力は、他の産業労使の運動とともに、やがて欧米から日本式経営と呼ばれ、生産性向上のための労使協力という戦後日本の経済成長を支えたシステムに、少なからぬ影響を与えたと自負している。

それだけに、日産自動車が私が辞めた後たどった運命には胸が痛む。私は組合員のことを考えて黙って身を退いたが、そのことが果たして日産にプラスになったのだろうか。一時的に会社のイメージが墜ちても、すべてを公にして無謀な経営政策を押し止める努力をすべきではなかったか。その後ゴーン改革によって、日産のみならず部品・販売など関連する多くの仲間たちまでリストラの憂き目に見舞われ、しかもそれに手も足も出ない日産労連の有り様を見ると、そんな思いが以前にも増して私の中で強まっていった。

戦後の日本の自動車産業の苦難・成長と共に生きてきた私には、その時代の生き証人として、少なくとも歴史を書き残しておく義務がある。はじめ私は、日産労組結成五十周年（二〇〇三年）を機にすべてを明らかにしようと考えていた。だが、その時期、日産自動車はリバイバルプランの四年目で、カルロス・ゴーンのコミットメントというノルマと苦闘しながら、必死に再建に取り組んでいた。そこでせめて十年はその行方を見守ることにした。

もはや私には残された時間は少ない。最後のチャンスと思い、これまで書きためてきたものをここで公表することにした。

本書の構成

この本は、私が日産に入社してから三十三年の労働運動の経験を、「形成期」「発展期」「挫折期」の三部に大別して、それぞれの時期の特徴的な活動や問題、事件等を整理しながら、具体的に何もかも事実を述べることで、私に対する非難・中傷にも反論していこうと思う。

これは私の体験に基づいて書く証言である。従って、私が最も深く関与し、最も深く信頼し、愛してきた日産の組合員の方々を念頭に置きながら書くつもりだ。そして、全体の経過の中における私自身の責任の問題を深く考えながら、ここにすべてを書くことで、自分の責任を取りたいと思っている。

ここで述べようと思う日産の諸問題には、一日産だけのこととして限定し得ない、日本のサラリーマン社会が持つ本質的な問題点が底流に流れていると思う。その意味で、ご覧頂いた方々に、ここから何らかの教訓を読み取って頂けたら望外の喜びである。

目次

日産自動車の盛衰

——自動車労連会長の証言——

第四部　塩路後の日産

第一部

形成期

昭和二十八年〜三十九年（一九五三〜一九六四）

第一章　全自動車日産分会と民主化運動

第一節　労働争議

日産入社、益田氏との出会い

私は昭和二十八年四月に、大学卒二四人（事務・技術）の一人として日産自動車に入社、横浜工場経理部経理課に配属された。初めの二カ月間は新入社員教育で、各事業所や部署毎の業務内容・課題等についてそれぞれの部・課長から話を聞き、日産の工場の他にトヨタやいすゞの工場を見学するなどの基礎教育があった。しかしその間に、会社職制から労使関係や労働組合についての話は一切なかった。私はそれまで、日産の労働組合について予備知識や情報を何も持っていなかった。組合のことを知ったのは、教育計画の最後に組合事務所で全自動車日産分会の益田組合長から話を聞いたときである。

その翌週六月五日の昼休み時間に、横浜工場の車両置き場で工場の全員集会があり、前日開かれた第一回賃金団交の報告が行われた（全自日産分会は五月二十三日に「賃金引き上げその他の要求書」を会社に提出していた）。

益田哲夫組合長は、「会社は『組合集会および動員に関する覚書（七夕提案）を組合が呑まない限り、回答は一切しない』と言っているが、これは労働法違反である」という報告をした後に、「今年の学卒の中に日経連の回し者が居る」と付け加えた。私は集会が終わるとすぐに組合事務所に行き、組合長に面会を申し入れた。

まず、「先ほど組合長は『学卒の中に日経連の回し者がいる』と言われたが、それは誰のことか?。何を根拠にそのようなことを言うのか?」と質したのに対し、苦しい答弁をしていた。さらに「七夕提案即ちノーワーク・ノーペイの原則は労働法違反ではないと思う」から始まって、中共貿易の問題まで約三十分間、怒鳴りあうこともなく冷静な議論をしたと覚えている。どうやら前の週に新入社員が組合長の話を聞いたときに、私が質問したこと、労働三法に詳しいことが原因になったようだ。何を益田氏と議論したかは具体的にはもう覚えていないが、相手は階級闘争論だから意見は対立平行線だった。

一時半になり午後の就業時間に入っているので、「また改めて時間を頂きたい」と組合長室を出た途端、ドアの外に待ちかまえていた青年部員三〇人くらいに囲まれ、別室に連れ込まれた。「新米のくせに組合長に因縁を付けるとは許せない」とか「労働者の敵だ」などと口々にののしりながら、私を取り囲んで吊し上げが始まった。しばらく黙っているとドアが開いて、益田組合長が入ってきて「止めろ、解散」の一声で私は釈放された。

このことが縁で、私は青年部の部長や幹部たち、つまり、職制吊し上げの時に常に先頭に立っている青年行動隊の面々と、個々に話し合い議論をするようになった。益田組合長が私の吊し上げを直ぐに中止させたことが、このあと青年行動隊の私に対する扱いに微妙な影響を与えたようだ。日産労組結成後、私の説得に応じて早くに分会を脱退し日産労組に加盟した者や、私が日産労組の組合長になった後、彼らの中から常任にした者もいた。

宮家氏との出会い

翌日の六月六日、私は横浜工場経理部原価課員の宮家愈氏に呼ばれて、「民主化グループに入らないか」と誘われた。私が益田組合長に抗議にいった噂を聞いたからだ。そのとき「全自日産分会は春夏秋冬に要求を出し、絶えず労使間に紛争を起こして、会社の正常な運営を阻害している。専従役員ではない職場長が、職場闘争と称して就業時間中に持ち場を離れて動き回り、昭和二十五年一月から実力行使は二十数回に及ぶ。経営者・職制は組合を恐れて工場の作業規律は乱れ、このままでは日産の将来はない」という話があった。

私には入社以来気になっていることがあった。朝八時の始業時すれすれにタイムカードを押す工場労働者がかなりいる。それから自分の持ち場に行き作業着に着替える。機械はとっくに動いているのだ。十二時のサイレンが鳴る前に、油まみれの手を洗って食堂の前に列を作っている。昼休みは工場内で囲碁・将棋・麻雀がはじまり、一時に機械が回っても勝負がつくまで仕事に就かない。終業時の午後五時には、通勤用の服に着替えてタイムレコーダーの前に並んでいる。五月に入ると、何故か就業時間中に工場内を歩き回る人がやたら目に付き始めた。私が日産の入社試験を受けたのは自動車会社の中で日産の賃金が一番高かったからだが、作業規律がこのようにルーズで会社は大丈夫なのか、と何となく不安を抱いていた。だから、宮家氏の話は私には納得のいくことだったが、ふと昔のことを思い出して「一週間考えさせて下さい」と答えた。そして翌週、「御用組合にはしないと約束してもらえますか?」と確かめてから、民主化グループに入れてもらった。私がこのような返事をしたのは、以下のような経験をしていたからだ。

日本油脂の経験

私は昭和二十四年春、日本油脂王子工場の工員募集に旧制中学卒の学歴で応募し、資材課倉庫係に配属された。このとき初めて、労働組合というものを知ることになる。

入社早々に組合青年部役員から共産党への入党を勧誘された。断っていると、「宮城前広場で組合の集会があるから」と誘われ、休暇を取って参加した。

丸太を組んだ舞台の前に立っていると、「スパイがいるぞー」と言う声が直ぐ横で聞こえたので、見ると若い米兵が五～六人の若い男に囲まれ、GI帽と上着を取られて殴られている。私が中に入って「日本語は出来るのか」と訊くと、「出来ない」。「何故ここにいるのか」の問いに、「舞台があるし、何か音楽でも始まるのかと思ったので」と答えた。「彼はこう言ってる。スパイなんかじゃない」と説得して、ようやくその米兵を解放した。

このことは翌朝の新聞一面の下段に、「宮城前広場米兵暴行事件」と二段抜きで小さく報道された。翌日の夕方、会社の講堂で賃金問題に関する全員集会が開かれた。執行部の提案は「日米独占資本による再軍備が着々と進められている。昨日の集会にも米兵のスパイが潜入していた。我々はこの賃金闘争で再軍備反対をかかげスト体制を作ろう」というものだった。事実誤認のまま組合を動かすことに疑問を持った私は、手を挙げて「あれはスパイではない」と発言した。そうしたら「ウソつくな」「黙れ、資本家の犬」というヤジが会場のあちこちから飛んだ。見ると一緒に集会に行った青年部の連中である。私が

「君たちそばで見ていたじゃないか。どっちちがウソつきだ」と言い合いになると、書記長が引き取って「塩路君の言うことが本当かも知れない。しかし、それは資本家に利することになるから、君は資本家の犬だ」と言われた。

私の共産党に対する疑問・批判はこの時に始まる。当時日本油脂王子工場の従業員は約五百人、その半分以上が共産党員及びシンパと言われ、北区の労働組合で組織していた北労会議の中で、共産党の最も強い組合として名を馳せていた。

昭和二十五年七月に全国的にレッドパージが始まった。日本油脂でも激しい対立・論争が内部で行われた末に、共産党勢力を排除した組合を作ることになった。私は語り合った青年グループに押されて執行委員に立候補しようとしたら、現場のボスたちに寄ってたかって止められた。彼らは会社への点数稼ぎで組合役員をやりたい手合いである。私は「良い組合を作ろう」と仲間に呼びかけてきた自分の言葉に、責任を持つことが出来なくなった。結局、共産主義勢力は排除したけれど、自主性・独立性を持たない組合になった。

この頃私は、いくら大卒に負けない仕事をしても、入社学歴が中卒ということで昇級も賞与もかなり少ないことを知った。実力が評価されない、実力を発揮する場所も与えられない「学歴社会」に疑問を持った。組合執行部に話をしたが、頼りにできないことも解った。労働組合が公正な企業社会を作れないなら、どうしたらいいのか。私と同じ思いに駆られている同僚が他にもいて、帰宅途中に王子駅前の屋台で飲みながら、どうしようもない不満を言い合ったりしたものだ。

私が日本油脂の三年間で経験したことは、〝民主化運動で共産党指導を排除すると組合は御用化する〟

〝学歴社会・身分制度は労働組合をあてにしても直せない〟、ということだった。そこで考えたことは、①社内制度の改革は自分が社長になってやる以外にはない、②社長になるには大学卒の資格で新入社員になる必要がある、ということだった。

私は明大第二法学部（夜間部）に通っていたので、昭和二十七年春に先ず昼間部への編入試験を受け、七月に日本油脂を退職。失業保険を貰いながら、十月に日産自動車とプリンス自動車の入社試験を受けた。この二社を選んだのは、会社便覧を見て比較的に給料が高かったからである。両社とも筆記試験は合格、面接日が同日に重なって、迷った末に日産を選んだ。どちらの会社にも強い左翼系労組があることなど、全く知らない選択だった。

宮家氏から「民主化グループに入らないか」と誘われたとき、私が「御用組合にしないならば」と言ったのは、このような経験からだ。〝御用組合にはしない〟は、私が日産労組の結成に参画して以来、労組幹部として最後まで貫いた私の運動の基本であった。

日産自動車の輪郭

私が入社した頃（昭和二十八年）の日産自動車の規模は、国産自動車メーカーの中では最大で、資本金一四億円、全従業員七〇〇〇人。生産は月産、ニッサントラック一一〇〇台、ダットサン九〇〇台、オースチン二〇〇台。月間売上高一七億円。

事業所及び従業員数は、本社・横浜工場（トラック組立）三六〇〇人、吉原工場（ダットサン組立）一六〇〇人、研究所および鶴見工場（オースチン組立）八〇〇人、東京製鋼所（自動車用鋼）四〇〇人、厚木工場（歯車）四五〇人、戸塚工場（再生）一三〇人、東京新橋（営業）一六〇人、大阪（鋳物）一一〇人。賃金ベース月二万五〇〇〇円（組合員手取り平均）で自動車産業では最高水準にあった。

戦後の労使関係

日産自動車が創設されたのは昭和八年であるが、戦後の生産は、横浜工場の敷地と建物の半分以上を進駐軍に接収された形で再開された。GHQの許可を得ながら乏しい資材の割り当てを受け、トラックのみの生産が許されていた。その頃、GHQの占領政策として出された日本の民主化要求に従って、日産でも産みの苦しみを知らない労働組合（日産重工業従業員組合）が結成された（昭和二十一年二月十二日）。課長も組合員で、発足時は協力的な労使関係であったが、食糧難や急速に進むインフレなど不安な経済情勢・生活苦のなかで、他の多くの労働組合と同様に次第に左傾化し、経済闘争よりも政治闘争重視に、さらに階級闘争に主眼を置くようになった。二十二年四月に益田哲夫氏（当時課長）が吉原支部長から組合長になり、全自（全自動車）が二十三年三月に単一組合として発足し、日産分会がその中心的組合となってから、この傾向は一段と顕著になった。

二十三年十二月に経済安定九原則が発表されるや、日本経済は極度に収縮、日産でも二十四年十月に一八〇〇人の解雇通告が出され、二カ月に亘る首切り反対闘争が行われたが、組合員に何らの実益を残すことなく終結した。この闘争の最中に、学卒（大卒）若手の一部から〝無謀な階級闘争姿勢に対する批判と民主的な組合運営への転換〟を求める意見が出されたが、激しい弾圧となって跳ね返った。そこで、これを機に数少い批判勢力が互いに連携を保ちながらの活動を開始した。

二十五年に入ると、組合は春夏秋冬の四季に定期的に要求を出し始め、職場毎に紛争を起こして、企業活動の正常な運営を阻害するようになった。二十五年一月から二十八年五月までの実力行使は二十数回に及び、組合専従ではない職場役員一〇〇人以上が「職場闘争」の名の下に会社業務を怠り、ときには職制の吊し上げを行うなど、職場規律は紊乱していった。

昭和二十七年の賃上げは四十日に亘る闘争となった。二〇〇〇円の賃上げ要求に対して会社回答は一万二〇〇〇円の一時金だけ。のみならず、会社は「組合活動による不就業時間の賃金不支給の原則」を主張、「不就労分として十一・八日分を差し引く」と言ったが、日産分会はこれを認めず、一銭も引かせなかった。そこで会社は、改めて七月七日に「組合集会および動員に関する覚書」を組合に提案した。即ち「七夕提案」である。日産分会はこれを一顧だにせず、逆に夏季一時金等の要求を出して抵抗し、結論は遂に出なかった。

昭和二十八年四月の全自動車伊東大会には、民主化グループから数名の代議員が出席して執行部の賃金方針に批判を加えたが、階級闘争論が大勢を占める中で問題にされなかった。そこで五月二十日・二十一日に開かれた日産分会の定期大会に、二〇人近い民主化勢力（横浜工場管理部の宮家・相磯・三浦・松下、技術部の磯部、経理部の野田・西ヶ谷・園田、鋳物の吉田、組立の山口・渡辺、吉原工場の川合・広田・大和田など）が出席して、「マーケットバスケット方式による賃金要求は、非合理的で企業の現実を無視したものであり、闘争のための闘争を引き起こすだけで、労働者の生活を苦境に追い込み企業を荒廃に導くものだ。現実に即した合理的な賃金要求をすべきである」と主張した。しかし、反対一七二票・賛成三二票で民主化勢力は敗れた。

日産分会は五月二十三日に要求書（賃上げ一万四〇〇〇円、夏季一時金二カ月、退職金制度の改訂等、十数項目の要求）を会社に提出。第一回団体交渉が六月四日に行われ、その翌日が先に述べた横浜工場全員大会になった。

「マーケットバスケット方式」というのは理論生計費を基礎とする賃金要求で、組合員にアンケート用紙を配り、毎日三食家族で何を食べるかを一カ月積算した金額を書かせて平均したものである。おかずの品目を何にするかで数字は幾らでも変わってくる。その結果、二十八年の賃金要求は一万四〇〇〇円になった。大卒初任給が一万四〇〇〇円のときである。

サボタージュ

六月四日の第一回賃金団交から数日経つと、職場討議の名の下に職場放棄が無秩序に散発し始めた。例えば、ある職場は九時から十二時までの就業時間中に職場大会をを開く。別の課は午後一時から三時まで職場大会をやる。翌日は別の職場が同様のサボタージュをやる。車の生産は流れ作業だから、毎日どこかで生産が止まると、連日ラインが止まるようになる。数次の団交を重ねるうちに工場は麻痺状態になった。

会社が生産の遅れを挽回するために残業を提案すると、その職場は就業時間中に職場大会を開いて、残業するかどうかで二時間も三時間も議論していた。生産は大幅ダウンし、通常は一日四五台の大型トラックを生産していた横浜工場で、三台しかオフラインしない日が出るようになった。

横浜工場の正門横にある三階建ての本社の窓には、隙間なくアジビラが貼られて昼間でも室内は暗く、電灯を点けなければ仕事ができない。廊下の電灯は傘の周囲に長いビラを張り巡らせ、明るいのは真下だけで廊下も薄暗かった。しかし会社は分会を恐れて、争議が終わるまでビラを剥がすことが出来ず、汚らしい薄暗い本社が数カ月続いた。争議後、このビラ剥がしには大変な労力と費用を要した。

七夕提案、すり鉢戦術

分会が突然過激な行動に入ったのが六月二十五日である。会社が予告通りに、前年の「七夕提案」に基づいて不就労時間分の賃金をカットした給与袋を渡したからだ。即座に本社や工場の各職場で、部・課長一人ずつの吊し上げが始まった。これが日産特有の「すり鉢戦術」である。

職制を椅子に座らせ、もしくは机の上に正座させて、その周りに最前列は床に座り込み、その後ろは椅子を並べて腰かけ、その後ろは立ってサークルを作り、その後ろには椅子や長テーブルを置いてその上に立つ、というようにすり鉢形に五〇ないし一〇〇人位が取り囲んで、「賃金泥棒」などの罵詈雑言を浴びせるのである。職制が「不就労時間の賃金カットは誤りである」と一筆書くまで、吊し上げは止まらない。この暴力的な脅迫は、お互いに別の課にいって、自分の上司ではない職制を吊し上げていた。

午前中に始まったすり鉢攻撃は、十二時になるとパンをかじりながら続ける。午後になると一筆書く課長が出始めた。すると「〇〇課長が落ちたぞー」という伝令が、落ちないすり鉢に飛ぶ。実は、午後に会社上層部から「分会要求通りに書いて構わない」という指示が出たのだが、吊し上げ最中の職制にうまく届いたところは少なかった。多くは午後六～八時までやられ、なかには夜中まで飲まず食わずでやられても頑として拒否し続けた職制もいた。

これに対して二十六日、会社は分会に対して「最近の状況は『宣言なき争議行為』であり、会社としてはやむを得ない自衛手段として事業場閉鎖を断行せざるを得ない段階にあると判断する」と反省を求め、警告した。しかし分会は翌二十七日に、「現状において会社が工場閉鎖を行う正当性は全くなく、組合はこれに断固反対して闘う」と、真っ向からの闘いを宣言した。

この日は本社で役員や人事部職制の吊し上げ（すり鉢）になった。工場の職制に書かせた「一筆」の束を示して、「七夕提案を撤回し、差し引いた賃金を返済せよ」という要求である。斉藤（晶）人事部長は本社で数時間吊された後、両腕を取られてむりやり工場に連れ出され、ライントップにあるトラックの荷台に立たされて数百人に囲まれ、吊し上げが続けられた。

七月三日になると、全自三社共闘（日産・トヨタ・いすゞ分会）の決定に基づき、九日まで連日毎日一時間のスト、十一日からは波状ストに入った。団交は頻繁に行われていたが、分会執行部には交渉で解決する姿勢が見られない。七夕提案を認めない上に、時々変更する要求内容も異常なために、双方の主張は対立したまま何らの進展もない状態が続いていた。工場では部・課長の吊し上げが散発して、生産は完全に麻痺状態に陥った。

ロックアウト

この状態を会社がいつまでも黙視するはずはないと思っていたら、八月五日に横浜・鶴見・吉原の三工場をロックアウトした。幅十センチほどの板材を主にバリケードを築いて工場への出入りを塞いだが、分会幹部は直ちにこれを破壊、分会員は立入禁止の構内に乱入して、本館（本社）玄関前で集会を開いた。

益田組合長の演説が始まったが、会社はスピーカーを使って「工場は閉鎖されている、会社構内は立入禁止である」と盛んに流していた。壊されたバリケードを夜間に会社が修復すると、昼にはまたそれを破壊するということが繰り返された。

そこで会社は、柱用の角材を使って頑強なバリケード（当時二〇〇万円と言われた）を作ったので、分会はこれの破壊は諦めた。

第二節　民主化運動

民主化グループ

ここで、民主化グループの動きについて簡単に触れておきたい。

宮家氏に「民主化グループに入れて頂きます」と返事したとき、日本油脂に居た時のことを訊かれた。世界民主研究所（鍋山貞親氏主宰）の会員になり、マルキシズムの研究会に参加していたこと、他産業労組の民主化活動家と交流があったことなどの話をしたら、「海員組合の和田春生さん（組織部長）を知らないか」と訊かれた。「知っているなら、なるべく早く紹介してほしい」と言われ、早速連絡を取って、翌週に宮家氏と一緒に海員組合の本部に伺った。

宮家氏は和田さんに、「民主化グループの活動資金借入れ」の保証をお願いした。返事は近日中にということになったが、これが六月半ば以降の重大な時期の三カ月間、民主化グループの活動を支える重要な活動源になった。日産労組の結成には〝和田さんの決断と海員組合の協力があった〟ことを、日産労組は忘れてはならない。

民主化グループに私が入った頃は、メンバーの多くは事務・技術職であり、工場労働者は極めて少数で、それぞれ職場には極秘扱いにしていた。分会に知れたら、吊し上げられて職場で仕事ができなくなるからだ。そういう難しいオルグだったが、グループの幹部たちはオルグ対象者を選び、接触の仕方を工夫しながら、一人ずつ説得を続けていた。

私は入社したばかりで工場に面識者はいない。そこで、組合事務所で私を吊し上げた青年部の幹部をオルグ対象にした。通勤の途上でも工場内でも、会うと「やー」と声をかけて話しかけるようにした。相手が三〜四人のときもあれば、一人のときもあった。最初は喧嘩腰で階級闘争論を聞かされたが、私が静かに聞いて少しずつ反論するようにしていたら、徐々に彼らもおとなしく私と話をするようになった。共産党員も居たが、マルクスの資本論を読んでいる者は少なかったし、そのうちに私との話に興味を示す者が出始めた。

この関係は日産労組を結成してからも続いた。最後まで分会に残った者も居たが、生産を再開して十月以降になると、彼らの中から新組合に加盟する者が出るようになった。

横浜と吉原グループの連携（情勢判断・方針・計画等について）は毎月一回、距離的に中間にある箱根の小さな旅館「うさぎ屋」で行われていた。益々激しくなる日産分会の職場闘争に対して、情勢を判断し活動方針を相談するなど、批判勢力が工場間で共同歩調を取るための会合である。十数人の幹部の集まりだったが、私はいつも呼ばれていたので吉原グループのリーダーとも知り合い、全体の動きに関与することにもなった。（後に英国プロジェクトを担当し、日産ディーゼルや富士重工の社長になった川合勇氏との出会いはこの時である）

要望書・声明書

二十八年の賃金闘争では、日産・トヨタ・いすずの三分会が「三社共闘」体制を作っていたが、いすゞ分会が八月二日に、トヨタ分会は八月四日に、それぞれ一時金一・三五カ月で妥結し闘争を終結した。しかも両社とも日産のような生産に支障を来すサボタージュはないから、生産の乱れは余り無かった。日産の場合は、六月段階から職場のあちこちで予告なしの職場闘争が散発し始め、オフラインする完成車は激減していた。

それが、会社が七夕提案を実行（不就労時間分の賃金差し引き）すると日産分会の闘争戦術が一気に過激化し、職場別の部・課長吊し上げが頻発して生産は麻痺状態に陥った。

八月五日に横浜・鶴見・吉原の三工場がロック・アウトされたのを契機に、八月二十四日までの間に、本社の事務・技術部門、鶴見設計部門の各職場及び工場の現業部門の一部から執行部に対して、先の見えない争議状態の収拾を求める要望書（声明書）が相次いで出されるようになった。文章の内容は職場（課）毎に異なるが、共通する項目がそれぞれに含まれていた。それは、①会社提案の「覚書」を承認すること、②闘争目標を一時金に絞って争議の終結を図ること、③これらが容れられない場合は執行部を不信任する、というものである。
これは民主化グループの連携による行動で、分裂する場合を念頭に置いた職場毎の意思確認（署名捺印）でもあった。事務・技術部門の職場は殆どが全員の署名を取れたが、現業部門は有志という名の要望書となった。名前が明らかになると、就業時間中であろうと吊し上げや脅迫が始まるからである。
民主化グループのリーダー宮家氏の職場・横浜工場原価課が再度、八月二十二日に出した「要望書」を次に例示する。我々が分裂の方針を決めたのは、この四日後であった。

『要望書』

今次闘争開始よりはや三ヶ月を経過したが、何ら解決の目途なく、その間会社が提案した「七夕提案」（覚書）をめぐっていつしか闘争目標はこれに移行し、正しく「泥沼闘争」の状態である。この責任は現執行部の指導方針にあることを確認した吾々原価課職場大会は、先に提出した要望書が執行部の採る所とならず、事態は益々悪化して今日に至っていることに鑑み、吾々は茲に新たなる決意と労働者としての心からの叫びをもって、左記事項を執行部に提案する。

［提案］

執行部は直ちに会社「覚書」を承認し、以て団交を再開し、闘争目標を一時金に集約して、吾々の期待に応えられたし。

［理由］

不就業不払いの原則は、近代的労働契約のあり方として当然のものであり、吾々は労働規律を整備し、「労働の場」「生活の場」である企業の合理化と「生活の源泉」である生産の向上に意を傾け、以て労働組合の依って立つ基盤を確立しなければならない。故に之は「組合組織の圧殺」とは理解し難い。此の原則による十日及び二十五日払いの差引きは、「クレーム処理」の途があれば当然承認すべきである。この点に固執し、吾々の生活及びその源泉である企業を荒廃せしめ、未だに其の方針を改めざる執行部の闘争指導に対し最後の猛省を促す。

吾々は労働者の生活を護り向上することに粉骨砕身するものであり、総評の最前衛たる全自及びその中核と称する現執行部の政治闘争偏重・破壊的闘争方針により、吾々はもとより下請け・販売会社の労働者諸君の生活の基である企業が、やがては破滅に導かれる事に対して断固反対する。

以上を最後的提案となし、その回答を八月二十四日正午迄に要求する。

而して再び容れる所とならざる場合は、断固現執行部不信任の挙に出ずるのやむなきに至る事を決定するものである。

昭和二十八年八月二十二日

原価課職場大会　全員署名

組合長益田哲夫殿

全自日産分会執行部に対する職場からの要望書は、八月七日に鶴見工場鋳造課有志から出されたのを皮切りに、二十四日までに横浜・鶴見工場の各課から二十数通が出された。日産の職場以外にも、東京・神奈川・埼玉・千葉・群馬・茨城・栃木・長野・新潟などの自動車販売労組からも出されている。しかし分会執行部はこれらすべてを無視し続けた。

三田村事務所の問答――分裂へのきっかけ

八月半ばを過ぎた頃だったが、民主化グループのアジト（東京国電恵比寿駅東口の旅館「一富士」を七月末から借りた）で会議中に、私は宮家氏から「俺の代わりに、神楽坂にある三田村（四郎）事務所に行ってくれ」と言われた。「目的、役割は？」と訊くと、「向こうから至急会いたいと言ってきた。理由は解らない。俺はこの会議から抜けられないので、どんな話か君に任せる」ということだった（三田村氏は元共産党幹部の転向組で、戦後、反共運動の指導や会社の相談にのっていた）。

私は三田村氏と一面識もない。事務所に入ると、日産自動車の人が三人（営業部）いて自己紹介があった。三田村氏は、入社して四カ月の私が宮家氏の代理ということに半信半疑の様子だったので、アジトに電話を入れて宮家氏から「塩路に一任している」旨の話をしてもらった。六月下旬から私は民主化グループの最高幹部の会合にも呼ばれて、職場の情勢判断やグループの活動・作戦等の論議にも参加していたので、私の考えていることを宮家氏は解っていた。

三田村氏から「宮家さんのグループは組合分裂の方針らしいが、全自日産分会の強力な体制や闘争力から見ると、分裂して果たして持ち堪えられるか。彼らの行動はますます手が付けられなくなるし、分裂は見合わせた方がいい」と言われた。

我々はまだ分裂の結論を出してはいなかったが、私は「思い切って分裂の行動に出る以外に、現在の争議状態にブレーキをかけることは出来ない」と職場の状態を具体的に説明した。また、「部品や販売の窮状を見ると、争議を早く止めなければ日産グループの被害は計り知れない。すでにトヨタやいすゞは妥結している。会社が手をあげるか、分会が手をあげるかしかない」とも言ったが、二時間ほどの議論は平行線で終わった。日産の三人からの発言は無かった。

三田村氏の話は経営上層部の意向のようだった。その頃、浅原社長と益田組合長の秘密会談が蒲田の某所で行われたという噂があった。全自日産分会対策では、川又専務の強硬論に対して社長その他の意見は違う、という話も囁かれていた。

私は、会社首脳部の分会に対する姿勢のふらつきが三田村氏の意見になっているとしたら、組合分裂は急がなければならないと考えた。この段階では、民主化グループの中で分裂論議はまだやっていなかったし、宮家氏の判断も聞いていなかった。ただ宮家氏は、日常の幹部間の議論を聞いていて、私の考えや判断を理解しているようだった。

アジトに戻って、「私の判断でこういう話をしてきました」と報告したら、「それでいい」と言われた。宮家氏は全体の情勢の推移を見ながら、分裂を決意していたのである。

私は宮家氏との間であまり突き詰める話をしたことはなかったが、考えることは不思議と平仄《ひょうそく》が一致していて、判断に齟齬を来すことはなかった。

分裂決定前夜

翌日から毎夜二〜三時間、昼間のオルグ活動を終えて報告に集まってくる幹部の間で、分裂か否かの議論が行われるようになった。十数人で毎日メンバーは入れ替わったが、いつも私は座長役をやらされた。

初めのうち多くの人は分裂に賛成ではなかった。「組織分裂は労働者の悲劇だ」などがその理由だったが、実は、分会側の激しい攻勢・脅迫・吊し上げを恐れての発言でもあった。連日の論議に終止符が打たれたのは八月二十六日である。

この日の日産分会の代議員会で、民主化グループの代議員が執行部不信任案を提出した。票決は、賛成一三・保留八・反対四八票で否決となった。しかし、保留が八票ということを考慮に入れると、執行部批判票が三割になる。

この二日前の八月二十四日には、日産分会が「闘争継続の是非を問う」全員無記名投票を実施していた。七工場・一事業所で組合員七二六九名、闘争継続賛成は五二三〇票、反対は六五〇、白紙二一一、棄権一一七八であった。反対・白紙・棄権を合わせると、二〇三九票（二八％）が闘争継続に反対もしくは疑問を持っている、と見ることができる。

この二つの数字には、民主化勢力の活動が徐々に浸透しその成果が現れている。少なくとも三割、二〇〇〇人は先ず味方にできるだろう、問題は現業部門のオルグ如何にかかっていると判断した。

工場閉鎖で収入が途絶えた組合員の生活不安は日に日に高まっていた。紛争早期解決への要望書（声明書）は無視され続け、執行部不信任案も否決されては、階級闘争激発主義に酔った争議行為はいつまで続くか解らない。しかも分会執行部が「会社が潰れても組織は残る」と組合員に言い張るのを聞いて、われわれは階級闘争のための争議を終わらせるために、八月二十六日の夜に組合分裂の結論を出した。そして、諸々の準備作業を考慮して結成大会を八月三十日と決定した。

第二章　日産労組の結成と活動

第一節　日産労組の結成

結成準備

分裂するか否かの議論を始めた時に、宮家氏から「結成大会用の会場を探せ」と指示を受けた。私は会場選定の条件として、①分会の妨害を少しでも防ぐために居住地域の横浜を避け、分会員が不案内の東京で探す、②国電横浜駅から乗り換えは一回で済むこと、③座席は一〇〇〇人以上、④会場の労働組合は左翼系でないこと等を提示して、東京の十数カ所を現地調査した。

その結果、浅草商店街にある浅草公会堂（新橋で地下鉄浅草線に乗り換え、田原町下車）を仮予約して、宮家氏に報告した。公会堂の労働組合の書記長にも会い、会場を借りる主旨を伝え、分会が大挙押しかけた時の対策も相談した。

八月二十七日以降、用意していた連絡網を使ってオルグした人たちに結成大会を通知。二十八日から二十九日の夜中にかけて、恵比寿のアジトでスローガンや式次第書きなど、大会場に必要な機材の作成、結成趣意書や綱領、大会宣言など必要な印刷物の用意など、三〇人くらいが手分けをして準備作業に大わらわだった。すべての準備が終わったのは三十日当日の明け方に近かった。

結成大会

寝不足と過労状態の民主化グループの幹部たちは、午前七時前に浅草公会堂に集まり、大会準備を終えた。前の晩から会場設営に当たっている者もいた。間もなく小雨そぼ降る中を、横浜方面から同志が続々と集まり始めた。全自動車日産分会の破壊的な闘争を批判し、自由で民主的な組合を求めて分裂に踏み切った人たちである。

大会開始時刻九時の二十分前には、予定した五〇六名の集結を確認した。幹部がほっとした一瞬であった。分会員が一〇〇名ほど正門前に集まったが、浅草の街中という場所柄から人通りも多く、スクラムを組んでの阻止行動は取り難い。それに、彼らが集まる前に三分の二以上が入場していた。われわれ一〇人ほどが入り口に出て、彼らと話し合いながら入場を誘導したので、一人も阻止されることなく集合を終えた。

会場に入るとすぐ目に付くのが、演壇の両側につり下げてあるスローガンである。

○真に組合を愛する者は真に企業を愛する　○経営協議会の強化と職能人の活用
○生産性の向上による源泉を確保しての賃上げ　○働き甲斐のある賃金を闘いとれ
○労働者へのしわ寄せを排除して真の合理化を　○日共のひもつき御用組合の粉砕
○真に自由にして民主的な組合は独裁者を生まない　○明るい組合明るい生活

これらの標語は、当時我々が求めた〝階級闘争に対決して新しい労働組合・新しい労使関係を創造していこう、日産を改革していこう〟とする志を表わしたものだ。集まった仲間たちはまずこれを見て、

〝いままでとは違う組合を作るんだ〟という思いで、みんな緊張と期待に目を輝かせていた。その姿はいまでも脳裏に残っている。

日産労組結成に至る職場情勢を端的に説明した次のような手記が、「日産争議白書」（昭和二十九年六月発行）に載っている。

・その頃の日産の中では、総評の中で最も戦闘的といわれた全自動車日産分会が「職場闘争」の名のもとに暴力的な闘争を続けていた。例えば、二十七年春の四十日闘争では、経営者は暴力的吊し上げを恐れて社外に逃避し、残った工場の部・課長は片っ端から吊し上げられ脅迫され、「組合の要求に賛成です」と署名を強要された。

・日産分会の中に少数の批判勢力が存在したが、民同と呼ばれて肩身の狭い状態に置かれて、一部の職制から「反組合的な行動をするな」と脅かされ、陰に陽に圧迫された。

・一方、会社に忠実と見られる部・課長はどんな態度を取ったか。今ではハネ上がって、少々陽気の加減でのぼせているのではないかと思われる方々に限って、その頃は万事控えめで出来るだけ良い子になろうと努めていた。

・職制の中で、分会の破壊闘争に対決して自己の所信を主張しようとする人は、極めて少なかった。部長で数名、課長も数名を数える程度だった。そして、その部・課長も肩身を狭くされていた。つまり、分会と勇敢に対決した部・課長は、勇気と腹のない経営者たちから「平地に波乱を起こす厄介な出過ぎ者であり、トラブルメーカーである」と見られていた。

・民同という名の批判勢力に対しては、小利口なインテリは「きっと事件屋で好きな奴らだ」と冷笑し、頭の良い連中は「バカな奴」と蔑み、しかし、現場の純粋な労働者たちは「批判勢力は何を考えているのか話し合いたい」と考えていた。

・このような状態の中で批判勢力の人たちが胸に描いていたものは何であったか。それは、

①経営権が確立されない会社の運命は、労使共倒れになるだけである、

②日本のような資源のない国は、生産力・貿易力の伸張以外にない、

③西ドイツのような経営参加、労使協議によって生産性を向上し、労働者の生活を向上することは出来ないものか、

ということであった。

・この頃の職場の秩序は乱れに乱れていた。例えば、一〇〇名を越える職場長は仕事を放棄し、会社の仕事にケチをつけ、生産の妨害を続けていた。職場委員は誰の許可も得ることなく、毎日のように時間中に会議を開いていた。会社は何故、就業時間中に働かないのを注意しないのか。何故、注意しても働かないなら賃金を引かないのか。何故、それでも働かないときは処罰しないのか。

・これらへの回答が日産労組の結成であった。

大会は不慣れな運営・進行ながら、「日産自動車労働組合結成趣意書」の採択、無記名投票による「日産労組結成」(横浜・鶴見工場)、「基本綱領」「組合規約」「スローガン」「当面の活動方針」の採択、会社との「交渉委員」の選出、結成費用一人九〇〇円の拠出など、必要な決定事項は順調に採択されていった。

そして、次の当面の活動方針を決定した。

一、「日産労組は会社と紛争関係にないこと、及び団体交渉権」を会社に確認する。

二、賃金問題の早期妥結（一時金と立ち上がり資金の要求）。

三、組織の拡大と生産の早期再開。

四、組織方針　①全従業員が一体となる健全明朗な組合を建設する。
　　　　　　　②全自日産分会員全員の吸収に努める（各人まず一人をオルグする）。

五、労働協約の締結（労使関係と職場の労働秩序を正常化するため）。

新組合結成直後

私たちは日産労組を「新組合」と呼んだ。それは、単に新しく生まれた組合という意味だけではない。旧来とは違う労働組合を創っていくんだという意欲を込めていた。

新組合は国電田町駅東口にある一戸建ての事務所を借りて、本部を開設。新組合員はそれぞれ、「分会員を一人オルグする」という方針に沿って活動を始めた。私たち若手活動グループは結成大会場からアジトに戻り、教宣活動・オルグ活動用のビラを作成し、三十一日の早朝から新子安駅や鶴見駅前でビラまきを開始した。

私と他二名（松下保・山口毅）は夜中に車で箱根を越え、吉原本町駅前で、吉原工場に通う日産分会員に「日産労組結成」のニュースを載せたビラを配った。電車が着き、下りてくる人々にビラを渡し始めると、ものの数分で分会員に囲まれ、「裏切り者」「資本家の犬」と吊し上げが始まった。五分後に次の電車が着くと、取り囲む人は見る間に十重二十重と増え、駅前は交通渋滞の状態になった。

われわれの目的はビラを配り切ることではない。①昨日、横浜・鶴見支部が分裂し新組合ができた、②横浜から吉原にビラを撒きに来た、という話題が職場で拡がればいいと考えていたので、頃合いを見計らって分会のリーダーらしい男に、「帰るから道を空けろ」と言って約三十分で引き上げた。罵詈雑言を浴び続け足で蹴られたりしたが、手出しはされなかった。逃げると思われないように、堂々と引き上げることに気を遣ったが、その後職場からの反応を聞くと、このビラまきは成功だったようだ。吉原工場の民主化勢力を鼓舞し、分会に少なからず衝撃を与えた。

同じく八月三十一日には、交渉委員が会社に「日産労組結成に関する通知」を手渡し、「団体交渉権の確認」を申し入れ、要求書を提出して団体交渉を開始した。

会社は九月十日以降、全従業員宛に文書の送付を始めた。日産労組との交渉の経緯や内容の他に、数年来の労使関係の推移や分会に対する会社の考え方等について、詳しく説明した文書が従業員の家庭に次々と送付されるようになった。

8月30日　日産労組結成（五〇六名）。
8月31日　会社に対し、「日産労組結成に関する通知」「団体交渉申し入れ」。
9月1日　団体交渉。「一時金」「立ち上がり資金」の要求書を提出。
9月2日　会社は、「就業不可能な新組合員に対し賃金の六割を保証する」と回答。
9月3・4日　団体交渉。

9月4日　吉原支部結成（二〇六名）。
9月5日　東京支部（東京製綱）結成（八〇名）。
9月6日　第一回決起集会（浅草公会堂、一二八三名出席）臨時執行部選出。
9月7日　一時金（二十五日払いの一カ月分プラス成績加給）決定、仮調印。
9月8日　吉原工場生産再開。新橋支部（営業）新組合に加入。
9月10日　大阪出張所（一八名）新組合に加入。
9月13日　厚木工場分会脱退者（一九五名）新組合に加入。
9月15日　吉原工場、新組合員が全自日産分会に入場を阻止され、生産ストップ。
9月18日　日産労組加盟人員二五五二名
9月19日　横浜工場生産再開総決起集会（神奈川体育館）、横浜工場前をデモ行進。
9月22日　横浜工場生産再開

生産再開（本社・横浜工場・鶴見工場）

九月十五日の朝、八日に生産を再開していた吉原支部から日産労組本部に、「組合員の工場への入場が分会に阻止された」という電話連絡が入った。これを跳ね返すには、新組合員を増やす以外にない。そのためにも横浜工場の生産再開を急ごうと考えた。そこで、九月十九日に生産再開総決起集会を開いて、横浜工場前をデモ行進することにした。

当日、工場正門前には分会員一〇〇〇人くらいがスクラムを組み、「どんと来い」というプラカードを掲げて気勢を上げていたが、その前を四列縦隊で行進する日産労組員は、横浜・鶴見の他に吉原・厚木支部からも参加しており二五〇〇人を越えていた。これを目の当たりにした分会員の中に「執行部の話と違う」と動揺が見られ、この日から日産労組への加盟申請が続いた。

横浜工場の生産再開を求める新組合に対して、会社は分会との衝突・暴力沙汰を恐れて決断しかねていたが、ようやく二十一日の団交で、翌二十二日に生産再開の準備作業を行うことを了承し、即刻、電報で新組合員に就業命令を出した。

生産再開の動きを知った日産分会は、同じ二十一日に「会社提案を受諾し争議を終結する」旨を会社に申し入れたが、妥結調印は二十二日になり、分会員の就業は二十四日からとなった。

二十一日に会社から就業命令の電報を受け取った日産労組員は、翌朝、横浜工場の正門前でスクラムを組んで入場を阻止する分会勢と、道路（俗称日産街道）を挟んで対峙した。

午前九時半頃、正門脇にある守衛室で、日産労組荊木書記長と分会益田組合長及び会社側大館重役が話し合い、①就業命令を受けた新組合員を十時十分に入場させる、②分会は組合員リストを会社に提出し、会社が準備作業に必要と認めた者を十時三十分より入場させる、と決めた。まず新組合員三〇〇名が工場に入ったが、分会は会社にリストを提出することなく一方的に入場を開始した。これを見た荊木書記長と宮家常任は会社に善処を申し入れたが、徒手傍観するばかりなので、二人は体当たりで正門の扉を閉めた。

会社側はマイクで日産労組の入場を呼びかけ、「分会の行動は不法行為である」と繰り返していた。そこへ岩越重役が到着し、大館重役と一緒に分会員に囲まれてもみくちゃにされていたが、やがて新組合

（宮家・荊木）・分会（益田）・会社（岩越・大館）の三者会談が行われ、①待機中の新組合員を全員入場させる、②分会員は全員十二時に退場する、ことで決着をみた。全員の入場を終えた日産労組は、本館前広場で全員集会を開いたあと、職場に入った。やがて四十九日ぶりに、横浜工場に機械の回転音が響いた。

二十三日は休業日となり、二十四日から各工場（横浜・鶴見・戸塚・厚木・吉原・大阪）で両労組の組合員が同時に職場に入ったが、工場内は異様な光景が見られるようになった。

二十四日朝八時に横浜工場で、浅原社長が従業員に挨拶しようと車体組立のライントップに立った途端、赤鉢巻を締めた日産分会員が「ワーッ」と喚声を上げ、マイクを通した話が聞き取れない。遂に社長は挨拶を諦めて引き上げざるを得なくなった。これで操業再開となったが、現業部門では圧倒的に多数を占めていた分会員が、全員赤鉢巻をして少数派の日産労組員を虐《いじ》めにかかったのである。

各職場にある休憩所では昼食の弁当を食べさせない、お茶も飲ませない、口もきかない。毎日「借金を返せ」と言い、何かにつけて因縁を付け、作業中に嫌がらせをやり始めた。

これに対抗するには、各職場で新組合員が過半数を占めなければならない。われわれは新組合員が特に少ない職場（課）から重点的に、分会員に対するオルグ計画を立てた。

生活対策資金問題

分会員が新組合員に「返せ」と言う借金とは、分会が争議中に組合の「闘争資金」から個人別に貸し出した「生活対策資金」のこと。しかし、借りていない者に請求が来る、借りた額よりもはるかに多い額を請求される（二万円借りたのに八万円とか）という問題が次々に出てきた。各課の総務に従業員の印鑑が置いてあり、本人が知らない借用書が作られたりした。そのうちに、労働金庫の職員が新組合員宅に突然現れ、家財に赤紙を貼り始めた。分会を脱退した新組合員に対する嫌がらせだが、彼らのこういう非常識な行為が「生対資金問題」の解決を手間取らせることになった。

組合員は労働金庫から金を借りた訳ではない。日産分会が、争議中に労金から借り入れた争議資金の返済分引き当てに、日産労組員になった者の「生活対策資金」の借用書を回したのだ。それを承知しながら、弱い労働者支援のために作られた労働金庫が組織問題に介入した。

問題はそれだけではなかった。分会が労金から借入れをする時に、トヨタ労組やいすゞ労組がその保証をしていた。私はこの時点までそのことを知らなかったが、日産分会の借金については、日産労組として責任を持たなければならないと思った。組織の名称は変わっても、同じ労働者を組合員として引き継ぐからだ。分会の幹部や青年行動隊が闘争資金を湯水のように浪費しているようだと思ってはいたが、新組合員に対して「借りた金は返そう」と繰り返し言い続けた。日産労組は誠心誠意、組合員が借りたとされた金額の洗い出しとその返済、及び労金への返済に努めた。問題の決着をみるのに五年を要した。

第二節　経営協議会制度

経営権の確立を

争議中に民主化グループが思い描いていたことは、日産自動車の民主化である。すなわち労働組合を民主化すること、そして企業経営の民主化による経営基盤の強化であった。新組合は組合員の生活を維持するための一時金交渉などと平行して、経営協議会制度の創設を提言した。二十八年十月十五日に開催された第一回団体交渉で、①経営協議会に対する基本的考え方、②当面の生産計画、③福利厚生施設の建設、等について建設的な討議を開始した。

組合はまず、長年の労働争議で荒廃した経営体制の改革と、「経営権の確立」すなわち〝経営者の責任ある経営〟を求め、さらに経営問題に関する労使間の協議を充実するために、新しく経営協議会制度を創設して労使関係の基本に据えることを要求した。

新組合員が過半数を超えた直後、十一月二十五日に浅草公会堂で開催した第一回定期大会の運動方針書には、『経営の近代化』の項に次の文章を載せた。

「われわれは基本綱領の中に〝経営の民主化〟と〝生産性の向上〟を謳った。この問題を真剣に協議する機関（経営協議会）の設置については既に会社と協議を進めているが、企業に生活の基盤を求めるわれわれ労働者は、当然労働者の立場から企業の発展に関心を持つものであり、われわれは経営に参画し企業発展のために発言して行くことが必要である」

経営協議会制度の骨格を労使間でほぼ固めたのは翌年（一九五四）の一月だが、執行部は「協議協定書」の作成に先だって、職場に「①総知を結集するために各職場（課単位）に経協委員を置く、②経営協議会が扱う経営政策については、機密保持の見地から職場に報告はしない」ことを諮り、組合員全員の賛同を得た。

経営協議の内容を充実するには、労使相互の信頼関係が不可欠の要件である。それは、労使の代表者間に求められるものであると同時に、それぞれの組織内部の信頼関係がなければ成り立たない。組合は社外秘の協議内容は組合員に報告しないのだから、執行部が組合員から信頼される組織体制を日常の活動や実績を通じて作る必要がある。

さらに、経営者が耳を傾けるに足る情報の収集力や経営問題に対する見識を備える必要がある。そのために、非公式にNとCという二つの経営問題研究グループを作った。Nは宮家氏（昭和二十四年入社）を中心に、設計・技術・生産・設備・経理・購買・販売等の各部門から、二十四年以前に入社した事務・技術の大卒組合員十数人を選び、Cは私が座長になって二十四年から二十八年入社までの大卒十数人で構成した。みんな民主化グループの同志で、それぞれ専門分野に見識を持った優秀な仲間たちだった。はじめの頃は月一～二回の会合だったが、宮家氏は私をNの会合にも呼んでくれた。お陰で日産や自動車産業の経営に関する諸問題を早くから勉強する機会に恵まれただけでなく、その後職制になり役員になったこれらの人たちとの同志的人間関係が基礎になって、労使間の信頼関係を育むことが出来た。

この先輩たちとの良き人間関係は、私が自動車労連の会長を辞任（一九八六）するまで、石原氏が社長になり対立の労使関係になってからも、変わらずに長く続いていた。

経営協議会に関する協定書

昭和二十九年一月に待望の「経営協議会に関する協定書」が結ばれた。

その「経営協議会規約」には、協議会で取り扱う事項として第十二条①項に、

一、組織、人事、統制に関する基本方針及びこれに関する重要事項。
二、厚生・福利に関する基本方針及びこれに関する重要事項。
三、事業所の合併、分割及び廃止に関する事項。
四、営業方針に関する重要事項。
五、長期生産計画に関する事項。
六、長期設備計画に関する事項。
七、技術対策に関する事項。
八、その他特に必要と認められる事項。

が盛り込まれた。

さらに、中央経営協議会の下に「生産分科会」「技術分科会」「管理分科会」「厚生分科会」の四分科会を設けることに合意し、経営協議会制度を確立した。

また、協定の策定時に「協議が整わない場合は会社がこれを決定する」ことも確認した。「経営権の確立」(責任ある経営)を強く期待していた我々からすれば、当然のことだ。民主化グループの仲間たちは、労働争議が解決して数年経つと、経営側と労働組合に分かれて新しい日産作り、新しい労使関係作りに切磋琢磨するようになった。こういう人間関係、職場を守るために同志として身体を張ったいわば戦友のような関係が、その後の労使関係と経営協議会活動を支える目に見えない力になった。

振り返って、日産の歴史の中で他社に比べて際だっていたと思うことは、経営の重要事項について経営者と労組が協議するという、独自の経営協議会制度を持てたことだ。

これは大争議の経験から導き出されたもので、経営者と従業員が団結して創り上げたものだ。大争議を経て労組が獲得した権利ではない。一つ一つ実績を積みながら、労使が共に産みの苦しみを味わった末に、手にした宝なのである。

復興闘争（会社再建と不況対策）

争議で疲弊した会社の再建策が前述の経営協議会で討議されているときに、日本経済の不況が噂されるようになった。昭和二十九年に入ると、政府の採ったデフレ政策がいち早く自動車産業に打撃を与え、われわれは戦後最大と言われる不況に直面した。

日産労組の幹部の間では「迫り来る不況と如何に闘うか」が緊急課題として論議され、過去の経験に照らして「首切りが出てからでは遅い」、だから「〝首切りが出ない会社にしよう〟を合い言葉に、日産の復興に取り組もう」という闘争方針を、常任会で決定した。

その後、六月十五日の第二回定期大会で採択した「復興闘争宣言」には、

「事態は緊迫し容易ならぬ状況が想定される。如何にして労働者を首切り、工場閉鎖から守り、その生活を守るかは、焦眉の問題である。我々は最悪の事態においても首切りを出さないために、日産全体として不況乗り切り運動を展開し、経営陣及びその政策に、労働者の立場から正しく筋金を入れなければならない」

とある。

掲げたスローガンは、「日産車を世界的水準へ」「技術陣の結集から企業防衛へ」「日産魂で不況を乗り切るんだ」「俺たちは働く、仕事をよこせ」など。

この復興闘争で最も重点を置いたのは、「精神の復興」であった。日産分会の階級闘争に恐れをなして、経営者・職制には事なかれ主義が蔓延していた。労働者は「愛社心」という言葉を口にするのを憚る職場になっていた。日産労組の結成大会で「真に組合を愛する者は真に企業を愛する」というスローガンを掲げたのは、そういう組合員の迷いに正常な労働者の常識を諭すためだった。

数年間に亘る職場闘争によって去勢状態になった職制に活を入れ、無責任な経営を追放し、サラリーマン根性やセクショナリズムの打破、有能な人材の抜擢と適材適所の配置、学歴・勤続年数・年齢にこだわらずに人事の刷新を行うことなどを訴えた。

労使が手探りのような形で始めた経営協議会は、復興闘争と重なることによって予期以上の成果を挙げ始めた。

その結果、二十九年十月二十九日に開いた団体交渉で、九項目の労働条件の切り下げと改訂によって、年初に会社が組合に提示した二〇〇〇人の解雇は出さないことが決まった。執行部は職場に「低下した労働条件は五年以内に回復しよう」と、更なる復興闘争の継続を呼びかけた。

復興闘争と経営協議会の活動が、技術層を結集し、経営管理組織を整備し、安全衛生の強化を図り、災害率の減少や生産力の増大等を通じて、年間賃金を向上し厚生福利施設（近代的アパート・体育館・文化クラブ等）の建設など実質賃金を向上して、組合員に生活水準の向上と安定への希望を与えた意義は大きい。

オシャカ闘争

昭和二十九（一九五四）年十二月二日に全自動車が解散し、日産分会員は三〇〇名を切った。そんなある日、横浜工場でクランク・シャフト二〇〇本の加工不良が検査で発見された。軸受け部分がコンマ二ミリ削りすぎ、誰かが機械の治具《ジグ》を動かしたのである。他にもあちこちでオシャカが出始めた。治工具《じこうぐ》は一度調整すると、流れ作業だから担当者は機械の側に付いていない。その隙を狙ってちょっといじられたら暫くオシャカが続く。この頃、原因不明・犯人不明のオシャカやボヤ、機械破損などが数カ月間に百数十件も発生した。所謂「オシャカ闘争」である。販売店が顧客に渡した車のタイヤからヤスリが出てきたり、エンジンのピストンの上にナットが載っていたりもした。労使で監視体制を作り防衛に努めたが、犯人は挙がらなかった。しかし、自らの生活基盤を危うくする非常識な闘争手段は、かえって分会員の連帯意識に亀裂が生まれ、「オシャカ闘争」が収まる頃には分会員は二〇〇名を割っていた。

平和宣言

日産労組が強力な組織体制を形成する上で、「平和宣言」が果たした役割は大きい。これによって、結成大会で決めた「全自日産分会員全員の吸収に努める」という方針が完結したからである。ただ、ここで見落としてはならないことがある。私は今まで誰にも話したことはなかったが、それは「敗軍の闘将・益田氏の見事な日産分会の幕引き」である。

日産労組は昭和三十一年七月二十四日の第四回定期大会において、「日産分会員に対して広く門戸を開放する」ことを満場一致で決定した。しかし、これに先立って開いた職場長会議では、「分会員に対する最終加入勧告」を提案したときに、多くの職場長から「一度だけでいいから、分会残留者の吊し上げをやらせて欲しい」という強い発言が相次いだ。執行部は「われわれの組織の将来のために、勝者は優しさを持て」「暴に報いるに寛容の心で、同じ仲間として迎えよう」と説き、ようやくこの場を収めたという一幕があった。

そして翌月、八月三十日の日産労組創立三周年記念総会で〝寛容の精神で日産に平和を確立しよう〟という「平和宣言」が提案・採択された。続いて常任委員会が「最終加入勧告声明」を職場に発表し、宮家・益田会談が行われた。

これに応えて九月十三日、日産分会組合長の益田氏から日産労組に、残留分会員全員の加入申込書が提出されたのである。通常組合が分裂すると、第一組合が少数長期に残って組織間の抗争を続けるのが大方だが、日産では三年で職場における労働者同士の争いがなくなった。このことは組合員間の仲間意識の醸成、団結力の強化に大きく寄与している。益田氏は、立つ鳥跡を濁さなかった。残留者から一人の犠牲者も出さなかった。日産労組が強大だったと言うよりも、益田氏の労組リーダーとしての責任感によるものだと思う。

民主化グループの組織的な闘いは、「全自動車」が昭和二十九年十二月二日に解散した後、旧日産分会に残留していた百数十名を全て日産労組に吸収したこの日をもって終わった。

その後、益田氏は一緒に争議を闘った仲間たちと「新目黒車体」という自動車のボディー架装《かそう》会社を設立した。

うまくやっているのかなと思っていたら、私が日産労組書記長のとき（一九五九年）に突然、「是非会ってお願いしたいことがある」と電話をかけてきた。日産労組の事務所で話を聞くと、「初めの一年は良かったが販売が思わしく伸びず、資金繰りが行き詰まって今月分の給与を払えない。給料分をお貸し願えないか」と言う。

私はこのとき、益田組合長の最後の幕引きを思い出して、貸すことにした。彼の話を些かも疑わなかった。万が一のことがあれば、私個人が立て替えようと思っていた。たしか五〇万だったが、彼は二カ月後の約束期間内に返済に来た。私は嬉しかった。金が無事戻ったからではない。敵対関係にはあったが、出会いの時から人間同士の縁を、お互いに感じていたように思えたからだ。

彼は「他の人には極秘でお願いしたい」とは言わなかったが、私はこのことを後になっても誰にも話さなかった。

お互いに昔のことには触れず、言葉数は少なかった。別れ際に彼は「有り難う」と言い、私は「お元気で」と言って別れたが、これが益田氏との最後になった。心成しか寂しげに見える後ろ姿を見送りながら、言いしれぬ悲しい思いにおそわれたことを、私は長い間忘れられなかった。

益田氏は「新目黒車体」を解散した後、中小企業に就職したそうだが、そこの経営者に「組合は作らない方が良い」と助言していたそうだ。昭和二十年代の三大争議の一つを指揮した人が、その跡をどのように総括しているのか、いつか機会を得て話を聞きたいと思っていたが、残念なことに、その後病気で亡くなられたと聞いた。

第三節　昭和三十年、新たな活動と出来事

昭和三十年は、私の三十三年に亘る労働運動の基盤となった二つの組織の結成と、挫折の要因となる異常な事件が起きた年である。

一つは「自動車労連の結成」（一月）で、やがて、日産グループ各社の経営側に対して強大な発言力を持つ組合の体制を形成する。二つ目は「日産労組青年部の結成」（三月）で、結成のときから共に苦労した私と同世代の仲間たちが、後年組合役員として、或いは職場組織の中核として日産労組の強固な体制を担い、また現業部門の組長・係長・安全主任となって工場における組合活動の大きな力になった。三つ目は、日産崩壊の遠因と言える経営内部の「クーデター」（五月）である。

1　自動車労連の結成

争議中に生まれた自動車労連の構想

日産労組は争議中、組合員が過半数を制したときに開催した「第一回定期大会」の運動方針書に、「大自動車労連の結成について」という方針を載せた（昭和二八・一一・二五）。これには、民主化グループが新組合の結成を決意したときの会議で「日産争議で苦況に追い込まれている販売・部品の労働者のことも、

同じ仲間として考えるべきではないか。われわれの生活は彼らと共にある」という意見が提起され、それを皆で確認したことが背景にあった。

そのときの議論には、①日産が性能・品質・価格の面で輸出可能な車を作るには、メーカーと部品と国内販売の総合力を強化する必要がある、②それは、部品・販売の労働者の賃金を抑えてという経営者の発想では達成できない、③日本の自動車が輸出産業として発展するためには、先ず日本の産業構造の後進性（二重構造）を打破しなければならない、などの意見が出ていた。

結成準備会から結成へ

われわれは自動車労連の組織構想を固めるために、争議中、全自日産分会益田組合長宛に抗議文を出した販売の九労組及び関連部品労組と連携を取り、結成準備会を発足させた。第一回は日産労組結成の七カ月後、昭和二十九年三月下旬に開催した。日産労組の職場では首切りを防ぐべく復興闘争に取り組んでいた最中である。

集まった東京・大阪・新潟・埼玉日産などの販売労組及び日本ラジエター労組と日産労組の代表は、まず労連の結成について次のような確認をした。

「全自の存在は、いまだに自動車産業の正常な発展を阻害し、関連産業に従事する労働者に耐え難い苦痛と不安を与えている。この状況から労働者を一日も早く解放し、正しい指導理念による労働運動に結集して行く必要がある」

そこでわれわれは全国のオルグ計画を立て、労連結成への第一歩を踏み出した。この頃の日本は階級闘争論の末期で、関連部品メーカーや販売店が全自動車や全国金属など総評傘下の左翼労組に狙われて、労使紛争に持ち込まれ経営不振に陥るところが続いていた。

第二回準備会を七月、第三回は八月に開催、北は北海道から東北・関東・関西・中四国・九州南端までのオルグを展開し、十二月の第四回の時に「最後の準備会（第五回）を一月十日に、結成大会を一月二十三日とする」方針を決めた。

販売・部品の準備委員たちの並々ならぬ努力によって、自動車労連の結成大会は予定通り昭和三十年一月二十三日に、横浜工場脇にあった日産労組本部の講堂で開催された。参加組合は四六、組織人員一万九一一六名。全国を八支部（販売労組六地域支部、部品労組一地域支部、自動車製造一支部）に整理し、オブザーバー参加一〇組合での出発だった。

われわれを安く使うつもりか

私が三十二年三月に青年部理事長を退任すると、すぐに宮家労連会長から要請があり、中間選挙で日産労組の常任（専従）に戻った。組織部長と青婦対策部長を兼務の後、九月に自動車労連本部の教宣部長と九州地区販売労組担当になった。月のうち半分以上は九州に出張していたが、時には他の地域にも出たり、部品労組の相談にも与った。

部品・販売労組のオルグでは、全く思いもしなかった質問や意見に遭遇して戸惑い、かなり長い期間苦労することになった。その頃行く先々で言われたことは、「日産は労使でわれわれを支配するつもりか」「メーカーは労使でわれわれを安く使おうとしているのではないか」「自動車労連は、本当に販売や部品の労働者のための活動が出来るのか」など、メーカー労組に対する不信・疑念の言葉だった。

実績が何もない上に、メーカーと下請けという関係、メーカーと販売の経営上の利害関係が彼らの意識に強く影響していることを知って、労連を結成したわれわれの真意を理解して貰うには、労働条件の格差を圧縮するなど事実をもって示す意外にないと思った。

まだ労働組合のない関連企業が多かった時で、組織化のために従業員のオルグから社長の説得まで、いろいろな経験をした。岡山日産では西下社長に「赤」呼ばわりをされ、北海道日産の川上社長には「寝ている獅子のシッポを踏むようなことはやめてもらいたい」と言われた。

赤字の販売店や部品企業では、解雇問題を含む合理化案の交渉にも立ち合い、日産労組の復興闘争の説明や経営協議会の設置を指導したり、日産の営業部や購買部の担当職制に会社再建への具体的な援助・協力を要請したこともしばしばあった。

私が九州担当になった時、赤字続きだった宮崎日産はその負債を肩代わりした地域の資産家が社長になり、企業再建と労働条件の問題をどうするか、一年がかりで労使双方の相談に乗った。

これらの活動を通して、共に行動し実績を積む中から信頼の関係が少しずつ芽生えるようになった。この頃にできた販労や部労の幹部たちとの人間関係や数々の体験は、自動車労連の体制を強化し、その後自動車総連を結成して産業別組織としての運動を進めるに当たっても貴重な糧となっている。

組織の単一化（企業別組合からの脱皮）

労連を結成した当初は加盟組合を八地方支部に分けていたが、その後各単組が労連本部に直結する加盟方式をとり、昭和三十三年十一月（三年十カ月後）に業種別の協議体に再編した。すなわち、自動車製造、部品、販売の各労組協議会を結成し、労連本部はこれらの協議会を統合するという組織体制に移行した。各業種別協議会（後に連合）がそれぞれに主体性を確立し、交渉力の強化と経営協議機能を高めることを目指したのである。

その後、昭和三十五年九月の労連第五回定期大会で「各協議体組織を単一組織にする」方針を決定した。多くの企業別組合を抱える販売・部品の各連合は、まず地域別に単一化（財政と組合規約の統一）を図り、次に全国を単一化することを確認した。

組織の単一化とは、複数の企業別組合が集まって一つの組織を作ることである。つまり、それぞれに独立した規約と財政を持ち、組合員の直接無記名投票によって選ばれた役員により運営されてきた企業別組合が集まって、財政を一本化し規約も統一し、役員の選出も共通の選挙母体にして組合長を一人にすることをいう。企業毎に分断されている組合の枠を外して横の連帯を強め、経営者とより対等な交渉ができる体制を作ろうとするものだ。

労使対等の実現は企業内組合では限界がある。組織を単一化し連帯して経営協議会活動や統一交渉を進める体制を作ることによって、労使関係の近代化や企業の体質改善を促進することができると考えたのである。

当時「産業別組合を結成して企業別組合の脱皮を図るべきだ」とよく言われたが、既存の産業別組織の実態は企業別組合の寄り合い所帯にすぎないと思う。われわれが取り組んだ単一組織化は、この問題を解決する具体的策の一つではないだろうか。

民間統合労働組合（民労）の結成

自動車労連は昭和三十五年一月二十二〜二十三日に開催した第五回定期大会で、民間統合労働組合（略称、民労）を新たに結成する方針を採択した。自動車の生産・販売に携わる労働者の組合が日産争議の経験を生かして、社会の進歩に役立つことを念頭に、自動車以外、一般業種の未組織労働者の組織化を進めていこうと考えたのである。

結成大会は同年九月二十四日で、組合長他数人の専従役員を日産労組から派遣し、日産系列の二組合（日産弘済会、横浜輸送）をベースに七〇〇人でのスタートだったが、一年後にはミツウロコ練炭や太陽堂製パン、フランスベッドなどを組織して組合員五〇〇〇人に成長した。

フランスベッド労組は後に、他のベッド労組と産業別連合を組織するために労連を離れたが、民労はその後も拡大を続け、やがて、三万人の組織に発展した。

2　青年部結成

青年層の育成

復興闘争（一九五四年）が始まって間もなく、私は宮家組合長に「①組合幹部になるために日産に入ったわけではないし、②青年部を作りたいので」と申し入れ、常任委員を降りて職場に戻り、非専従の執行委員になった。配属先は横浜工場の経理部原価課になり、幸いにも工場に出て現場の人たちと接触できる、プレス部品の担当になった。

青年部の結成は、争議中に日産分会青年部の動向（青年行動隊）を知るにつけ、当時から考えていたことだ。労働組合あるいは企業の将来を担っていく青年層が、自ら勇気と想像力を養いチームワークによる活動を体得する場があったらいいな、と思っていた。

私は常任会に出て、「青年行動隊ではない青年部を作りたい。その活動に自治権を付与してほしい」と提案した。「青年行動隊にしないのは良いが、自治活動とは何か?」と問題になった。私は「組合の運動方針と綱領・組合規約に違反しない限り、事前に執行部の許可を得ることなく、青年部は自由に活動できるという意味だ」と説明した。争議中の分会青年部の過激な活動に対する批判から、いろいろ懸念する質問があったが、ようやく青年部の結成が承認された。

それからが大変だった。肝心の青年層が、分会時代に闘争の尖兵として扱われた青年行動隊の苦い経験から、〝羹に懲りて膾を吹く〟ように青年部の結成に後ろ向きだった。

私は二十九年の三月から一年かけて、毎日昼休みに横浜工場と鶴見工場の職場をまわり、個別にあるいいは組単位に話し合いを続けた。昼食を取り損なうことが多く、午後仕事をしながらパンをかじったりした。吉原工場や厚木工場には休暇を取って出かけ、それぞれの核になる人たちをオルグした。

職場の中に賛同者が少し出るようになった夏頃までは、作業終了後の夕方の集まりは不可能だった。青年部を作る意義をいくら説いても、「帰宅前に自分の時間を割いて集まる義務はない」と言われたりしたが、徐々に雰囲気が変わってきて、そのうちにオルグ活動に協力してくれる人たちが三人、五人と増えてきた。幹部になってほしいと思う人には、夜自宅まで訪問して家族の方に迷惑をかけたりした。

昭和三十年三月一日に開催した結成大会は、「建設の場、向上の場、青年部」「若人は目指す世界の日産車」「日産の躍進は若人の団結から」「日産の復興は若人の手で」「忘るな過去を、正しく生かせ」「おれ達たちが作りおれ達がやるおれ達の青年部」というスローガンを掲げた。青年部は自治権を持つということで、月三〇円の青年部費を取ることにした。

多くの仲間が苦労して発足にこぎつけた青年部は、歴代役員のたゆみない努力と部員の自発的な協力によって、文化・体育を主軸にした活動を年と共に発展させてきた。全日産労組（四企業労組の単一組織）が結成されると、青年部も日産、日産ティーゼル、日産車体、厚木部品が合流して、全日産労組青年部としてやがて二万人を越える組織に拡大し、創価学会の文化祭に引けを取らない、見事な統一青年祭を開催するまでに成長した。

また、青年部役員（理事・評議員）経験者の中から、組合役員は勿論、係長・組長、会社の職制・工場長・会社役員が出るようになった。

青年部活動の重要な点は、事務・技術・現業の別や大卒・高卒の別なく、横断的な人間関係が作られ、信頼関係が醸成されていくことである。それが組合体制の強化につながると共に、工場間や事業所の間にある壁や部門間のセクショナリズムを取り払い、会社内の情報伝達や仕事の連係プレイを促進する貴重な要素として、企業活動の発展にも大きく寄与することになった。

青年部を結成した後、二〇人の規約起草委員会を発足させ、半年を掛け審議を尽くして、「自治活動」を基本にした青年部規約を作った。

「日産労組青年部規約」は前文に、その基本理念を次のように謳っている。

「私たちは、日産自動車労働組合青年部の名の下に、青年層の相互理解の場を求めて結集し、組合機関の正式な確認を得て内部運営に対する自治活動を保障された。私たちは組合に対しては一組合員としての権利を行使し、義務を負うものであり、青年部員が組織上二重に権利を行使し、義務を負うことを排除する。

私たちの結集は、現在および将来における組合のあるべき姿を相互の青年的良識の上に立つ活動を通じて把握し、また各部員個々人の知性および人格の向上を図ることを目的とする。私たちは極左、極右に偏する活動を否定し、また青年部が特定の個人または集団のために利用されることを相互の努力によって阻止しようと思う」

3　幻のクーデター

日産の盛衰史を検証するには、昭和三十年春の「幻のクーデター」を正確に理解しておく必要があると思う。私が「幻の……」と言うのは、失敗に終わったこの「クーデター」は、当時の数少ない関係者（日産自動車・日本興業銀行の首脳部）の間で、歴史上無かったことにされたからだ。ところがその後、石原氏が社長になりマスコミを使って塩路（組合）攻撃をするようになったら（二十五年も経ち、事件を知る人が二、三人しか残っていないのに）、『日産共栄圏の危機』（青木慧、赤旗記者）や『破滅への疾走』（高杉良）に「極秘スト」とか「密命スト」として、史実を全く作り変えたストーリーが書かれている。真相がばれることを恐れた石原氏の深謀によるものだ。そこで、その真相を明らかにしておきたい。

川又専務に引導

争議で疲弊した日産は直後に不況に遭遇し、雇用問題への波及を労使の協力によって防ぎ、企業の先行きにようやく明るさが見え始めた昭和三十年の春、日産の経営内部では株主総会に向け異常な画策が行われていた。石原氏の企てによる川又専務の追放工作である。

赤坂・弁慶橋のたもとにある料亭「清水」や、今はない「中川」等を使い、浅原社長を擁して役員と部長の一部による秘密会議が行われていた。そして、日本興業銀行に「川又は労働争議を解決したことでいい気になり、赤坂で遊びほうけている」などとざん言を流した。そこで興業銀行は、川又専務を日産から出すことに了解を与えた。

昭和三十年の五月一日メーデーの日の午後、田辺邦行氏（設計部員、後に日産車体常務、川又氏の甥）が突然私の家を訪ねて来て、「大変だ、川又さんが飛ばされる」と言う。

「争議を解決して、新しい労使関係で日産の再建に協力し合ってきた片方の旗頭が、今度の株主総会で社外に出される。このことを一刻も早く組合に伝えて、事後の対応を考えてほしいと思って、先ずあなたのところに来た」と。

「川又さんとは相談してきたのか」と訊くと、

「相談したら止められるだろうから、私の独断できた」

「今からでもなんとかなるかな」と訊くと、「覆水盆に返らずだろう」。

そこで私は「いま私が聞いた話を、宮家委員長に直接伝えてほしい」と頼み、彼は鎌倉の宮家氏のところに車を走らせた。

翌日、急遽集められた組合首脳部の会合で、「日産争議を乗り切った会社側のリーダーがざん言で飛ばされる。しかも、争議中は渦中から逃げて洞ヶ峠を決め込んでいた奴が、平和になったら会社乗っ取りを策すとは許せない。もう手遅れのようだが、かなわぬまでも抵抗すべきではないか」ということになり、横浜工場の組立ラインを止めながら、宮家自動車労連委員長が興業銀行に乗り込んだ。

組立ラインにはコントロール・ルームがある。始業時前に、そこの責任者を「コントローラーのキイを持って組合事務所に来てくれ」と呼び、「いま会社の存亡に関わる重大な問題が起きている。執行部が責任を持つから、俺たちを信じてしばらくここに居てくれ」と頼んだ。彼は争議の時の同志だから余計な問答はいらない。ラインは止まったままになった。宮家氏は頭取に会って
「あなた方は何故よそ者の流言を信じて、身内である川又さんの話を聞かないのか。川又専務が居られたから争議を解決できたし、今も会社再建に必要な人だ。その人を追い出すというなら、我々が守った会社だから我々の手で潰す。いまラインが止まっているが、いつまで止まるかわからない」

と交渉。興銀は困って、われわれの申し入れを受け容れることになった。

一九九五年二月、『文藝春秋』に「日産・迷走経営の真実」を書くときに、田辺氏に会って、四十年前の川又邸における石原氏の話を改めて訊いた。田辺氏は次のように語った。

「僕はあのとき、なんで川又さんの家にお邪魔していたのかは覚えてないけど、石原氏に『お前も一緒に聞け』と言われて応接間に入った。とにかく石原さんは『もうこうなったら』って言ったんです、僕

にはその言葉が非常に印象が強くてね。『もうこうなったら』というのは、いろいろ画策した、それで大勢は決まっている。従って、あなたはもう辞める以外に手はないんだ、というニュアンスだった。

石原氏は川又夫妻に、『川又さん、あんたね、もうこうなったら、日産車体でも貰って、おとなしく引き下がった方がいいよ』と言った。これは忘れもしない、あの応接間のテーブルの上に両足をのっけて、こうふんぞり返って言ったんですよ。川又さんに向かって傲然とそう言った。〝なんて行儀の悪い人なんだろう〟と思いました。そのことはいまだに川又さんの奥さんも覚えていて、『あんなにいろいろお世話した人なのに、あのときの石原さんの態度は』と、今でもたまに思い出して不満げに話をする。専務に対して、平取になったばかりの一経理部長の言動ではない。要するに、使者として引導を渡しに来たわけなんです。平取にしてくれた川又さんに対してですよ」

石原氏はこのとき四十三歳、この企てでは岩越忠恕常務（後に社長）も社外に出し、大館常務を社長にした後、四十歳代で社長になることを目論んでいた。それから二十二年、社長になる六十五歳まで、覆した者への逆恨みを秘めて隠忍自重の日々を過ごすのである。

第四節　米国留学とその後

ボストン（ハーバード・ビジネススクール）

昭和三十四年九月、アメリカ大使館から自動車労連に、「米国長期研修生一名募集」の案内が来た。私は宮家労連委員長に「受けてみないか」と勧められて、大使館で英語の筆記試験と面接を受けたが、一緒に受験した二十数人の多くが英会話が達者なので、ダメだろうと諦めていたら私に合格通知が来た。私は三月に日産労組の書記長に選ばれていたが、一年不在になるので十一月の代議員会で副組合長になった。

ボストンにあるハーバード・ビジネス・スクールは伝統のあるマネージメント・プログラムで有名だが、後にトレードユニオン・プログラムが設けられた。一九六〇年度のクラスは私と米国労組幹部の九人。同じ独身寮で、日夜米国の政治・社会・労働問題などの実情を聞くことができた。研修期間は一年の教程を米国労組の要望で半年に短縮したため、ウイークデーは土曜も夜九時まで、日曜日も隔週で昼間の授業があり、戦時中に流行った歌の文句、「月月火水木金金」を思い出した。

英和辞典を引きながらの予習だから毎日夜中まで起きていたら、ある夜隣室のクラスメートがドアをノックして、「毎晩よく精が出るね。これでも飲もうよ」とボトルを出した。一口飲んで「風薬のようだ」と言うと、「この味が解らないと、アメリカも解らないよ」と言われた。バーボンウイスキーである。それからは予習のあと、週に一〜二度はどちらかの部屋でバーボンを飲むようになり、ボストンを離れる頃にはスコッチよりバーボンの味が好きになっていた。

彼に「俺は辞書と首っ引きだから予習が夜中までになるが、アメリカ人の君が何故夜中まで？」と訊くと、「相手の経営者は大学を出て更にビジネススクールなどで勉強している。高校しか出ていない我々が対等に渡り合えるようになるには、まだまだ足りない」と答えた。私より二十上の五十三歳で産別組織の三役である。〝強い米国の労働運動はこういう人たちで支えられている、日本の労組幹部も見習わなければ〟と思った。

授業で一番記憶に残っているのはダンロップ教授の「労使関係論」で、隔週で四時間単位のケース・スタディーがあった。例えば、フォード争議などの記録を下敷きに、労組プログラムと経営プログラムの代表が労使二手に分かれて、互いに作戦を立てながら主張を闘わせ、そこに教授の指導が入る。ウォーター・ルーサー会長が率いたＵＡＷ（全米自動車労組）の闘いの跡に学ぶことができた。教授にはケース・スタディーを通して、歴史に学ぶこと（温故知新）の大切さや、リーダーが持つべき使命感、指導性、勇気というものを教えられた。

ＵＡＷルーサー会長の講演

ハーバードでの最大の収穫は、ＵＡＷウォーター・ルーサー（Walter Ruther）会長との出会いである。四月初旬、ルーサー会長がハーバード大学に講演に来られた。一流大学での労組幹部の講演など、今でも日本では夢想だにし得ないことだが、これは学生たちの要望によるものだった。

準備した講堂では入りきれなくなり、急遽体育館に椅子を並べて会場にしたが、それでも大勢の学生が立って聞くことになった。教授も傍聴していた。労働運動が市民社会の進歩に大きな関わりを持っているからだろうと思った。講演は、世界の情勢とアメリカの役割、米国労組の国際・国内における役割や課題など、質疑を含めて三時間に亘ったが、最後まで一人として帰る者はいなかった。話を聞きながら、感動を覚えた言葉があった。「Social Justice」（社会正義）と「Social Unionism」（社会的労働組合主義）である。そして、国内社会でも国際社会においても労働組合の役割が極めて大きいことを知った。

この講演の前日にクラスメイトから、「明日ルーサーと握手するときは左手だよ」と言われたので、

「何故?」と訊くと、「一九四五年のフォードのストライキのとき、ルーサー宅で幹部会を開いていたら何者かにライフルを撃ち込まれた。ウォーターは右腕をやられ、弟のビクター(UAW国際局長)は片目をやられて義眼になった」。「犯人は?」と訊くと、「組合幹部を撃った犯人を、警察やFBIが捕まえるものか」と。アメリカの強大な労働運動は、リーダーたちの命を賭けた闘いによって築かれて来たことを知った。

翌日講演の後、ルーサー会長に「日本の塩路です」と言って左手を出すと、ニコッと笑って「右手でも出来るよ、どっちの握力が強いか試してみよう」と右手を出された。

このとき雑談の中で、「Solidarity House(団結の家)に暫く来てみないか。歓迎するよ」と誘われ、私は七月下旬から八月にかけて、デトロイトにあるUAWの本部(団結の家)で、その活動を研修する機会を持つことになった。当時、UAWの組織人員は一三〇万人、わが自動車労連は五万人だったが、クラスメートは翌日からときどき、私を「ジャパニーズ・ルーサー」と呼ぶようになった。ルーサーから強烈な刺激を受けた私は、心の中でアイ・ウイル(I will)と応えていた。

私は日本を発つとき、労組幹部を将来続けるかどうかで悩んでいた。ルーサー会長の話は、そんな私の迷いに明確な進路を示してくれた。講演の夜、私は自室に戻ってから、ワシントンで感じたこと、教授の講義やクラスメートの話、ルーサーの講演を聞いたときの感動などを噛みしめながら、「労働運動は男が生涯をかける価値がある仕事だ」「俺は労働組合の缶焚きをやろう」と心を固めた。「缶焚き」とは「機関科魂で」という意味である。

私は終戦を海軍機関学校の一号生徒(最上級生)の時に迎え、陛下の詔勅を聞いた後、教官から「生きて日本の再建に尽くせ」と諭された。その機関学校では「撃ちてし止まず」と教えられた。戦時中よく使われた言葉は「撃ちてし止まん」だが、これは「死ぬまで戦う」「死んだら止める」という意味。これに対して「撃ちてし止まず」は「死んでも止めない」「死んでも戦う」である。

機関科は艦を走らせるのが任務だ。艦上で将兵が戦っている間、艦を止めてはならない。魚雷で穴が開くのは、駆逐艦では機関科の持ち場なのだ。巡洋艦や戦艦では、魚雷で海水が入ってくるのは機関科がいる缶室・機械室の上層階だが、戦闘配置になると防水区画の扉を閉めてしまうから、上に海水が入ったら総員退去の命令が出ても逃げ道はない。艦が沈んでも兵科は生き残れるが、機関科は生き残れないのだ。だから兵学校出身者の奮戦記は戦後いろいろ出ているが、機関学校出身者の奮戦記はない。私はそういう「缶焚き魂」で組合員の乗る船を走らせ、ルーサーの言う「社会正義」の旗を掲げようと思った。

米国内研修の旅

ハーバードの後、私はブルーバード一二〇〇を駆って全米の主要都市をまわり、州政府の機関や労働組合（産別組織本部、ＡＦＬ・ＣＩＯ地方支部）の訪問、工場見学など、米国の政治・社会を知る機会に恵まれた。

ボストンから西へバッファロー、デトロイト、シカゴ。南へセントルイス。そして西へカンサス、ソルトレーク、サクラメントと「ルート40」（開拓時代の西部への道）を走ってサンフランシスコへ。南に下がってロサンゼルスからメキシコ国境に。そして東へフェニックス、サンアントニオ、ヒューストン、ニューオーリンズなどの南部を回り、北へノックスビルを経由してワシントン、ニューヨークに戻った。週末に都市間を三〇〇ないし五〇〇キロ移動し、予定された訪問先や歴史的旧跡を訪ねるなど、走行距離は三万キロ近くに及んだ。自動車で移動したお陰で、アメリカという国を或る程度知ることが出来たと思っている。州毎に違う州法があり、州によって主たる住民の出身母国が違うから、生活習慣も違い、文化も違い、訛りも違う。消費税が違い、酒・たばこを禁止している州がある。フランス語しか通じない町がある。まさにUnited States（合衆国）を実感する毎日だった。良い思い出も嫌なこともあったが、一年間の米国における研修は、『民主主義の力』というものを私に教えてくれた。記憶に残っている体験の一部を紹介する。

バッファロー

コーネル大学で二週間のセミナーを終えた後、イサカ市から西へ一〇〇キロ、ナイヤガラの滝がある、バッファロー市のGMの工場を見学した。たまたまセミナーで一緒になったショップ・スチュワード（労組の職場長）が工場を案内してくれて、「今夜家で食事をしないか」と誘われた。

彼の帰宅前に夕方玄関のベルを押すと、奥から十歳くらいの可愛い男の子が出てきて、「Where are you from?」（どこから来たの）と訊く。「From Japan」（日本）と答えると、「Are you Chinese?」（中国人か?）と訊かれた。日本から来たと言ってるのにチャイニーズとは何だと思って、「No, Japanese」（いや、日本人）と答えると、坊やはくるっと後ろを向いて叫んだ。「Mammy, we have a guest Japanese from Chaina」（母ちゃん、中国から日本人のお客が来たよ）。

お母さんが出てきて応接間に通されると、私に世界地図の本を見せながら「私は戦争のとき高校生だったから、Far East（極東）に日本という国があることを知っているが、子供たちは知らない。これが学校で習っている教科書です」と指さしたところに目を落とすと、中国大陸の下に小さな島、日本の形はあるが、同じピンク色に塗られて、「Japan」と書いてない。「世界地理の時間に日本の説明はない」と言う。同じ敗戦国のドイツとイタリーはと思ってヨーロッパの頁を見ると、「Germany」「Italy」と書いてある。坊やは、後に大統領になったクリントンの世代である。

戦後十五年経っても（一九六〇年）、日本はアメリカに必要のない国だった。ワシントンポストやニューヨークタイムス等で日本に関する記事を探しても、月に二～三回、それも片隅に小さく載っているだけだった。日本の様子を知るには、日本から送られてくる郵便に頼るしかなかった。この年、日本の自動車輸出は世界にわずか七〇〇〇台。その二十年後（一九八〇年）には、日本は世界一の自動車生産国（年一一〇〇万台）になり、対米輸出が二〇〇万台に達して米国側に大量の失業者を生み、貿易摩擦が二国間の重大な政治問題となるのである。

デトロイト

七月末にデトロイトに入った。ＵＡＷ教育局長の家に下宿させてもらい、ＵＡＷの本部（団結の家）に通ってその活動を研修した。組織・調査・教育宣伝などの部局やフォード・ＧＭ・クライスラーの部門をそれぞれ三～四日ずつかけてまわり、担当者からの親切な説明もあって、ＵＡＷの組織構成やその合理的な活動のさまをつぶさに学ぶことが出来た。

その間に幹部教育のサマースクールにも参加したが、このひと月半ほどのＵＡＷ幹部との公私にわたる交流は、その後のＪＡＷ（自動車労連）とＵＡＷ間の密接な友好関係の基礎になった。後に日米自動車摩擦対策で協力し合うようになった、ＵＡＷ会長のウッドコック氏やフレイザー氏との出会いもこのときである。

デトロイトは黒人の町だ。夜ともなれば黒人以外は一人で歩けない。黒人の副会長が「俺が一緒なら安全だよ」と言って、夜の飲食街を案内してくれた。薄暗いバーを数軒回って飲んだが、ニューオーリンズのようにどこも見事な黒人の器楽演奏と歌声が流れていた。

テキサスの田舎

テキサスの田園地帯を走っているとき、外気がむーっと熱気を感じるほど気温が異常に高い日で、急にエンジン温度が上がり出した。エアコンを切り窓を開けて走っても水温上昇は止まらない。持っていた飲料用の氷水をラジエターに入れたが、水はどんどん蒸発して遂にエンジンの冷却水量が限界以下になってしまった。はるか彼方に農家が一軒だけ見える。空バケツを持って汗だくになりながら、水をもらいに二十分ほど歩いた。

家の近くの畠で働いている中年の婦人に、「水を頂けませんか?」と声をかけると、「どこから来た?」。「日本」と答えた途端に形相が変わった。「息子を殺したジャップなんかに水をやれるか」と叫ぶや、フォークのお化けのような農具を持って私に向かって来た。あわてて逃げたが追いかけて来る。「戦争は、勝っても負けてもやってはいけない」と心の中でつぶやきながら、必死になって走った。追跡が止まった後も、車で追って来たらと思って暫く走り続けた。ようやく自分の車にたどり着いたときに、昔中学で歴史の先生に習った釈迦の言葉、「汝、殺すなかれ、殺されるなかれ」を思い出した。

フェニックス

フェニックスの市議会を見学したとき、日本人は初めてということで市長から名誉市民のバッチを贈られた。市の職員に「これからどちらに」と訊かれて、「東」と答えると、「街はずれに飛行機の墓場があるから」と案内してくれた。

国道沿い右手の鉄網フェンスの向こうに、幾重にも並んだ飛行機の列が続く。十分ほど走って入り口を入ったときに、まだ先に続いている飛行機を見ながら、「どこに墓場があるの?」と訊くと、「これだ」と言われて私は息を呑んだ。〝墓場〟と言うから、日本の自動車の墓場のように、潰して山のように積み上げているのかと想像していたからだ。遠くの飛行場に時折飛行機が発着するのが見える。「あれの一部は墓場入りだ。ここにある飛行機はまだいつでも飛べる」と解説された。

〝使える部品は外して再利用〟などという日本のような発想はない。民間機と軍用機、ジェット機・プロペラ機、大型旅客機から小型自家用機まで。それに各種ヘリコプターが、何列も整然と並ぶ姿は壮観だ。私が見たときは、「まだ二〇〇〇機くらいだ」と言っていたが、見渡す限り砂漠が続き、まだまだいくらでも放置できる。〝日本はこんな国と戦争するなんて、あまりにも敵を知らなすぎる〟と思った。

ニューオーリンズ

ニューオーリンズのホテルに着くと、UAWから「キング牧師の事務所を訪問せよ」との電報が届いていた（マーティン・ルーサー・キング・ジュニアは非暴力主義を貫いて人種差別問題を解決に導いた公民権運動のリーダー。私より二つ若い三十一歳。ルーサーUAW会長はキング牧師とスクラムを組み街頭行進するなど民権運動の先頭に立っていた）。牧師に会うと、「公民権運動はアメリカ建国以来の歴史的課題だが、黒人が未だに差別されているのには、黒人自体にも考えるべき問題がある。われわれは、白人に劣らない教育水準、教養や知性を身につけるために、ここニューオーリンズでは黒人社会が小学校から大学までの一貫校を建て、懸命に自己陶冶に努めている」と、私をその学校に案内するよう、側近に指示された。

学校は小・中・高・大学とそれぞれに独立した綺麗な校舎が建っていた。二〇〇〇人ほどの規模だが、他にも学校建設を進めていると言う。正門を入ると、六～七歳から二十二～三歳までの黒人男女が、明るい表情で活発にキャンパスの中を行き交う姿に、言いしれぬ迫力を感じた。

紹介された大学教授の一人が「多民族のアメリカが真の民主国家として発展するために、われわれ黒人が白人と平等の扱いを受け、社会で胸を張って活躍できるよう、若者を育成している」と語っていた。私は話を聞きながら、三カ月前にソルトレイク市のホテルで開かれた大統領選のキャンペーン集会で、ケネディ候補が「彼らは遙か彼方の高い山の頂を見てしまったのだ」と、民権問題の質問に答えていたことを思い出した。

公民権法は、大統領になったJ・F・ケネディ氏が動いたことで、四年後の一九六四年七月二日に陽の目を見ることができた。しかしその道を開いたケネディは、その前年に大統領再選のキャンペーン中ダラス市で狙撃により暗殺され（一九六三・一一・二二）、その五年後、キング牧師は遊説中に白人の凶弾に倒れた（一九六八・四・四・享年三九歳）。それから四十二年、アメリカ合衆国国民はアフリカ系のバラク・オバマ氏を大統領に選んだ。

ＩＭＦ自動車部会

十二月中旬、私は宮家労連会長とニューヨークで落ち合い、パリで開かれたＩＭＦ（国際金属労連）自動車部会に同行した。まだＩＭＦには未加盟だが、傍聴を許された。

自動車部会会長のウォーター・ルーサー氏が欠席のため、議長席に着いたＵＡＷのビクター・ルーサー国際局長が、経過報告の中で日本車の輸出に触れた。配付された資料を見ると、自動車生産国と輸出台数が並んでいる最後に、日本車七〇〇〇台と載っている。日本が世界に自動車の輸出を始めたということで、代議員の間から「Fair Trade」（公正貿易）という言葉が出てきたが、私は初めて聞く言葉で意味がよく解らなかった。数人の発言を聞くうちに、〝日本は低賃金の国〟ということで問題にされているようなので、傍聴者だが手を挙げて発言させてもらった。

「いま日本の賃金水準が問題になっているようだが、このパリと東京の物価を比較すると東京の方がはるかに安い。賃金の購買価値という面を見る必要がある」

と、公衆電話や地下鉄料金、鶏卵の値段などを例に挙げた。この説明をしたのは、米国滞在中に賃金比較論議で、「給料一カ月分で背広は何着買える？。靴は何足買える？」という質問を時々受けていたからだ。また、「日本の自動車産業はまだ歩き出したばかりだが、われわれは日本の基幹産業にしたいと努力しているので、みなさんの御協力をお願いしたい」とも述べた。

ルーサー議長は「興味ある塩路発言だが、そのことを検証する資料の持ち合わせがない。この問題は改めて議論したい」と、日本車の輸出問題に関する論議は打ち切られた。

賃金調査センター

パリのＩＭＦ自動車部会の二年後、一九六二年の十一月にＵＡＷのルーサー兄弟が来日した。事前にルーサー会長が手紙で意向を伝えてきたので（自動車労協結成の前）、各メーカー労組と自動車工業会に連絡し、自動車労使の受け入れ態勢を作った。

ルーサー会長は来日草々、各ナショナルセンター（総評・同盟・中立労連）に「賃金調査センター」の設立を提案した。ノルウェーの造船労組が造船の賃金調査を希望、ＵＡＷは自動車の賃金調査を、米国の電機労組は電機産業の賃金調査を、ドイツのＩＧメタルはカメラの賃金調査を希望し、四者が費用を分担した。自動車を除いて、造船・カメラ・電機は既に日本製品の輸出でそれぞれの国に失業者を出していた。

私はルーサーに「日本は年功型賃金だから、職種別賃金の比較はできない」と言ったのだが、総評と中立労連が大賛成したので発足が決まった。

設立式の時に太田総評議長が、「これで日本の労働者の低賃金が世界に明らかになり、賃上げ闘争がやりやすくなる」と挨拶した。私はこれを聞いたとき、〝外国の圧力を借りて賃上げとは、日本の労働組合は何時になったら一人前になれるのか〟と不愉快に思った。しかも、出来もしない調査を前提にしている。欧米との具体的な賃金比較は、どだい無理なのだ。外国は職種別の賃金だが、日本は年功型で職種別に分類されていない。だから外国勢が期待する資料は作りようがない。

組合幹部よりも経営者のほうが敏感だった。「これで日本の低賃金が世界に明らかになったら、輸出が困難になるから資料は出せない」という態度をとり続けた。組合は個人別の賃金資料など持っているところはない。だから、かろうじて賃金水準の比較資料を作った程度で、UAWなど外国勢に強い不信感を残したまま、二年後に調査センターは解散を余儀なくされた。

この時、自動車工業会理事会（メーカーの社長）との懇談会で、ある社長が「日本の自動車産業の発展策について、何か助言があれば伺いたい」と訊ねられ、ルーサー氏は「自国こそ最大のマーケットであるということだ」と答えていた。産業の発展策として重要な点をズバリ応えたものだが、その意味が経営者にどこまで通じたかは疑問である。

ルーサーの言葉を直訳すれば〝自国を満たしてから輸出を考えよ〟となる。そのためには日本の労働者に車を買えるだけの収入がなければならない。つまり、〝日本の低賃金を直すことが先決だ〟という意味でもある。

これが五年後、トリノにおけるＩＭＦ自動車部会で「数年前、日本に行ったときの日本の自動車労働者は、自転車賃金（Bicycle Wage）であった」という、ルーサー議長の挨拶になる。このときの意味は「公正貿易」の重要性を指摘したものだ。

日産労組組合長就任・準社員の組織化

一九六〇年暮れに米国から帰国した私は、六一年三月に日産労組の組合長に選ばれた。この年に取り組んだ活動は、私の運動の形成に重要な要素となる。一つは準社員の組織化で、臨時工が本工に採用される道を作ったことだ。二つ目は、製造労組協議会を単一組織にし、全日産労組を結成したことだ。三つ目は経営協議会活動で、「対米輸出車対策」に関する提案である。それぞれ自動車労連が強力な交渉力を持つ組織になる基礎となった。

雇用の安定化は労働組合の使命である。日産労組は、現場で本工と共に真面目に働いている臨時工の本工登用への道を拓くために、会社に「準社員制度」の新設を提案した。交渉はかなり難航したが、昭和三十三年四月にようやく新制度の発足が決まった。私が書記次長・組織部長のときである。そのとき、臨時工の呼び名は世間体も良くないので、「事務員」に対する「現務員」とした。そして、「現務員として一年以上勤務した者は、準社員への登用試験を受けることができる。準社員になれば特に問題がない限り、一年で正規従業員に採用される」ことになった。

私が日産労組の組合長になった昭和三十六（一九六一）年三月には、準社員が二〇〇〇名近くになり、約二五〇名が正規従業員に採用されていた。この方向を更に確実にするために、私は準社員の組織化を職場に提案した。同時に、その手続きについて、即ち準社員に組合員の資格を付与する権限を、職場執行機関（職場長・職場委員・組織部員）に委嘱することを提案し、代議員会で決定をみた。

職場では準社員に対して、組合の基本理念や基本綱領をはじめ日常の諸活動についての勉強会等が行われ、昭和三十六年五月三十一日の代議員会では第一次として七六四名の組合加入を承認した。平均年齢二三・五歳、平均在社年数は二・三年であった。なお、九月には第二次として七〇〇名の組織化が予定された（労連新聞三十六年六月一日号）。

準社員制度の新設と準社員の組織化は、日産労組の強化に大きく貢献することになった。会社が正規従業員にすることを組合が一年前に保障することになるわけだ。まだ高度成長期を迎える前で失業者が多く、臨時工から本工になかなかなれない時代である。彼らは「組合の存在、組合活動の重要性を身にしみて感じた」と言っていた。現務員・準社員の道を歩んだ人たちの中から、多くの活動的な組合役員が輩出し仲間の世話をするようになった。

全日産労組の結成

昭和三十六年三月、日産自動車労組の組合長になったときに、私は常任会で「秋に自動車製造労組協議会の単一化を実現する」との方針を出した。

そこで、傘下四単組の組合員が十分な理解と納得の上で単一組織を発足させるために、問題点を総点検して周到な準備を進めるよう指示をした。メーカーグループの組合が、部品・販売の仲間を支えていくための強固な体制作りだからである。

自動車製造労組協議会は、日産自動車・日産ディーゼル・日産車体・厚木部品の四社の労働組合の協議体だ。これを単一組織にすると、組合長は一人、会計も一つになり、各企業別の組合は支部という扱いになる。これは一国一城を構えてきた各単組の幹部は勿論、組合員にとっても重大な変革である。

各組合とも組織単一化の主旨に異存はなく、前向きの討議が積極的に展開されたが、「支部毎の主体性はどうなるのか」「労使関係はどう変わるのか」「経営協議会活動はどうなる」「団体交渉は」など様々な意見が出された。

「秋の単一化」の方針を決めたときに、私は関係会社の社長にこれを伝え、その内容を説明した。労使関係の変更になるからだ。川又社長には「車体メーカーの日産車体と部品メーカーの厚木部品を、何故日産の組合と一緒にするの？」と言われた。車体と部品の賃金・労働条件が自動車組立メーカーの日産自動車と同じ水準になるのは困る、という意味である。このとき、「部品労組も販売労組も、現在の協議体を数年以内に単一組織にする」という話もした。

私は川又社長に、自動車労連結成の主旨（産業の二重構造の打破）を改めて説明し、「日産の国際競争力を強化するためには、部品の賃金労働条件を引き上げて、優秀な人材を確保し部品企業の体力・技術力の向上を図るべきだ。同様に国内販売で優位を占めるためには、販労の労働条件の向上は不可欠の要素だ」と説明したが、納得してもらえなかった。

しかし私は、自らの信念と労働組合本来の使命を全うする立場から、労連結成の主旨実現に取り組むことを改めて決意し、自動車労連の中核組織としての役割と責任を担う全日産労組の結成に向けて、単一化の意義や重要性、今後の課題等について理解を深めるための職場討議を進めた。

「一つの心で拡がる幸せ」のスローガンを掲げた単一化大会は、昭和三十六（一九六一）年十一月一～二日に箱根観光会館で開催された。日産自動車・日産ディーゼル・日産車体・厚木部品の代議員たちは、販売・部品の仲間たちの連合組織が少しでも早く単一組織に移行して強力な自動車労連が実現することを期待しながら、熱気に包まれた討議を進め、全日産労組（全日産自動車労働組合）の結成大会を終えた。

「一つの心で拡がる幸せ」は単一化に取り組む私の気持ちをそのまま言葉にしたもので、その後各組合の意向により、自動車労連および各組合の大会や行事のときに掲げるスローガンとして使われるようになった。

全日産労組の各単組は所帯が大きいなりにいろいろ問題があったが、単組は小さくてもその数が多い部品や販売、特に販売労組は全国に拡がっているだけに、単一化論議にも体制作りにも時間がかかり、幹部たちは大変に苦労した。販労（販売労組）の単一化は昭和三十九年十一月四日に、部労（部品労組）は昭和四十年三月四〜五日に単一化を達成した。その過程における各単組の悩みや苦労は単一化した部品・販売の組合活動に生かされ、自動車労連の強力な活動を支える原動力となった。

メーカー・販売・部品の各労組幹部たちの〝心を一つにした〟活動によって、自動車労連の単一組織的な活動が始まり、やがて自動車労連は日産グループの求心力に成長していった。

経営協議会　①対米輸出車対策

私は昭和三十五年の米国留学の時に、ブルーバード三一〇型を駆ってアメリカを一周したが、その約三万キロ走行時の燃費やオイル消費量の変化、振動・騒音その他の諸データを、何となく毎日記録しておいた。帰国後の昭和三十六年一月、設計部の職制約四〇人にこの記録と現地の体験を説明し、テストコースではなく、輸出先国の使用条件（特に高速道路）で実験することの必要性を説いた。

その後これを中央経協で川又社長に提言し、その結果、三人一組の複数の実験チームを半年交代制で米国に派遣し、現地で実験の結果を逐次設計にフィードバックして車の改良を進める、という輸出車対策プロジェクトがスタートした。

日本車の米国輸出が始まったばかりの頃で、日産車のみならず他社の車も、高速道路の連続走行など現地使用に耐えられる水準にはなっていなかった。日産は、多くの若手技術屋（設計部・実験部）の血のにじむような努力の積み重ねによって、二年後には対米輸出仕様車を完成し、米国市場でトヨタにも先んずることになった。日産労組結成の時からの組合員の悲願、〝輸出車の生産〟は、労使協議制度の成果として達成された。

経営協議会　②サニーの開発

中央経協で国民車構想が議題になったとき、組合は「ブルーバードより小さい一〇〇〇ccクラスの小型車」を提案したが、川又社長は「ブルーバードの中古車が国民車だ」と主張して、長い間平行線が続いていた。その間に、トヨタはパブリカを発売してベストセラー・カーになった。それでも川又社長は「ブルーバードの中古車」を譲らないので、私の意見に賛成だった五十嵐設計担当常務（後に副社長）と相談して、入社二～三年の若手グループによる小型車の設計を進めてもらった。

クレイモデル（粘土成型）ができ上がって二週間後、十二月中旬に五十嵐常務から「社長にお願いしたのですが、見てもらえないのです」との電話があった。そこで、「クレイモデルを造形展示室から出して、鶴見（設計部）の役員食堂に行く廊下に置いたらいいと思います」と助言した。十日後の十二月二十六日は日産の創立記念日で、式典を横浜工場の体育館で行ったあと、社長以下役員が鶴見で昼食を摂る予定になっていたからだ。

廊下に置かれたニューモデルは川又社長の目に止まり、翌昭和三十八年一月の常務会で、新型車としての開発が決まった。その後、会社はマスコミを使って新型車名の公募キャンペーンを展開し、八五〇万通の応募から「サニー」と命名、発売は昭和四十一年となり、ブルーバードと共に長く日産を支える主要車種となった。

第五節　自動車労連会長交代

1　宮家労連会長の職場復帰

日産労組の単一化大会が終わった翌日（一九六一・一一・三）、箱根の小涌園ホテルで開かれた自動車労連の三役会および中央執行委員会で「宮家会長の職場復帰」が提案された。組合結成の中心人物であり「宮家天皇」と呼ばれて強大な影響力を持つ人の組合からの退任だから、軽々に論じられないという雰囲気だったが、日産の経営体制を強化するという視点から、やがて賛成意見が大勢を占めた。「飛行場をどこにするか」（どの部門に下りるか）で意見が分かれたが、会社との交渉のなかで復帰の部署と時期を決めることになった。私は交渉メンバーではなかったので、その交渉経過も内容も知らない。

年が明けて（一九六二）一月中旬に開かれた自動車労連の中央執行委員会で、「宮家会長の職場を国内販売にする方向で会社と話を詰めている」という報告があった。

三月に入ってようやく「国内販売戦略を扱う新しい部署を作る」ことが決まると、宮家氏は後継者の一番手と目されていた相磯副会長を自分のスタッフとして使うことにし、突然、私に「俺の後を頼む」と後任の話が来た。執行部内の序列から見れば私の先輩が一〇人近くいるし予想もしていなかったことなので、

「私には荷が重すぎる」と固く辞退した。

ところが、翌日また宮家氏に呼ばれて「君の才覚、勇気と行動力を見込んでのことだ」と言われ、三十分ほど押し問答の末に、気が進まないまま引き受けることになった。

その後、四月十九日に箱根小涌園で中央委員会が開かれ、「宮家会長は五月一日付で会社に復帰する」「任期の残りを塩路が会長職務執行として引き継ぎ、正式の会長交代は秋の大会とする」ことが決まった。

このとき、私より先輩の副会長四人（宮家前会長の意向で、宮家氏の側近、日産出身の川鍋・松本・増田の三氏と販労の村瀬氏）はそのまま残り、私は全日産労組の組合長のままで兼務となった。

宮家氏はスタッフとして常任及び職場から優秀な若手一〇人を選び、特別に業務部の部屋が用意されて、肩書きは業務部長、車と運転手付きという扱いになった。

宮家事件

ここから宮家氏が日産を退社するまでの一年半の出来事は、今日まで組織内にも公表したことはないし、この証言の中に書き留めるか否かを迷った。しかし、私が労連会長を辞任した後、歴史を継いだ筈の清水春樹（日産労連初代会長）たちが日産労組の歴史を改竄し、赤旗の記者青木慧の『日産共栄圏の危機』や諸雑誌が「塩路は恩人宮家を追い落とし」などと事実無根の虚言を並べており、「藪の中」の話になっているので、史実の要点を簡単に述べておくことにする。

宮家氏が業務部長として仕事を始めて間もなく、五月初旬に突然労連本部に来て、会長室に日産出身の労連三役及び日産労組三役九名を集め、「川又は俺と約束しておきながら床屋に行って一時間も待たせた。塩路君、俺を役員にするように社長と交渉してこい」と言われた。私は〝川又社長と何かあったな〟と思ったが、事情の説明がないので様子が摑めない。返答を考えていると、宮家氏側近の三副会長（川鍋・松本・増田）が「それは怪しからん、宮家会長に対して失礼だ。こうなったらラインを止めて交渉しろ」と言い出し、その方向で議論がエスカレートし始めた。

宮家氏は以前から川又社長に「職場復帰のときは役員にして欲しい」という話をしていたらしいが、直ぐにという返事は貰えなかったようだ。自動車労連会長のときの彼の影響力が大き過ぎて、会社も遇し方に悩んでいた。それに、この問題には石原氏が絡んでいるように思えた。〝石原経理部長（昭和十二年入社）が宮家業務部長（昭和二十四年入社）に嫌がらせをしている〟という話を聞いたことはあったが、川又社長を挟んで宮家・石原三者の関係がどうなっているのかは解らない。そこで私は次の意見を述べた。

「三十年五月のラインストップは、争議後新たに構築中の労使関係を破壊しようとした石原のクーデターを止めるためだから、〝組合員を守るために〟という大義名分があった。しかし、ラインを止めて宮家さんを役員にしろと要求するのは、個人のために組合の伝家の宝刀を抜くことになり、悔いを千歳《せんざい》に残す。

経営体制強化のために宮家氏が会社役員になることは必要だが、組合役員を辞めて直ぐにというのは、川又社長の立場も考える必要がある。幻のクーデターから救われたことは会社上層部しか知らないことだが、かえって慎重にならざるを得ないだろう。

宮家さんなら力があるし組合も付いているから、取締役の肩書きがなくてもそれ以上の力を発揮出来る。少しでも早く役員にするように私が責任を持って交渉するから、暫くは我慢して頂けないか」

しかし、宮家氏の顔色を見ながら発言する幹部たちの中には、私の意見に賛意を示す者は一人もいない。それでも私が「日産労組組合長としてラインストップは認めない」と主張して譲らないために、日を改めて審議することになった。

私はこのとき、ルーサーUAW会長の講演を聞いて、働く者のために〝組合の缶焚きをやろう〟と心に決めた二年前のことを思い出していた。

ラインが止まる

数日後、私は神楽坂の喜文という料亭に呼ばれ、「ラインストップはやらないことにしたから、みんなと一緒に仲良く飲んでくれ」と言われた。

二階の広間には労連と日産労組の常任が二〇人くらい集まっていた。それから三時間ほど、みんなから「良かったですね」と言われて酒を勧められ、何となく〝おかしいな〟と心の隅で思いながら、私は酔いつぶれてしまった。

明け方近くに目を覚ますと自分の家の布団ではない。おかみに「みんなどうした」と訊くと、「皆さん、塩路さんがお休みになると間もなくお帰りになりました」と。〝これは謀られたかな〟と思いながら、車を呼んで家に帰り、まだ酔いは残っていたが自分で車を飛ばして横浜工場脇の組合事務所に着いたのが午前九時。既にラインは止まっていた。

私はすぐ労連と日産労組の三役を集め、「何でラインを止めた。俺が組合長だ、すぐに動かせ。こんな馬鹿なことをしたら宮家さんのためによくない」と怒鳴り始めたら、宮家氏が出てきて「お前はここから出るな」と言われ、一室に閉じ込められてしまった。

昼過ぎに宮家氏から「東京に交渉に行ってもらいたい」と指示された。会社に対する要求は、①宮家に十分な仕事ができるような権限を付与すること、②若手職制の抜擢、③石原氏を社外に出すこと、の三点だった。

本社では川又社長と岩越専務が待っておられて、こう言われた。「今後は、組合役員が会社に復帰するときにラインを止めて交渉することはやらない、とお約束頂けるならば、次のように回答します。宮家君を直ぐ役員にするというわけにはいかないが、時期を考えさせて下さい。ついては、今回ラインストップはなかったという前提で、宮家君を近い将来に参事（役員の資格）にするという含みで、当面の処遇を副参事にします」と。

私は尤もな話だと思ったので、①の要求については「了解します」と答えた。②の要求については、会社は「よく検討して返事をします」。③に対しては「検討の時間を頂きたい」との回答だった。

帰り際に、「床屋に行って、宮家さんを一時間も待たせたのですか」と訊くと、川又さんは怪訝な顔をして、「どういう話ですか。私は宮家君を待たせたことなど一度もありません」との答えだった。どちらの話が本当なのかと思いながら、一瞬、真相は別のところにあるようだ。石原氏の扱いについて、川又・宮家の意見が離れていることが要因かも知れない、と思った。

組合に戻って社長の回答を報告すると、宮家氏に「ラインを止めての交渉で、その程度のことか」となじられた。

私が東京に行っている間に、会社の役員たちに「塩路が勝手にラインを止めた。塩路は秘密党員だ」と流されていた。しばらくの間、このことを私は知らなかったが、知ってからも、私はこれに対する弁明を誰にも一切しなかった。川又社長・岩越専務に会って交渉したときも、その後も、「ラインを止めたのは私ではない」という弁明をしていない。

それを言ったら、宮家氏と私の対立が表沙汰になるし、社内に波風が立つだろう、宮家氏を傷つけることにもなる、と思ったからだ。だから、ラインが止まったことを知る人たちの殆どが、今でも塩路が止めたと思っている。私は親父からも海軍でも、「男はみだりに弁解すべからず」と躾られたことが身に付いている。

会社は翌十七日の常務会と十八日の役員会で、「宮家に副参事の資格を付与する」ことを決めた。同時に「何も無かったという理解に立つ」ことを確認した。このラインストップも歴史上なかったことにした。

塩路労連会長就任

このあと宮家氏の側近たち（三副会長その他）は、塩路がいる限り組合を会社への圧力に利用することは難しいと考えるようになり、私の会長就任を何とかくい止められないかと策動を始めた。そういう状況下の七月初旬から八月にかけての一カ月、私はＩＣＦＴＵ（国際自由労連）ベルリン大会への参加とヨーロッパ諸国の視察を兼ねて、海外に出張した。どうなるかは自然の流れに任せようと考えたからだ。

たまたま東ドイツがベルリンに突然壁を築いた直後のことで、西ドイツ市民の悲劇の様を目の当たりにした私は、帰国後その衝撃の見聞記を機関紙「日産労報」に載せて、人間社会における自由の大切さを組合員に訴えた。留守中に、彼等の間で労連と日産労組の三役人事について相談が行われていたが、私を会長候補から外すことは出来なかった。

昭和三十七年九月二十四～二十五日に開催された自動車労連第六回定期大会で、私は正式に会長に選ばれた。宮家前会長の意向で、日産出身の川鍋清一・松本公夫・増田克己の三氏と、販労組合長の村瀬昭夫氏が引き続き副会長を務めることになった。

執行部内の葛藤

十月中旬、宮家氏に呼ばれて日産本社の業務部長室に行くと、

「来年春の中間改選で増田（副会長）を日産の組合長にしろ」と言われた。私が

「組合のことは私に任せて頂きたい。あなたの役員処遇問題も私に任せてほしい。意見は伺いますが、組合への干渉はやめて下さい」と言うと、

「俺にそむいて、労連の会長はおろか日産に居られると思うのか。社長も専務も、会うと『組合の方は宮家君頼むよ』と言われる。まあ仕方ないと思うが、これは私の背負わされている十字架だよ。一生背負っていかねばならないと思っている」

と言われた。私は「増田を日産の組合長にする話は、ご意見として伺っておきます」と応えた。

その翌週、宮家業務部長が労連本部に現れ、日産出身の労連副会長と日産労組の三役を集めて、

「塩路君は外部の仕事を担当し、内部のことはしばらく三副会長に任せて、事務所に来たら会長室に

いてもらいたい」「会計は川鍋副会長の担当とし、彼の承認がない限り誰も組合会計は使えない」という指示をした。

組合から退いた人が組合の運営に口を出し、現役が黙ってそれに従うのはおかしなことだが、これに棹さすことは出来ないほど、宮家氏の言動は日産の中でまかり通っていた。

私はこのとき、〝ラインストップの事は勿論、執行部内の異常な状態が職場に漏れないようにしながら、問題の解決を図らなければならない〟と思った。

問題を職場が知れば、私が組合員から支持されるだろう。しかし、それは職場を混乱させることになる。組合結成以来積み上げてきた執行部に対する組合員の信頼が一挙に失われることになるし、その修復は至難の業だ。だから、これは執行部内（常任の範囲内）の問題として解決しなければならない、と考えていた。それは宮家グループにとっては望むところで、私にとっては勝ち目が殆どない。宮家氏は天皇と言われて経営者も恐れていたときである。私に特に策があるわけではないし、場合によっては日産を辞めざるをえないと覚悟した。

それからは副会長たちが私を監視し、常任会以外では自由に常任と話すこともできない状態が続いた。三副会長たちは陰で、専従役員に対して塩路批判の工作を続けていたが、私はこれに対抗する言動は一切せずに、日常の組合活動を蔑ろにしないように努めた。

この時期、会社との関係では、国民車構想で私は川又社長と意見が分かれ、五十嵐常務（設計部担当）と協力して一〇〇〇ｃｃの小型車（サニー）の開発に動いていた。また、ＵＡＷのルーサー兄弟（会長、国際局長）が来日して賃金調査センターの設立を提案したのも丁度この頃である。

三十八年の節分を過ぎた頃だったが、小牧人事部長から「非公式に会いたい」と私の自宅に電話があった。国電五反田駅近くの喫茶店で会うと、小牧さんは封筒に入れた分厚い包みを私の前に出して、

「社長からです。聞くところによると、会長は組合の経費を使えないそうですね」

「家を担保に銀行から金を借りましたから」と言うと、

「それなら是非これを使って下さい。川又社長の伝言ですが『清濁併せ呑むことも時には必要なことだ』と言っておりました」

と言われた。しかし私は、「何とかなりますから」と固辞して受け取らなかった。対等な労使関係を作るためには受け取ってはならない、と考えたからだ。

五月の連休明けに、日産労組の三役から「茅ヶ崎の『恒心荘』（日産車体の寮）に来てほしい」という連絡があった。行くと、四〇人くらいの常任が集まっていた。彼らは、宮家氏側近の三副会長から次期組合三役の構想や塩路批判が流されて不安になり、会合を持っていた。

「もう三時間も情報や意見の交換をやっているが、塩路会長からの話はないし、どうしたらいいのか解らない。この際、会長の判断を聞きたいので来て頂いた」

と言っていろいろ質問が出された。

「会長と宮家さんとどっちが勝つと思うか？」と訊かれ、

「どっちが勝つか解らない。しかし正しい方が勝たなければ、俺はそう信じてやっている」と答えると、

「川又社長はどっちにつくか?」と訊かれたので、「そんなことは知らない。これは組合内部の問題だ。会社がどっちにつくかは関係のないことだ」と答えた。

このときに、もし〝小牧人事部長が社長の使いで会いにきた〟という話をしていたら、その直後の混乱は起きなかったのだが、私はそれを敢えて言わなかった。経営者の意向で左右される労働組合にしたくなかったからだ。結果は予想した通り、殆どが宮家氏の側に付くことになった。すぐさま御注進に及んだ者がいて、出席者が次々に宮家氏及びその側近たちに呼び出され、脅されて反塩路を誓わせられた。その結果、最後に残った塩路派常任は日産労組約八〇人のうち、私を含めて高島忠雄など七人になっていた。

この頃、宮家氏は常任OBの課長や現役常任約二〇人を集めて、こんな話をしている。

「実は、会長を相磯君にしようとも考えた。しかし、塩路君の飾らない良さ、行動力などを高く買って彼に譲った。それが一年も経たずに、私に対する態度が変わってしまった。何故だか分からないが、まるで別人のように私には頑なになっている。日産で俺の考えと違う方向で動けると思ったら大間違いだ。職制も動かせるし、職場の隅々まで俺の息はかかっている」

私の宮家氏に対する気持ちは昔と少しも変わっていない。言いなりにラインを止めなかっただけだ。民主化運動の時も日産労組の結成も、自動車労連の構想も組織の単一化や組合の強化策でも、労連会長交代の時期までは、何一つ二人の間に意見の齟齬はなかった。労使関係の近代化を先頭に立って進めてきた宮家氏が、どうしてこんなにも変わってしまったのか、どう考えても私には理解できないことだった。川又社長を間に挟んで、宮家氏と石原氏との熾烈な綱引きがあったようだが、宮家氏は私に何も話さなかった。石原との対立抗争問題に私を巻き込みたくない、という悩みがあったようにも思う。

2　日産労組創立十周年記念総会

このような状況が推移するなかで、八月三十日の日産労組創立十周年記念総会を迎えた。総会会場は毎年浅草の国際劇場で、会社側は役員・部課長の代表、組合役員OB、それに常任、職場役員の約四〇〇〇人が参加している。

数日前に宮家氏から「表彰してくれるんだろう」と訊かれて、「え丶勿論です」と答えると、「それじゃ、俺を最初から壇の上に上げてくれるね」と訊かれた。「考えておきます」と言って、翌日「私から表彰状を受け取るときに壇に上がって下さい」と答えた。

組合創立第一の功労者だから壇に上げるべきだと思ったが、先輩に対して済まないと思いながら、他の表彰者と同じ扱いにした。

些細なことのようだが、このような一つ一つのことが重要だと思った。川又社長も記念総会で私が宮家氏をどう扱うかを見ている。

総会の会長挨拶のなかで、私は「『先人の後を追うな、先人の求めたものを求めよ』という言葉がある。時代の推移に合わせて活動を進歩させて行こう」と述べて、宮家氏を直接批判する言葉は避けた。私の真意は宮家氏に解ってもらえたと思う。

川又社長は「労使関係の安定と協力が日産の十年の発展を支えてきた。労使相互の信頼関係をこれからも大事にしていきたい」と挨拶された。これは現役執行部を支持し信頼するという意味である。執行部内部の動向は経営側に一切知らせてないから、以心伝心のような二人の挨拶になった。事件を知らない殆どの人には一般論のように聞こえるが、宮家氏と私にとっては意味のある言葉だ。

宮家氏は「塩路は川又と組んだのではないか」と取り巻きに漏らしたそうだが、私の性格からも労働運動に取り組む姿勢からも、そのような利己的で卑劣な行動は出てこない。私は、この問題は執行部の内部問題として経営者とは一切関係を持たずに解決しなければならないと考えて対処してきた。この問題が職場に漏れずに済んだことは幸いだった。この時から宮家氏側の動きは急速に弱まっていった。

私はこの一年四カ月の間、私の方から宮家氏を批判し攻撃したことはない。ただ、みんなで作ってきた日産労組・自動車労連の組織と労使の信頼関係を守らなければならない、と思い続けた。幾つか書かれた小説には、私が策を弄して宮家氏を追い落としたように書かれているが、私はこの問題に無心で終始したと思っている。

九月に入ると宮家氏と川又社長の間で話がまとまり、宮家氏は堤清二さんの西武グループの一つ、西欧自動車（欧州車の輸入販売）の社長として転出することになり、相磯氏など数人を連れて行くことになった。これを聞いたとき、私は暗い気持になった。争議中からの同志が心ならずも日産を去る。日産労組の結成から労使関係の近代化、日産自動車再建への闘いの中で、民主化運動のリーダーとしての宮家氏の功績は大きい。彼が居なかったら、あの時期に日産労組は生まれていなかったろう。日産は惜しい人を失った。

こうなった責任は川又社長にもあると思った。結局、川又氏は二人のうち石原氏を選んだことになる。この頃は、私は石原という人を全く知らない。川又氏と石原氏の関係はどうなっているんだろうと思った。「幻のクーデター」に関与した人たちは、みんな二年以内に社外に出されたのに、主犯の石原氏だけが残ったのである。争議中洞ヶ峠を決め込んで何もしなかった者が残って、争議解決の功労者が日産を去った。それから二十年経って、川又氏はこの選択を悔いることになる。

3 「運動の基本原則」採択

日産労組創立十周年記念総会の翌月、私は企業別労働組合運動の基本理念を明示したいと思い、それまでの経験を踏まえて次の「運動の基本七原則」を作成した。これは十月の日産労組第十一回定期大会で採択され、以降、各組合の運動方針書の最後のページに毎回印刷されている（産業別労働組合運動の基本理念は自動車総連の「綱領」に謳った）。

〔運動の基本原則〕

われわれの運動を積極的に進めてゆくために、全組合員の同志的団結をさらに深めると共に、常に行動の鑑とすべき運動の基本原則を確認する。

1　立党の精神を忘れぬこと

組合の使命は、組合員の雇用を守り、賃金・労働条件を安定向上し、生活を改善していくことである。そのために決定した基本綱領と組合規約は、常にわれわれの行動の鑑でなければならない。

2　組合民主主義を守ること

自由にして民主的な組織、すなわち民主主義を守る努力が、真に組合員による組合員のための組合組織になる道であろう。組合結成当初のスローガンに「明るい組合、明るい生活」というのがあるが、信頼と同志愛に結ばれた暖かい人間関係が、組織を守り幸せをひろげる力になる。

3　現実的であること

労働組合が観念論にはしり、あるいは近視眼的になっては、組合員の利益を守ることは出来ない。長期の見通しと的確な判断により、常に現実を見つめ、現実に従って問題の解決をはかってゆくことが必要である。

4　良識と合理性を貫くこと

良識が通り合理性が貫かれること。それはいたずらに高邁な理論をもてあそんだり、理屈をこねたりすることではない。われわれ労働者の常識にしたがい、労働組合の立場からスジを通すよう努力すること、常に合理的であるよう心掛けることである。

5　つねに進歩すること

組織が古くなり平和が続くと、官僚的になったりマンネリズムに陥ったりする危険がある。われわれは固定観念にとらわれることなく、つねに時代の進歩に合わせて、考え方も活動も進歩させていかねばならない。

6　相互信頼を理想とする

不信と争いのなかからは真の幸福は生まれない。労使が互いに姿勢を正し、信頼関係を維持し、さらに深めてゆくこと。そのためにそれぞれの立場における責任を果たし、互いに信頼に値する組織であるよう努力することが必要である。

7　源泉の増大と分配の確保

われわれは組合を結成するにあたり、経営体制と労使関係の正しい理解から出発して今日の繁栄を築いてきた。生産性向上のための経営協議会活動や職場における日常活動は、われわれの生活を良くするための欠くべからざる柱であり、正当な分配を確保するには、強固な組合の正しい活動が必要である。

企業の繁栄と組合組織の長期安定体制は、組合員の幸福をひろげてゆくためのカギである。

第二部

発展期

昭和四十年～五十一年（一九六五～一九七六）

第二部では、昭和四十（一九六五）年から五十一（一九七六）年までの私の労働運動について述べる。この期間は日産の発展期で、それは川又社長から岩越社長の時代で終わる。その労使関係は癒着のように書き立てられたが事実は全く違う、緊張と安定の時代であった。

昭和四十年代は日本の自動車産業の成長期となった。しかし昭和三十年代には、それは夢想だにし得ないことであった。政府が「貿易・為替自由化大綱」を発表したのが三十五（一九六〇）年で、当時は日本の開放経済体制への移行が「第二の黒船の到来」などと言われ、江戸時代末期に日本の開国を求めて下田に来航したハリスの黒船になぞらえ、議論されていた。日米安保騒動（五〜六月）があったのも、池田首相が所得倍増論を発表（十二月末）したのもこの年である。

その後、日本がＩＭＦ（国際通貨基金）八条国に移行し、ＯＥＣＤ（経済協力開発機構）に加盟したのが三十九（一九六四）年で、欧米に遅れていた自動車産業の国際競争力を如何に強化するかで、企業の合併問題がいろいろ取り沙汰され、乗用車の「貿易自由化」（輸入の自由化）を実施したのが昭和四十年十月、自動車の「資本の自由化」にようやく踏み切ったのが昭和四十六（一九七一）年十月である。

それが二年後の昭和四十八年十一月、中東紛争（イスラエルとアラブの戦争）に起因する第一次石油危機が起きると、日本の自動車を取り巻く輸出環境が一変する。

小型車を生産する日本の自動車産業は、世界的な石油節約の波に乗って輸出の拡大を続け、「乗用車の貿易自由化」から僅か十五年後の一九八〇年には、日本の国内自動車生産は一一〇四万台を記録し、国別生産台数で世界一となった。

第一章　日産・プリンスの合併

第一節　合併覚書調印

乗用車の輸入自由化を目前にした昭和四十年五月三十一日、「日産自動車とプリンス自動車が合併覚書に調印」というニュースが大きく報道された。私はこの日の夜、日本の労働代表としてＩＬＯ総会に出席するためにジュネーブに発ったが、出発前に自動車労連と日産労組の三役を集めて次の方針を伝えた。

1　日産労組はこの合併に前向きに取り組む。

2　職場長会議を開いて、①この執行部の方針を組織内に明示する。②プリンスに友人・知人がいる人には連絡を取ってもらい、その様子を報告するように依頼する。

3　執行部間の正式の話し合いは、「七月初旬に塩路が帰国してからお願いしたい」とプリンス労組に伝えてほしい。

川又社長が意見を求める

実はこの年（一九六五）の一月初めに、川又社長から「お話ししたいことがあるのでお出で願えないか」という電話が入った。社長室に伺うと、次のような話があった。

川又「桜内通産大臣が日産に見えて、プリンス自動車との合併を提案された。その後プリンスの大株主・ブリッジストンタイヤの石橋正一郎さんとお会いした。どうするかはこれからだが、この合併を組合はどう考えますか」

塩路「日産は他社との合併があるかも知れないと考えておりますので、プリンスとの話に反対はしません。というよりも、これは国の重要課題を日産が担うことでもありますから、組合の立場からそれが成功するように努力したいと思います」

川又「プリンスの組合は総評の全国金属だそうですが、付き合いはあるのですか」

塩路「時限ストを時々やる左翼組合ですね。今年の秋に自動車労組の全国協議体を結成する予定で、ここ数年来メーカー労組が会合を続けている中に、プリンスも入っております。泊まりがけの会議なので、夜一緒に飲みに出かけることもあります」

川又「これは、ここだけの話です。扱いを宜しく」

合併に関する話はこれだけで終わったが、「川又社長はプリンス労組対策を塩路に頼んだ」という憶測記事が合併覚書発表の後に随分書かれた。二〇〇〇年五月に日本経済新聞社が出版した『起死回生』（ドキュメント日産改革）の序章では、

「塩路は川又の命を受けてプリンス側労組の掌握に成功する。川又の寵愛を受け、権力を固めた塩路は〈塩路天皇〉といつしか呼ばれるようになり、日産における第二の権力を確立する。人事はすべて塩路

に持ちかけられた」(同書一六頁)

と、事実無根の歴史を捏造しているが、私は組合幹部だから川又社長の命を受ける関係はないし、依頼を受けたこともない。

私はこのとき、事の重大性に比して短い問答で終わったので、社長の質問の真意は奈辺にあるのかと考えたが、それを川又さんに訊ねたことはなかった。それらしい言葉を聞いたのはその後二十年近く経ってからである。

昭和五十九(一九八四)年一月、日産の英国進出に関して私と石原社長の論争・対立が大詰めを迎えていたときに、私は川又会長と会談を持った。そのとき川又さんは、石原社長が中央経協を「経営権」の侵害として拒否していることに関連して、次のようなことを言われた。

「経営政策に組合が文句を言えるのは、分離と合併ですよね。会社合併の時に、組合が『あそこと一緒になったら、一生日陰者になっちゃうから嫌です』と言って頑張ったら、事実上合併できないよね」

(「川又・塩路会談記録」⑱昭和五十九年一月十三日)

また、この会談の一年前に書かれた《わが回想》(昭和五十八年二月発行)には、川又会長はプリンスとの合併について次のように述べておられる。

「合併覚書に調印したときの決定は、日産社長としての私の全責任においてしたものだ。岩越君や五十嵐君(副社長)に相談しても『社長がそういうなら賛成だ』と言うだろう。興銀の中山氏(頭取)に会って意見を打診したくらいのもので、それ以外は誰にも相談できなかった。あの時ほど孤独感をひしひしと感じたことはなかった」

この通りだするると、私は川又社長の決断に何らかの役割を果たしたのかも知れない。

「プリンスに友人はいないか」

合併覚書調印の前に準備したことがある。プリンスに友人・知人を持つ日産労組員の名簿を作ることだ。プリンス労組の正式名称は「全国金属プリンス自動車工業支部」、則ち総評の産業別組織、全国金属の一支部である。全国金属は階級闘争路線だから合併反対の方針を採る可能性がある。もしそうなったら執行部間の協力関係は作れない。そこで、わずかでも両労組の組合員の間で連携が取れるようにしておきたいと考えたのである。

これがあればプリンスの職場の様子を知ることが出来るし、職場対策も可能になるかも知れない。そう考えた私は、日産労組の三役に次のことを指示した。

「資本の自由化に備えて、日産はどこかと合併するだろう。その際に、その会社に働く人とすぐ連携が取れるように、トヨタ・ホンダ・マツダ以外の同業他社に友人・知人がいる組合員の名簿を準備しておきたい。例えば、大学・高専卒には同期や同窓にいるかどうか、係長には昔の軍隊時代の仲間が他社にいないか。三役が手分けして、それぞれ個別に訊いてほしい。これは極秘資料だから私が預かって管理する」

その後少しずつ私の手元に資料が届くと、プリンスを抜き出して整理しておいた。五月末までにプリンスに友人がいる組合員は二十数人になった。

合併覚書調印発表の日に、私は名簿の組合員に電話を入れて「プリンスの友人に電話もしくは手紙で、こちらから声をかけておくように」と依頼した。必要なときに連絡をとりやすくしておくためだ。

このルートを通して、徐々にプリンスの職場の様子が解るようになった。さらにこのルートを介して、日産労組の常任と全金プリンス自工支部の職場役員（中央委員の一部）の接触が図られ、その後の展開に貴重な役割を果たすことになった。すなわち、全国金属批判派が総評及び全国金属の激しい攻撃に曝されるや、両者の組織的な協力が行われるようになり、言わばその共闘の中で育まれた連帯の絆（信頼の人間関係）が、新しいプリンス労組形成の核になるのである。

「合併覚書に調印」が発表されたとき、私は〝合併が決まる前に両社の労働組合を一つにしておきたい〟と思った。労使の対等な力関係を実現するには強力な要素になると考えたからだ。それに、双方の組合員を公正に守るためには会社に分割統治されない方がいい。合併覚書には「昭和四十一年の暮れまでに合併を実現する」と書かれていた（実際は四カ月繰り上がって八月一日）。「労使は対等」と言うがそれは建て前であって、労組側に実力が伴わなければ真の対等な関係は難しい。実力とは知恵と力である。このとき私は入社十二年目で、入社同期はまだ課長にもなっていなかった。

執行部間の交流開始

私はジュネーブから帰国してすぐ、七月一日にプリンス労組を訪問し、永井委員長たちと懇談。その後月に二〜三回の割で、執行部間の合併に関する意見の交換を重ねた。

当時、プリンス労組の専従役員（中央執行委員）は十一名（組合員約七〇〇〇人）。日産労組の専従役員

（常任委員）は約七〇名（組合員約一万七〇〇〇）。

最初の会合でまず全金プリンス自工支部から出された意見は、

①「合併は資本家が合理化政策の一環として進めたものであり、労働組合としては関知しない」

②「まず、賃金・労働条件を比較しよう。日産の賃金がプリンスより低かったら合併には反対する」

これに対して、自動車労連・日産労組は、

①「合併の成否は労働者の生活に大きな影響を及ぼす。われわれは労働組合として、労働者の生活向上を目指す立場で対応していく」

②「合併はメーカーだけの問題ではない。部品、販売の労働者や家族のことも考えて対処すべきだ。我々メーカー労組の責任は重い」

と述べ合うところから、意見の交換が始まった。

その後十月初旬まで執行部間の交流（話し合い）が行われたが、いつも意見が対立するかすれ違いの議論に終始した。そのうちに、「日産の賃金はプリンスより四〇〇〇円安い」とか、「日産側はプリンスの賃金資料を受け取っておきながら、日産の資料提供を拒否している」などという虚偽の宣伝ビラが、プリンスの各工場入り口で撒かれ始めた。

当時日産労組はＩＢＭの電算機で打ち出した全組合員の賃金台帳を持っていたが、プリンス労組は賃金資料を持っていなかった。通常、会社は組合に個人別賃金資料は出さない。何ら進展のないプリンス労組執行部との交流に、日産労組の三役は先行きを心配していたが、私は「十二年前の日産争議の経験を生かせるときがあると思うよ」と言っていた。工場には争議のときに階級闘争論の洗礼を受けた組合員が大勢いる。職場レベルでの交流が始まれば、プリンス勢の説得は時間の問題になると思っていたからだ。その職場交流への切っ掛けをつかむ機会は意外に早く訪れることになった。それは全金プリンス自工労組の定期大会である。

全金プリンス自工支部が「合併反対」の運動方針

日産労組は交流の中で「運動方針の合併に関する部分はできるだけくい違いのないものにしたい」と提案、全金プリンス支部はこれを了承し、事前に十分な論議をすることになった。その後、時折日産労組が「方針案の協議をしたい」と申し入れると、その都度プリンス労組は「まだ案がまとまらない」と答えていたが、突然十月八日に「合併反対」を基本とする運動方針書が職場に配付されたのである。そこには次のことが書かれていた。

(1)「合併は決して労働者のためのものではなく、自由化を控えて資本の合理化として行われたものであり、寡占体制への再編成として仕組まれたものなのだ」

(2)「合併は資本の側からの問題提起で、政府、金融資本、資本家の産業合理化の一環として行われた」

(3)「資本主義社会に於ける合理化は、そのシワ寄せが働く者に押しつけられるために私たちは反対する」

(4)「これらの合理化攻勢は、行きつくところ低賃金、労働強化、首切りであり、合併という新たな合理化問題に対して、そのシワ寄せ排除の闘いに従前に増して全体が一致して当たらなければならない」

これを知った日産労組が、プリンス労組に「何故約束を守らないのか?」「何故合併反対の方針を出したのか?」と訊くと、「運動方針を決めたからといって、その通りやらねばならぬというものでもない。都合が悪くなったら臨時大会を開けばいい。臨時大会の枠は年四回ある」という答えが返ってきた。

私はこの報告を聞いたときに、〝この執行部が相手では、いつまで話し合いを続けてもラチが開かない。運動方針に不安を感じている組合員がいるはずだから、大会の場を借りて代議員に直接呼びかけてみよう〟と密かに心に決めた。しかし、他の来賓の前でそれをやるわけにはいかない。来賓挨拶は午前中に予定されている。そこで日産労組の書記長に「二十一日の午前は予定が入っているので、大会場に行けるのは昼になる。プリンス労組と祝辞の時間を調整してくれ」と頼んだ。返事は「午後一時に」ということになった。

このとき私は〝私の挨拶は野次で中断されるだろう。それでも、代議員に「執行部間の交流には問題があるようだ」ということが伝わればいい〟と考えていた。

第二節　全金プリンス自工支部定期大会（昭和四十年十月二十一日）

五十分の祝辞

大会には、主催者の中央執行委員、大会代議員、中央委員など約四六〇名の他に、日産労組から常任委員五〇名が傍聴者として参加した。

私が昼食時に会場に着くと、プリンスの執行部から「祝辞は五分程度で」と言われた。私は「あなた方が交流の経過を職場に報告しないから、私が挨拶の中で触れる積もりだ。その場合は十五分くらいになる」と応えると、彼らは約束を違えたという引け目があるからか、「会長がそう言うならやむを得ません」と答えた。私は、これで彼らは構える態勢をとるかも知れないと思ったが、闇討ちは嫌だから問題発言を予告した。

私はまず、二カ月前の八月二十六日に結成した自動車労協の議長として祝辞を述べた後、自動車労連会長として次のように述べた。

「合併覚書が発表されて以降、プリンス労組の幹部の皆さんと何回も交流を重ねてまいりました。しかし、その交流の経過が皆さん方に報告されていないようです。そこで、この大会の場も私たちの交流の一環と考えて、皆様方にその経過と私共の考え方を申し上げさせていただきたいと思います。ざっくばらんに申し上げるので、あるいは皆様方の気に障る点があるかもしれませんが、今後私たちが大いに論議していくべき問題を提起しますので、是非ご了承願いたい」

途端に「祝辞だぞ」「やめろー」など七〜八人の声が会場のあちこちから上がった。

私が話をやめて、叫んでいる人たちの顔を一人ずつ順に見ていたら、野次がおさまった。そこで話を始めると、また野次が飛び始めた。今度は数が少し増えたなと思っていると、前列の方から「おとなしく聞けー」と声が上がった。すると後ろや中程の席からも「静かにしろー」「黙って聞けー」という声が上がった。怒鳴りあいになるかなと思ったら、これで会場はぴたっと静かになった。

数秒間様子を見てから話し始めたが、私は話の内容を理解してもらわなければと思っていたので、一語一語ゆっくり話すように心掛けた。話が長引くとまた野次が出るかなと思いながらだったが、今度は野次が出る前よりも静かに聞いてくれている感じで、終わって時計を見たら五十分経っていた。その内容の一部を、大会の翌日職場の一部に出回った「塩路会長挨拶」のコピー（大会参加者の一人がテープをとって作った）から抜粋してみる。

「執行部同士の話し合いを始めたときに、プリンス労組から先ず言われたことは、『組合の考え方や活動については大差はない』、さらに『賃金の資料が欲しい。具体的に賃金 の比較をしてみた上でないと、合併問題の論議は進まない。特にマル共の細胞から職場に賃金比較の問題を出されているので、執行部として何らかの回答をしなければならない』という話がありました。

そこで私共は、『合併が決まる前に賃金比較は不可能だ。会社が企業機密の資料を出すはずがない。それよりも、われわれを取り巻く情勢の判断とか合併に対する基本的な考え方について、私達の意見が合うのかどうか。そういう問題を十分に討議する必要があると思う』。また『マル共にビラを撒かれたので、執行部として何かやらなければならないというのはおかしな話だ。それは公然たる分派活動ではないか。もし執行部がそれに応える見解を出すことになれば、執行部以外の人が意図的に情報を流して職場を混乱させることを容認することになる。執行部として無責任ではないのか』と申し上げた。

さらに私どもは、『今後歩調を合わせて行動できるように、その条件を話し合っていこう。特に秋の定期大会の運動方針については、あまりくい違わないように、事前に相談しながら作っていきたい』と申し上げた」

「交流の過程で出てまいりました問題点は、日産の方からは積極的に連携をとっているけれども、どうもプリンスの皆さんは上部団体の全国金属との接触がますます盛んのようで、私共はざっくばらんに腹を割っていろいろ申し上げているつもりなんですが、プリンス労組の考えていることが良く解らないことです。

例えばこの運動方針についても、『事前に十分相談しよう』と約束したはずなのに、私共が全く知らない間に印刷され職場に配られてしまった。日産労組の方針書は、プリンス労組の執行部の皆さんと意見調整ができないので、まだ最終的に書けない状態です」

「皆さんの方針書を読んでみますと、当初『組合の考え方や活動にはそんなに差がない』と伺ったのですが、非常に大きな開きがあるようです。このままでは私たちはだんだん離反していくことになる。執行部相互の理解が不十分のまま、職場に全く思想の異なった運動方針書が出されたということは、両方の執行部の責任であると思うが、これではわれわれの共通の問題をわれわれが協力して解決する体制が作れないことになる」

「皆さんの運動方針について私共の見解を申し上げると、情勢判断とか活動方針に流れる思想はマルキシズムの経済観に基づくもののようで、現代に通用しないように思います。これは全国金属・総評の方針のようです。プリンスの執行部は、全金に加盟しているということでこう書かざるを得なかったのでしょうが、これでは職場に無用の不安とか不信を生むのではないでしょうか。

私のところにプリンス労組の方から、いろいろな形で連絡がございます。ある人は投書という形で今後の問題を心配され訊いてこられていますが、こういう組合員の人達に応える組合としての方針を、私達は真剣に考えて出さなければいけないと思うのです」

「ここで、私たち自動車労連はどういう観点からどういう運動を進めようとしているのかを少し説明させていただきたい。

まず「自由化」とはどういうことなのか。簡単にいえば、自分を守るために保護している政策を取り除くことです。自分の国の製品を守るために、他国からの輸入品に加えていた制約を取り去ることを自由化というのです。例えば、輸入を制限するために『関税障壁』とか『外貨割当ての制限』などが使われている。『資本取引の制限』というのもある。それを無くして外国から日本に自由に入って来られるようにすることです」

「この方針書には『合併は労働者のためではなく、資本の側が仕組んだ合理化で、労働強化、首切りだから反対』とありますが、私たちは合併を資本の側の労働者に対する合理化攻勢とは思わない。

私は、政府が仲介に入った合併だから今から止められない、と言っているのではないのです。われわれが損になる合併なら止めていいと思う。われわれが嫌だといえば合併はできない。ただ、合併をしないですむのだろうか。このまま過当な競争を続けていったら潰れる会社が出る。そこに外資が入ってきたらどうなるか。そうならないように、労働者にプラスになるような産業構造の転換はできないものか。再編成・合併問題の処理ができないだろうか。そういう方向で私たちはこの問題を考えていかなければならないだろうと思っているのです」

「先程来賓（椿全国金属委員長）が挨拶の中で、「日産は四〇〇〇〇円賃金が安い」と言われたそうですが、何を論拠にそんな無責任なことを言うのか。このことで私が逆に問題を提起するなら、日産の賃金が高ければ皆さん方は合併に賛成なのか、と伺いたい。

いま重要なことは、両社の賃金比較、高低の問題ではないと思うのです。私共は、日本の国民生活を支える大きな社会的な使命を担おうとしている。われわれの今後の進め方如何で、日本経済に良くも悪くも影響するという大変重要な岐路に立っている、ということを考えなければなりません」

「私共自動車労連の十年の歴史が示すように、当初九〇〇〇人から出発した組織が現在一一万人になっております。もし組合員のためにこの組織が仕事をしてこなかったら、ここまで大きくなってこなかったと思います。そういう意味で、私たちの作業の進め方如何が私たちの将来を決めます、私たちの関係がお互いの足を引っ張るような形にならないように、是非していかなければならないと思っております」

「ただいま自動車労連は一一万人と申しました。その中には約四五〇の企業があります。四五〇の組合になりますが、この五年間に四つの単一組合に整理しました。メーカー関係が四社集まって一つの組合になり、部品、販売、民労、それぞれ百何十という企業別の組合を一つの組織にまとめて、一つの執行部、一つの会計ということで横断的な活動を進めているのです。この活動が、メーカーと部品関係、販売関係の賃金格差の圧縮を進めております。さらに、賃金の地域格差の圧縮を推進しております。

自動車産業の問題は、メーカー同士の問題として論議されておりますけれども、私達と運命を共にする仲間は他に沢山いるのです。販売、部品の労働者と共に栄え、共に生活の向上を図る、平等の立場でものを議論し、平等の権利と労働条件を獲得していくという立場に立たなければ、本当の産業の力は出てこない。自動車産業の発展はあり得ないと思うのです。

プリンスと日産の合併にしても、われわれメーカー労組の歩調を早く整えない限り、それによって振り回される部品、販売の労働者に被害が及んでいきます。われわれと同じ商品を作り、売っている仲間の問題でもあるのです」

「大変時間を頂いていろいろ申し上げましたが、ここにお集まりの方々は組合の幹部です。幹部は組合員のために常に最善を尽くすことが大切です。問題が出てしまってから解雇反対といって赤旗を振っても遅いのです。今日はこのように進歩のスピードが速い時代になっております。ですから、幹部は広い視野と勇気を持って活動を進めていく必要があると考えております。ご静聴有り難うございました」

大会後のプリンスの職場

全金プリンス労組定期大会の数日後に、「大会の翌日、職制が『塩路会長挨拶』という見出しのコピーを読んでいた」という話が私に伝えられた。誰か解らないが大会にレコーダーを持ち込み、自分で手書きの原紙を作りコピーを同僚たちに回したらしい。

配付された運動方針を見て不安を覚えたプリンスの組合員が、「これに日産労組はどう反応するか」「日産労組はどんな方針なのか」などと囁き合っていたという。

大会の二週間後（十一月五日）に全国金属本部は「プリンス自工支部定期大会特集号」を発行した。そこには私の祝辞と批判も載せていたが、編集した全金本部の意図とは裏腹に、組合員の関心は私の祝辞に集まり、中央委員からプリンスの執行部に「塩路会長の考えを糾したい」という要求が出されて、私と日産労組の三役に中央委員会への出席要請が来た。

中央委員会から出席要請

十一月十三日に開かれた中央委員会には、中執全員と中央委員四五名の他に傍聴者も含めて二〇〇人近くが出席していた。二時間の予定だったが、合併問題の他に自動車労連と日産労組の組織や活動に関する熱心な質問が相次ぎ、四時間に及ぶ質疑応答になった。このときも「賃金はどちらが高いのか?」という質問が出たので、私は不毛の議論は終わりにしたいと思い、次のように答えた。

「会社の合併が決まって両社の人事部が資料を出し合わない限り、どちらが高いか解らない。賃金の調整について私の考えを言うと、どちらの賃金が高かろうと、日産の賃金制度・賃金水準を基準にする。その理由は、二十八年の争議で疲弊した日産は翌年の不況でさらに打撃を受け、二〇〇〇人の解雇が提案された。そのとき日産労組は組合員の総意で復興闘争を掲げ、賃金労働条件を切り下げて組合員の雇用を守った。それから十年間、今日の日産の発展を築いてきた賃金であり制度だからだ」

また、「日産労組の定期大会は何人くらい傍聴させて貰えるのか」との質問に、「一〇〇人でも二〇〇人でも、できるだけ多くの傍聴を歓迎する」と答えたが、これは図らずも翌月の中央委員会で、中央委員の執行部（中執）に対する不信感を表面化させる要因になった。

この中央委員会の数日後、総評は全国金属の要請に応え、幹事会で「全金プリンス支部の支援」を決定し、日産労組に対する攻撃と合併反対の記事を載せた機関紙と号外を発行した。しかしこれは逆効果で、プリンスの人たちに日産の実態を知りたいという関心を高めさせ、職場間の交流を希望する声が出る要因になった。

中央委員会が中執提案を否決

十二月六日に開催した中央委員会で、中執が「日産労組定期大会の傍聴者は中執及び中央委員の一部とする」という提案をしたところ、中央委員がこれに反発、「日産を知るには良い機会なのに何故人数を絞るのか」、「塩路会長は『一〇〇人でも二〇〇人でも歓迎する』と言ったではないか」と主張した。

結論は、①中執と中央委員は全員参加する、②職場から有志が参加することを妨げない、という決定になった（職場に諮った結果、傍聴者は計二〇〇人になった）。

日産労組定期大会（十二月八〜九日）

「連合」が刊行した『ものがたり戦後労働運動史』の第三八章「全金プリンス自工支部の崩壊」は、日産労組の大会（十二月八〜九日）について次のように記している。（刊行委員一五人の一人は草野忠義日産労連会長）

「大会に来賓として挨拶に立った日産自動車の川又克二社長は、『合併に反対するすべての勢力を労使一体になって撃滅する、労組の合併がうまくいかなければ企業の合併も考え直す』と述べた。大会は、プリンスに働く良識ある労働者と一日も早く組織の統合を成し遂げる、とする方針を決めた」

この記述は事実と全く異なる作り話で、川又社長は次ような祝辞を述べているのだ。

「労働組合と使用者とは相容れない存在だとは思わない。現在私たちは労働組合と真剣に話し合い、お互いの問題の解決に努力している。企業合併に当たって大切なものは人の和であり、これがはかれるよう努力したい。私たちはもっと希望を大きく持って、働く人々の生活を豊かにし、より多くの幸福をもたらしたいと考えている。その基礎をなすものが、われわれが築いてきた労使関係であると思う」

この川又社長の話をはじめ、大会の一部始終をプリンス労組の傍聴者二〇〇名がつぶさに聞いている。ところが、翌週発行した全国金属の機関紙は、『ものがたり戦後労働運動史』と同様の川又発言を載せ、日産労組の運動方針を批判していた。これが大会を傍聴した中央委員や職場の有志たちに、中執や全国金属に対する批判の火を点けることになった。やがてプリンスの職場で組合員の間に中執不信の声が拡がり、全国金属最大の支部、プリンス労組の崩壊を決定づけることになった。その十二月後半、十日間の攻防を追ってみる。

中央執行委員を不信任

13日　全国金属と総評が機関紙・号外を発行、日産労組批判と合併反対を主張。

14日　中執が中央委員会を招集し、「中執総辞職」の意向を表明。しかし中央委員はこれを拒否し、替りに「中執不信任を審議する臨時大会開催」の緊急動議を提出、賛成三七、反対二、保留一で可決。

16日　全国金属本部及び東京地本は、十二月十六日から二十九日まで、一月は六日から二十九日まで、連日プリンスの各工場の門前で日産労組誹謗のビラをまく。

全国金属は、日産とプリンスの社長を不当労働行為で都労委に提訴。（都労委は四十一年七月二十八日にこの不当労働行為救済申し立てを棄却）

18日　総評は太田議長の写真入りのビラを発行し、日産労組を攻撃。
全国金属は椿委員長名で「中執不信任の回避を要請する書簡」をプリンス労組員の家庭に送付。
19日　中央委員会が、中執不信任の討議資料を職場に配付。不信任の理由は、
①合併問題に対して、適切な運動方針を作成したとは認められない。
②合併問題に具体的方針も出さず、日産労組との交流を絶った責任は重大。
③適切な資料を提供せず、組合員に不安を与えた責任は重大である。
④中執は現在の事態を収拾する能力無しと判断する。
20日　全国金属東京地本がプリンス労組に、臨時大会延期の緊急指令を出す。
21日　全国金属が、臨時大会反対のビラをプリンスの職場に流す。
22日　臨時大会が開催され、中執不信任を賛成三六八、反対一、保留二で決定。

中央委員会と臨時大会の表決を見ると、二カ月前（十月二十一日）のプリンス労組の定期大会に出席していた職場役員（中央委員と代議員）の九九％が、全国金属批判になっていることが窺える。この職場役員の全金批判の数は、この後も微動だにしていない。

職場交流開始

翌年（昭和四十一年）一月になると、プリンスの職場で日産労組との交流を要望する声が出始め、日産にいる友人を通して問い合わせが来るようになった。

一月下旬に、全金プリンス支部中央委員会から日産労組に、文書で交流の申し入れがあった。これに応えて二月一日に日産労組の三役が中央委員会を訪問し、日産の工場見学を含む組合員間の交流について方針を協議した。その後、プリンスの各職場で日産労組との交流計画が立てられ、追浜工場や座間工場の見学と、組合員レベルでの交流が順次実施に移されていった。

全金プリンス支部中執の職場復帰

2月28日　臨時大会。中央執行委員全員の職場復帰を賛成三四九、反対一で決定。
3月2日　永井前委員長以下六名が職場復帰を拒否。事務所を全金本部に移転。
　　　　会社は六名に対し「労働協約違反であり懲戒処分の対象になる」と警告。

全金プリンス支部、全国金属を脱退（昭和四十一年四月二日）

3月30日　臨時大会。「全金脱退」を賛成三七三、反対二で決定。
4月2日　全国金属脱退の全員投票。賛成六五七五票、反対五九五票。

第三節　労組の統合

プリンス労組の自動車労連加盟

日産プリンス部門労組は昭和四十一年九月三十日に臨時大会を開催し、全金派一三八名の除名を決定し、十月十四日の臨時大会で自動車労連加盟を決定した。

全金プリンス支部が全員投票（昭和四十一年四月二日）で全国金属からの脱退を決めた一週間後、日経連専務理事の松崎（芳伸）さんから「椿参議院議員（前全金委員長）があなたに会いたいと言うんだけど、時間をとってもらえませんか。三人で食事でもしながら」という話があった。

私は「どういう要件か聞いてみてください」とお願いして電話を切った。

数日後、「全金プリンスを少し残してほしいということです」という電話があったので、「そういうお話なら、お会いしない方がいいと思います」と答えた。私は少し残した方がいいと考えていたときで、それを取引に使うことに抵抗を感じたからだ。会って恩を売ることはできるが、それは私の性に合わない。翌日、私は松崎さんに電話して、「全金は少し残りますよ」とだけ伝えた。

私が全金グループを少し残そうと考えていたのは、日産争議のときとは事情が違うと思ったからだ。日産労組が全自日産分会の残留者を全員吸収できたのは特別なケースで、相手側に益田氏というリーダーがいたからだ。全金プリンスにはそういうリーダーはいない。

四十一年一月になると、全金プリンスの組合員から私に投書が来るようになった。

「日産派の方に行きたいけど、自宅にまで監視がついて、妻や子供は怯えている」、「落ちそうだ（日産派になる）と思われている人にはみんな監視つきです」、「家へ上がり込んできて、いろいろ言われる」と。

そういう手紙が来るようになってから、私は「全金派のオルグはほどほどにさせた方がいい」「殴られても殴り返すな」と日産労組経由で指示を出した。全国金属を無くそうとすれば、家族を巻き込んで多くの被害者が出る。それは避けたいと思った。むしろ、反面教師が少しいた方が経営者教育にもなる、とも考えた。

合併契約書調印

昭和四十一年（一九六六）四月二十日、「合併比率をプリンスの株式五株に対して日産の株式二株を割り当てる」として、八月一日付の合併を定めた合併契約書の調印が行われた。プリンスの収支と財務内容を主とした経理面、技術面、宇宙航空部門、繊維機械部門などを総合的に分析した結果、日産がプリンスを吸収合併する形になったのである。

即日、日産労組は日産自動車に対して「プリンスにおいて解雇もしくは賃下げを行わないこと」を申し入れ、会社はこれを確約した。

七月九日、プリンス自動車（株）はプリンス自工労組に対して

「①現行の賃金水準を保障する、②労働条件は原則として日産の基準に統一する」

との方針を提案した。

賃金比較問題

昭和四十年秋から半年間に亘って、「日産の賃金は四〇〇〇円安い」「一万円安い」などと全金や総評のビラや機関紙に繰り返し書かれたが、私は取り合わなかった。合併した後、同業他社に負けない労働条件をどうやってとるか、両社の公正な賃金評価、配分を考えるのが労働組合の役割だと考えたからだ。

両社間の賃金格差を調整するには、まず賃金制度や賃金体系の比較、賃金配分の考え方や方法の違い、

さらに個別賃金の比較を学歴別、役職別、年齢別、職種別などでやらなければならない。四十一年の秋以降これらの比較検討が行われ、二年間で格差是正を行う方針を決め、具体的な調整は四十二年四月の昇級時からとなった。

賃金比較の結果は、

(1) 高専卒、大卒の月次給与は日産の方が全く優位だった。プリンスの大卒は技術屋も事務屋も合併して良くなった。大卒は二万円、次長クラスで一万円は日産の方が高い。一時金を加えると日産がさらに良くなる。

(2) 旧中卒でも職制になった人は日産の方が高かった。

(3) 工場の役付(係長・組長)も日産が一万ないし二万円高かった。プリンスの係長は年功よりも年齢給の感じで、勤続十五年も二十一年も五万七〇〇〇円台。日産の場合は勤続の長い人が高くなっていた。組長も似たようなものだった。

(4) 高卒女子はプリンスがやや高く、特に女性の高齢者はプリンスが高かった。

労組の統合

四十一(一九六六)年十月に自動車労連に加盟したプリンス部門労組は日産労組と同一歩調で活動を進めていたが、四十二年四月の賃金調整と同時にその他の労働諸条件も日産の条件に統一し、これを機に日産労組との統合を決め、両労組は昭和四十二年六月四日に統合大会を開催した。労働条件でも、夏期休暇制度(有給)や深夜作業の割増率が三五%から五〇%になるなど、かなり優位だった日産に均霑されたのである。

これでプリンス部門は全日産労組の荻窪支部、村山支部となり、一体となった活動を進める体制が整った。この組織統一によって、全日産労組の発言力・行動力は、私が当初予期した以上に強力なものとなった。

合併時、プリンスは職制を含め全員で六五七四人、日産が一万六五〇九人だった。

中執六人の退職金

臨時大会で決定された職場復帰を拒否して、会社から労働協約違反・就業規則違反で懲戒処分を通告された永井（全金プリンス支部）前委員長以下六人の前中執が、会社合併後に退職届を会社に提出し、同時に退職金を要求した。これにに対して、会社は「就業規則違反で懲戒解雇した者に退職金は支払えない」と回答した。この報告を聞いた私は、全国金属の提訴による都労委（東京都労働委員会）での事を思い出し、会社に「六人の行動に経営側の責任無しとは言い難い。退職金は規定通りに支払われたし」と申し入れた。

都労委での事とは、「合併に対する日産労組の考えは？」と訊かれた私は、「自動車を日本の基幹産業として発展させるために、合併は必要であり前向きに取り組む」と答えた。すると、「基幹産業かどうかは自分で決めることではない。合併が必要かどうかは経営者が考えることで、労働組合が考えることではない」と、経営側委員（東部鉄道役員）に叱りつけるように言われた。私は反論しようと思ったが、無駄だと思って我慢した。〝これでは東部鉄道労組がときどき電車を止めるわけだ〟と思った。〝労働組合は経営者の鏡〟なのだ。プリンスの六人の中執も、プリンス自工経営者の労組対策の犠牲者だ、と思ったのである。会社の回答は「プリンス自工の退職金規定に従い、自己退職として支払う」となった。

全国金属プリンス支部崩壊の要因

プリンスの労働者の意外に早い全国金属離れは、全金プリンス支部の定期大会後に始まる。それを加速させたのは、上部団体である全国金属と総評の誤った指導と介入である。その過程で主要な役割を果したのはプリンス労組の職場役員（中央委員と大会代議員）であった。それまでの執行部の動向に不安を覚え、自主的に職場体制作りに取り組んだ意義は大きい。さらに工場間の職場交流で、日産争議以来の多くの日産の仲間たちが彼らの要望に一所懸命対応してくれたお陰だと思う。

総評と全国金属は階級闘争論に偏り、「合併反対」と「日産労組非難」のキャンペーンを張った。会社が生き残るための合併だと思っているプリンスの労働者にしてみれば、合併反対では先に光が見えない。その上「日産はプリンスより賃金が安い、労働時間は長い」と書き立てたから、余計不安になって「日産の実態を知りたい」となり、「日産の工場を見学したい、職場交流をしたい」という声になった。職場交流が始まれば日産非難のウソはすぐにばれる。全国金属の合併反対と虚言による日産労組攻撃は、プリンスの多くの労働者の全国金属に対する不信感を増幅していった。

プリンス労組との二年間を振り返って

私が労働運動の道を歩むようになったのは、昭和二十八年四月に日産自動車に入社したからだ。殊更に私がそう思うようになったは、十二年後に日産とプリンスの合併問題に遭遇したときである。実は、私は昭和二十七年秋に日産とプリンスの入社試験を受けた。筆記試験は両社とも合格し、面接試験が同日に重なったために、迷ったあげく日産を選んだ。もしプリンスを選んでいたら、私は経営者への道を選んでいたかも知れない。

「運命は切り開くものだ」「人間には計算や理屈を超えた能力がある」

これは、日産・プリンス合併の頃に上映され評判になった映画、『アラビアのロレンス』に出てくるロレンスの言葉で、当時妙に気になったセリフである。考古学者であったロレンスは英国情報部の指令を受けてアラブ反乱軍の指導に当たり、数々の武功を立てて「アラビアのロレンス」として世界的に名を馳せるが、やがて彼の心がアラブの独立に傾くようになると、植民地政策を採る英国政府に忌避されて閑職に外される、という実録の物語である。プリンス労組との二年間を振り返って、この言葉で表されるような運命とか人間の能力というものがあるように感じた。私は日産争議以来多くの仲間たちに恵まれて、彼らの協力があってプリンスとの交流も進み、自分の信ずる道を進んで来られたのだ。このような絆はこれからも大切に育てていかなければならないと思った。

私は組合幹部に対して、「組合員には常に客観的で正確な情報を伝えるように、不利だと思うことでも正直に話すこと」と言ってきた。プリンスの人たちに接するときもそのように心掛けた。そういうわれわれの姿勢が、時の経過と共にプリンス勢から信頼されるようになり、虚言を並べすぎる全金グループが見放されていくことになったと思う。交流を始めてわずか半年で、プリンスの執行部が不信任に追い込まれた要因はこの点にある。

その視点から経過を振り返ると、先ずプリンス労組定期大会での祝辞、次にプリンスの中央委員会における問答、そして日産労組の定期大会が、プリンス労組攻略の重要な転機になっている。

企業合併の際に、労組の合併は会社の合併の後になるのが通例だが、私たちは会社の合併調印の前に、両組合の実質的な統合を終えた。日本のような企業別労働組合は経営側に支配されやすく、対等な関係は極めて難しい課題だが、われわれはこの組織統合によって、企業合併に伴う種々の調整問題に対しても組合の発言力や交渉力を強力なものにした。

自動車労連結成の時に志した、メーカーと部品、販売の賃金・労働条件の格差圧縮は、この時期からより具体的に進められるようになった。

第二章　産業別組織の結集――自動車労協から自動車総連へ

第一節　自動車労協結成（一九六五）

自動車労組の産業別組織である「全自動車」は、日産争議が切っ掛けになって昭和二十九年十一月に解散に追い込まれた。その後、四者懇（日産・トヨタ・いすゞ・日野労組の四者懇談会）などで、「全自の看板の塗り替えではない（階級闘争路線ではない）産別組織を作ろう」を合い言葉に協議を続けたが、日産分会が争議中に労金から借りた生活対策資金の返済問題の解決に時間を要したことも絡んで、なかなか纏まらなかった。

その後、昭和三十五年に日本政府が「貿易・為替自由化大綱」を発表したことを契機に、自動車メーカー（四輪・二輪）労組および専門部品メーカー労組の一部が集まり、「乗用車の貿易自由化が実施されるまでに新たな産別組織の発足を図ろう」と会合を重ね、紆余曲折の末に、昭和四十年五月二十一～二十二日、自動車労協（日本自動車産業労働組合協議会）の結成大会を開催した。各組合の代議員は、貿易の自由化に備える自動車産業の変化に、組合として如何に対処し組合員を守るかで熱心な討議を展開した。

大会には、自動車労連〈日産及び関連部品・販売労組、民労〉（一〇万）、全国自動車〈トヨタ・いすゞ・日野及び部品労組〉（六万三〇〇〇）、東洋工業労組（一万二〇〇〇）、本田技研労組（八四〇〇）、富士重工労組（七五〇〇）、ダイハツ労組（七〇〇〇）、川崎航空機労組（七〇〇〇）、全金プリンス自工労組（七〇〇〇）、三菱東京自動車労組（五四〇〇）、日本気化器労組（六三〇）の代表が集い、組合員一二万人で発足した。

自動車労協の課題

発足した自動車労協の活動には、連帯して労働条件の引き上げを図る他に、幾つかの課題があった。それは、より強固な産業別組織（自動車総連）の結成に移行するまでに、①「組織の構成」、②「上部団体」、③「支持政党」を決めることである。

①「組織の構成」については、製造部門（メーカー）労組協議会で、

「メーカー、部品、販売ごとに業種別の連合体を組織し、自動車総連に結集すべきだ」

という意見が次々に出され、中には、

「彼ら（部品・販売の労働者）がいるから、われわれは高い賃金が取れるのだ。それと一緒に連合を組むのは難しい」

という意見も出された。

販売労組及び部品労組の連絡協議会でも、

「メーカー労組・販売労組・部品労組毎に横断的に連合体を作り、総連を結成する」

という意見が大勢で、メーカー労組と一緒に系列毎の連合を作ることには反対の意向が強かった。

私は次の意見を述べた。

「日産労組が関連する部品・販売の労組と連合体（自動車労連）を組織しているから言う訳ではないが、各メーカー労組が中心になってそれぞれの関連する部品・販売労組と連合組織を結成してほしい。産業別組織の役割は、互いに連携・協力して雇用を守り、賃金・労働諸条件を引き上げていくことだが、同時にメーカーと部品・販売の労働条件格差を圧縮していくことが重要だと思う。

資本の自由化に備えて、日本の自動車産業の国際競争力を強化するには、部品産業の技術水準を引き上げ、体質・体力を強化しなければならない。そのためには部品労働者の労働条件を引き上げる必要がある。即ち、各メーカー労組には関連する部品・販売労働者の低い労働条件を引き上げる義務があると思う。産業の二重構造問題の解決に挑戦できる連帯組織を作りたい。

私が自動車労連方式を提案するのは、これ以外にメーカー労組が部品・販売の労働者を守っていく方法はないと思うからだ。私は日産出身だから、日産系列の労働者に関わる問題なら日産の経営者と交渉することが出来る。しかし、他のメーカー経営者とその系列の労働者の問題を交渉する関係は持てない。各メーカー労組には、それぞれの系列の労働者を守る役割があると思う」

①の「組織構成」については容易に結論が出ず、「自動車労協の連帯活動を進める過程で方向を出す」ことにしたが、総連結成の間際になって、ようやく〝各メーカー系列毎に部品・販売労組と連合体を組織する〟という現在の姿が決まった。

②の「上部団体」（総評か同盟か）については、大半の組合が総評指向の雰囲気だった。「同盟加盟の三組合は同盟を脱退してもらいたい」という意見も出た。討論の末に、「上部団体の選択は、将来自動車総

連になった時の課題とし、先ず連帯活動を積み重ねていく」ことになった。しかし、自動車総連を結成してからも上部団体に加盟せず、純中立グループとして労働戦線統一への役割を果たしていくことになった。

③の「支持政党」については、自動車労協がようやく結成された段階でもあり、「協議体の時は各加盟労組の自由」ということにした。ところが、二年後、自動車労連が参議院選挙（昭和四十三年六月）に候補者を立てることを決めた時に思わぬ問題が起きた。自動車労協の推薦が得られなかったのである。

中央委員会で、自動車労連の会長である私が、

「労連の副会長田淵（哲也・販労組合長）を参議院全国区に立候補させることになった。政治力の弱い自動車産業から初めての出馬であり、ぜひ自動車労協の推薦をお願いしたい」と提案すると、

「所属政党はどこか？」との質問が出た。

「民社党」と答えると、途端に冷笑の声があちこちから漏れ、挙手による採決の結果は、過半数の支持が得られなかったのである。

加盟組織の三役が立候補するのだから、問題なく推薦されるだろうと思っていたのは迂闊だった。加盟組合のうち、同盟加盟の三労組（三菱・ダイハツ・自動車労連）は民社党支持だったが、その他の組合は社会党支持で、幹部には社会党員もおり、各組合が出している地方議員の多くは社会党だった。企業別組合だから、幹部には企業間の競争意識もあり、結成して間もないから尚更、産業別組織としての連帯感はまだ未成熟であった。

自動車労協の七年間は、強固な産業別組織結成への準備期間であるが、私にとっては世界の労働運動を知る貴重な時期でもあった。自動車労連が同盟加盟組織であったことから、ＩＬＯの理事を勤め世界の

労働運動の歴史と現実を知る機会を持てたこと、さらにＵＡＷとの交流を通して、欧米先進工業国の労働運動が多国籍企業問題に取り組む姿を目の当たりに出来たことである。

第二節　参議院議員選挙（一九六七）

昭和四十二年の参議院議員選挙に当たって、同盟の三役会（一九六六）で「自動車労連も次期参院選で候補者を立てたい」と提案した時に、「傘下の産別（二〇〇万人）は、すでに二人の候補に割り当てが決まっており、いまから再配分はできないが、それでもいいか」と言われた。後日、資源労連が割当てられたが、自動車労協の推薦が得られなかったので、自動車労連一五万人（全日産労組五万、販労四万一〇〇〇、部労二万八〇〇〇、民労二万一〇〇〇、直轄労組七〇〇〇）と同盟の資源労連一万弱の計約一六万人の基礎票で戦うことになった。

選挙結果は、同盟の他候補が基礎票（組合員数）を大きく下回って苦戦したのに比べ、田淵哲也は七七万三〇〇〇票を獲得、十一位の当選を果たした。組合員の大変な苦労と労連結成以来積み上げてきた諸活動による一体感の賜物であった。

選挙違反問題、公明党に抗議

ところが開票日の朝、自動車労連・販売労組・東京日産支部の坂本（哲之助）支部長が北千住署に選挙違反容疑で逮捕された。原因は明らかであった、選挙期間中に聖教新聞と公明党新聞が「日産の企業ぐるみ選挙」と書き立て、日産本社ビルの写真入りで攻撃していたからである。坂本氏は二十日間拘留の末に、戸別訪問・違反文書配付・教唆の罪で公民権停止三年の処分を受けた（販労組合員三六人が事情聴取された）。

開票日の翌日、私は公明党本部に電話を入れ、委員長に面会を申し入れた。単身公明党本部に赴くと、案内された部屋には竹入委員長、北条副委員長、矢野書記長など九人の公明党幹部が座っていた。私は、

「自動車労連の幹部が選挙違反容疑で逮捕された。原因は、あなた方が党と学会の新聞で『企業ぐるみ選挙』と書き立てたことと、学会員の警察へのたれ込みだ。われわれは労働組合の選挙活動であり、言われるような選挙違反はしていない」と述べた。また、

「全織同盟や炭労が国政選挙で創価学会と紛争状態にあるという噂を聞いていたので、私は組合員に一人五票の名簿提出を指示した時に、『学会員は一票でいい。ただし、学会員であることを表明したことで、組織内、社内で一切の差別扱いはしない』と明言した」

と言うと、幹部の一人がそっと部屋を出た。十分ほどで戻って来て、竹入委員長に何か耳打ちした。私の言葉の真偽を確かめてきたのか、このときから緊張した雰囲気が和らいだような気がした。申し入れたクレームに対して謝罪めいた話はなかったが、一時間ほどの話合いの終盤で、私の方から問題を一つ提起した。

「折角の機会なので要望が一つある。『公明党民労』というのを組織する計画があるそうだが、これは止めて頂けないか」と言うと、

「民社党には同盟。社会党、共産党には総評がある。だから公明党も労働組合を持ちたいと考えてい

る」との答え。私が、

「いま日本の労働界では、日本経済の国際化の進展に対応すべく、労働四団体（総評・同盟・新産別・中立労連）の統一が重要な課題として議論されている。その時に、企業内組合の分裂を図ることは時代の流れに逆行する動きであり、政党が労働界の動向に介入することになる」

と応えると、竹入委員長が、

「『公明党民労』の問題は党内でしばらく検討させて頂きたい」

と言われ、会談を終えた。

一カ月後、竹入委員長から食事に招かれたときに、

「『公明党民労』は作らないことにした。ついては、われわれに労働組合を紹介して頂けないか」

との回答があり、私はホッとした。もしこの時期に公明党が『公明党民労』の組織化を始めていたら、それは企業別労組の分裂となり、労働戦線の統一はもっと遅れることになったろう。

他の産別労組に公明党の意向を話してみたが、みんな気が進まないようだったので、「まず自動車労連の幹部と交流を始めてみませんか」と応え、これを機に両組織の首脳部間の交流が始まった。

私と竹入氏は、公明党の政教分離問題や美濃部都政問題などでも率直に意見を交換するなど、徐々に二人の親交が深まっていった。これには、副委員長の北条（浩）氏が海軍兵学校の三期先輩であったことも幸いした。後に北条氏が創価学会の会長になられた時に、富士の本山を案内されたことがあったが、私は創価学会への入会を促されたことはなかった。その後、衆議院選挙で埼玉と神奈川の公民（公明党・民主党）共闘を実現した。しかし、埼玉では公明党の協力で民社党が当選できたが、残念なことに、神奈川

では公明党候補を落としてしまった。
私と竹入氏の信頼関係は、後に中曽根康弘氏（自民党）に利用されることになる（第三部第二章、第二節5「ぜひ総理にしていただきたい」参照）。

第三節　自動車総連（JAW）結成（一九七二）

自動車総連の結成に私は大きな期待と夢を抱いていた。それは、企業別労組の弱点を少しでも克服し、欧米諸国の産業別労組に比肩しうる活動が出来るような組織を作りたいと考えていたからだ。結成大会で採択した《綱領》に、「産業社会の開拓者としての自覚と誇りを持って」、「社会正義を運動の基調とし、自由、平等、公正の実現に努力する」と謳ったのはそのためである。「産業の二重構造の打破」、すなわち、メーカーと販売・部品間の賃金・労働条件の格差を圧縮すること、日本の自動車企業が多国籍活動をする時には、労組としての対応策がキチンと取れる組織を作ること、が念頭にあった。

昭和四十七年十月三～四日、自動車総連（全日本自動車産業労働組合総連合会）の結成大会が東京・九段会館で開催された。全自動車の解散（一九五四）から十八年、自動車労協結成から七年にわたる各組合の連帯への努力がようやく実って、五十万の組合員を擁する自動車の産業別組織が発足した。その時の構成は、自動車労連（一八万人）、全トヨタ労連（一〇万人）、全国マツダ労連（四万二〇〇〇人）、三菱自動車労連（三万三〇〇〇人）、全ホンダ労連（三万人）、全いすず労連（二万七〇〇〇人）、全ダイハツ労連（一万七〇〇〇人）、富士労連（一万六〇〇〇人）、スズキ労連（一万人）、日野労連（一万人）、ヤマハ労連（七〇〇〇人）、部品労協（一万人）の十二連合である。

大会には来賓として招待した、UAWウッドコック会長、田村労働大臣（自民党）、労働四団体（総評大木事務局長・同盟天池会長・新産別石垣委員長・中立労連阿部議長）、政党（日本社会党勝間田前委員長・民社党春日委員長・公明党矢野書記長）、IMF・JC（福間議長、電機労連清田委員長・鉄鋼労連宮田委員長・造船重機労連小野委員長）、ILO飼手東京支局長の皆さんから祝辞を頂いた。

祝辞の中で特に注目すべきは、ウッドコック会長が述べた次の言葉だった。

「米国で新たな保護貿易主義の気運が盛り上がっている。労組も企業も関税障壁の引き上げを望んでおり、特に日本からの輸入品に対してその要求が強い。UAWではカリフォルニアの組合員から本部に同様の突き上げがあるが、しかし、UAWは特別の保護立法を求めるコーラスに加わることはしない。同時に国際貿易を公正なものにするために、世界の主要通貨について現実的な調整が行われなければならない」

この意味は、米国の他の産業別労組は保護貿易主義の立場で国会に保護立法を求めているが、UAWだけは自由貿易主義の立場を堅持して保護立法を求めない。同時に関係国（日本）は公正貿易に努めなければならない、ということである。これは日米経済関係を律する重大な発言だが、マスコミは全く取り上げなかった。さらに彼はこう続けた。

「日本・欧州・ラテンアメリカ・米国の自動車労働者は、多国籍企業の活動に対して統一的かつ世界的規模の規制を行うよう共同し、また個別に努力することが必要だ。

ＩＭＦ世界自動車協議会の会長として要請したいことがある。ＧＭ、フォード、クライスラー、フォルクスワーゲン、フィアットの労働者が成し遂げたように、トヨタ、日産の労働者も世界協議会を作る時だと思う。会社はすでにオーストラリア、南アフリカ、メキシコなどで海外における生産を拡大している」

と、多国籍企業の行動を規制するために、自動車総連も世界の自動車労働者と連帯して行動することと、海外での生産が進んでいるトヨタと日産の世界自動車協議会結成を要望した。そして挨拶の終わりを、

「皆さんも私も、故ウォルター・ルーサーが『自転車賃金で自動車を作っている』と発言してから長い道のりを歩いてきた。ある意味では、私たちの一緒の旅はいま始まったのだ。この新たな旅を記念して、次のつたない詩で私の挨拶を終わる。

遠き昔の夜明けどき我らを分かつ川静か
陽は高く我らが建てし架け橋を百万の友進み行く
この「故ウォルター・ルーサーの発言」とは、ＩＭＦ自動車部会がトリノで開催された時（一九六八）のルーサー部会長の言葉、「私が数年前日本に行った時、日本の自動車労働者は自転車賃金であった」の事で、この時、われわれ日本勢は〝公正貿易〟（公正な労働条件による貿易競争）の重要性を初めて認識したのである。ウッドコックはその時の事を、「遠き昔の夜明けどき、我らを分かつ川静か」と述べ、今や

「我々が建設した架け橋を共に進もう」と国際連帯活動を呼びかけて挨拶を終わった。

この一年後、第一次石油危機が勃発（一九七三・一〇・一七）、日本車の対米輸出が急増し始めて日米間の貿易摩擦問題に発展し、ＪＡＷとＵＡＷの国際連帯活動によってその対策が講じられていくのである（第三部第一章「日米自動車摩擦」参照）。

大会の冒頭、代議員の全員投票で決定した《綱領》は次の通り。総連に記録が残っていないようなので、ここに記載する。

《綱領》

一、われわれは産業社会の改革者としての誇りと勇気をもって、労働者の経済的、社会的、政治的地位の向上をはかる。
一、われわれは民主主義を育成強化し、人間の尊厳が尊重される福祉社会の建設を目指す。
一、われわれは社会正義を運動の基調とし、自由、平等、公正の実現に努力する。
一、われわれはあらゆる外部の権力ならびに勢力の支配介入を排除し、労働者のための強固で自由な組織を確立する。
一、われわれは内外の労働者との連帯を強化し、互助互恵の精神に立って世界の平和と繁栄を追求する。

「総連の組織構成について思うこと」

自動車総連は、各メーカー系列毎にメーカー・部品・販売の組合が連合を組織し、その総連合体として結成された。この組織構成を決定するまでには五年近くの期間を要したが、総連を結成以降は、自動車労連（日産グループ）が一つのモデルを示す形で、徐々にではあるが産業の二重構造打破に向けての活動を進めて来れたと思う。しかし私の失脚後、今になってみると、これが果たして部品・販売の組合員にとって良かったのかどうか。

自動車労連は日産労連に改名されて以降、部品・販売・関連企業の組合員を守る意志も力も失ってしまった。自動車総連が産業別組織として強力な体制を維持し組合員を公正に守っていくためには、特にメーカー労組の幹部に使命感と勇気が求められる。

自動車総連を結成してからの諸活動については、機関紙その他の出版物が残っているのでこの「証言」からは割愛するが、「世界自動車協議会」と「多国籍企業問題対策」については、総連の機関紙や出版物に記録が残っているにも拘わらず、現在の自動車総連あるいはＩＭＦ・ＪＣの幹部にその歴史を全く知らないような言動や出版物が見られるので、要点を次に書き記しておく。

第四節　世界自動車協議会（World Auto Council）の結成

多国籍企業と労働問題

多国籍企業が世界企業（World Enterprise）と言われていた一九五〇年代は、進出先の国に多額の資本と新しい技術を持ち込むことにより、その国の経済発展に大きく貢献しているという面が強調されていたが、一九六〇年代に入ると、その行動が引き起こしている社会的諸問題への対応策が、国際労働運動の重要課題として取り上げられるようになった。その独自の行動が当該国の主体性に少なからぬ影響を及ぼし、労使関係の伝統的パターンの破壊やＩＬＯの労働基本権無視などの問題が大きく表面化してきたからだ。

例えば、多国籍企業は労働組合を忌避し、組合結成に動いた労働者を解雇する。結成された労組を政府機関が認知すると、「それなら工場を他国に移す」と脅して政策転換を迫り、資本と技術の導入を渇望する当該国政府はその横車に逆らえない、というようなことが頻発するようになった。

ＩＭＦ（国際金属労連）は一九六四年（昭和三十九年）にフランクフルトで自動車部会を開催した時に、「企業別世界自動車協議会の結成に関する勧告」を採択した。これを受けて二年後の一九六六年に、ＵＡＷ（全米自動車労組）はＧＭ、フォード、クライスラーの世界自動車協議会を発足させた。

私が多国籍企業問題に関心を持ったのは、ルーサーＵＡＷ会長に招かれて、デトロイトで行われたこの世界自動車協議会の結成及び関連する諸会議を傍聴したときである。

われわれが自動車労協を結成した前年のことで、日本の各自動車メーカーは資本の自由化を八年後（一九七二）に控えて、国際競争力の強化に必死に取り組んでいた。私はこのとき、日本の自動車会社もやがて多国籍企業になる。そのときに備えて、経営側にそのあるべき姿を主張できる強固な労組側の体制を作らなければならない、と思った。それはまず産業別組織（自動車総連）の結成であり、そして、日本でも世界自動車協議会を結成することである。

ＩＬＯが多国籍企業問題を取り上げ始めたのもこの頃で、私がＩＬＯ理事に選ばれた一九六九年の総会で、「多国籍企業の各国経済ならびに労働者におよぼす諸結果と性質を調査する」ことを採択した。前年（一九六八）のＩＬＯ総会では、労働側が提案した「多国籍企業に関する決議案」が政府・経営側の強い反対にあって、採択されなかったのである。

国際自由労連は第九回世界大会（一九六九）で「多国籍企業に関する決議案」を採択した。

理事になった翌年（一九七〇）、私が労働側理事の代表として参画したカラカス（ベネズエラの首都）におけるＩＬＯ米州地域会議でも、またバンドン（インドネシア）で開かれたＩＬＯアジア諮問委員会でも、発展途上国における多国籍企業の行動問題が議題の一つに取り上げられた。私が理事としてこれらの仕事に携わりながら学んだことは、「多国籍企業の営利本位の横暴な行動（労働組合の忌避、労働者の抑圧など）は、世界の平和な経済発展と当該国の独立を脅かす行為である」ということだった。私は、〝我が国労働運動の国の内外における役割と責任はいよいよ大きくなっていくが、これに対応する運動理念と組織体制・体質を備えていかなければならない〟と思った。

日産世界自動車協議会・トヨタ世界自動車協議会の結成

私はこれらの国際労働運動の動向をその都度自動車労協の会議で報告し、トヨタ労連と協議して、自動車総連を結成した翌年の昭和四十八年（一九七三）九月二十七〜二十八日に、日産とトヨタの「世界自動車協議会」を結成した。

御殿場にある自動車労連教育センターの国際会議場で開かれた結成大会には、一四ヵ国（オーストラリア、台湾、香港、インド、韓国、マレーシア、メキシコ、ニュージーランド、フィリピン、シンガポール、タイ、ブラジル、インドネシア、日本）から七〇名が参加し、ＩＭＦ本部からはトネッセン事務局次長、ベンディナー世界自動車協議会事務局長が出席した。日本の自動車産業の海外進出情勢に対応すべく、先ず日産とトヨタの「世界自動車協議会」を発足させ、続いてホンダ、マツダ、三菱も準備が整い次第、結成することにした。（自動車総連新聞　一九七三年十月十五日号）

世界自動車協議会の結成に当たって、その基本的な立場を、私は次のように述べた。

「多国籍企業は生産技術や経営技術の進歩と世界市場の拡大の所産である。その生産の国際化は、新しい技術を世界に普及し、各国の経済成長と社会進歩に重要な役割を果たすことができる。ただしそれは、労働組合が多国籍企業に対して、労働者を守り国民の福祉を向上すべく、影響力を行使し得る場合に限られる」（結成時の『基調報告』全文は巻末に記載）。

自動車総連はこのような多国籍企業に対する問題意識から、日本の自動車産業の海外工場進出に備えて、労働組合としての体制を作ろうとしたのである。

この世界協議会は組織の構成や活動面で、欧米の七つの世界自動車協議会と異なるところがある。欧米の世界協議会は、同一メーカー資本の傘下にある世界の自動車工場の生産労働者だけで構成され、ＩＭＦ加盟組織に限られている。しかし日本の協議会は、同一メーカー系列の世界の企業に働く労働者の集まりとした。生産労働者に限らず販売・整備・サービス等の労働者や、メーカー資本が入っていないところ、ＩＭＦに加盟していない組合もメンバーに入れた。進出先、特に発展途上国における労働組合の育成強化に幅広く協力し、当該国の貧困の追放や社会の進歩に貢献しようと考えたのである。

この世界協議会を構想したのは、ビッグスリーの世界自動車協議会の結成、及び結成されたGM世界自動車協議会とGMの経営者の団体交渉を傍聴したときである。

親会社と現地労組の交渉かみ合わず

一九六六年（昭和四十一年）六月、デトロイトにあるGM本社の一室で珍しい団体交渉が開かれた。向き合って座っているのは、GM本社の人事担当副社長シートン氏および会社幹部と欧州・南米など外国にあるGM系企業の労組代表であり、オブザーバーとしてUAWのウォーター・ルーサー会長とIMF（国際金属労連）オットー・ブレナー会長である。

実はこの二日前に、UAWがフォード・GM・クライスラーの進出先企業、則ち子会社の労組代表をデトロイトに集めて、企業別「世界自動車協議会」を結成し、第一回協議会を開催した。そこで議論が集中したのは、デトロイト資本に対する批判や不満であった。例えば、「外資は受け入れ国の自主性を侵害している」「現地における労使間の自主的決定を妨げている」「ラインスピードや労働条件についても、団体交渉の都度デトロイトの意向を訊かねば決定できない」など、さらに、「親企業の組合であるUAWはこの問題の解決に協力すべきだ」との強い要望が出ていた。

三つの世界協議会は、UAWの斡旋で、それぞれの親会社に特別団交を申し入れたが、フォードとクライスラーはこれを拒否し、GMだけが交渉に応じた。しかしそのGMの団体交渉も、労組側の切実な期待や問題提起にもかかわらず、経営者は「すべて現地に任せている」と言い、肩すかしのような回答に終始して議論はかみ合わなかった。

それから五年、一九七一年三月に、ロンドンでＩＭＦ世界自動車協議会が開かれた。たまたま英国フォードが十週間にわたるストの真っ最中で、フォードの英国労組は紛争解決を図るために、訪英中のフォード二世に会談を申し入れた。ところが、フォード二世はこれを拒否し、ことの成り行きを心配するヒース首相に会って、「私の条件が入れられなければ、いつでも工場を他国へ移す用意がある」と言い、ストの多いことを理由に「英国を新規投資の対象から外す」と言明したのである。

ＵＡＷはビッグスリーが進出先の国で引き起こしている問題を解決するために、メーカー別に作った世界協議会と、それぞれのメーカー経営者との団体交渉を計画したが、ルーサー会長は交渉メンバーに入っていない。組合員の労働条件に関しては強大な交渉力を持つＵＡＷでも、企業毎の経営政策に関しては経営者と協議する関係がないからだ。

しかし、日本は企業内で組織されている企業別の組合で、ホワイトカラーも組合員だから、経営政策について経営者と協議できる体制がある。つまり、メーカー労使の協議で海外対策を図ることができる。例えば日産には経営協議会があるから、日産労組には経営者と海外政策を協議する体制があった。

ただし、日本は企業内組合なるが故に弱点もある。労組役員の人事を経営者に握られている場合が多い。だから、経営者が忌避することを提言できるか、という問題が残る。私はこのことも念頭にあって、前年の自動車総連結成時に提案・採択した「綱領」に、①「産業社会の開拓者としての誇りと勇気を持って」、②「社会正義を基調する」、③「外部の支配介入を排除する」という文言を入れた。

私たちは以上のことを前提にして、日産・トヨタ世界自動車協議会の活動と構成を次のように規定した。

『活動』①労働条件、現場の問題、会社の投資・財務・生産に関する定期的な情報交換。
②各国労働者の雇用の安定、賃金労働条件の向上。
③日産（トヨタ）の海外活動が、進出先の労働者に対して社会的責任を十分に果たし、同国の発展に寄与するように影響力を行使する。
④海外の日産（トヨタ）系企業の組織化及び労使紛争解決の支援、
⑤世界協議会または地域別協議会を二年に一度開催する。

『構成』①日産（トヨタ）製品の生産、販売、サービスに従事する労働者。
②ＩＭＦに加盟していない労働組合もこの協議会の構成員になることができる。
③日産（トヨタ）資本の傘下にない企業の組合も構成員となることができる。
④当該企業に労働組合が組織されていない場合は、従業員代表がオブザーバーとして参加することができる。

『構成』①に、生産のみならず販売、サービスの労働者を入れたことについては、結成大会冒頭の「基調報告」の中で次のように説明した。

「一九五三年の日産争議が部品・販売の労働者に生活苦をもたらした経験から、日産労組の幹部が考えたことは、〝メーカー労組は、メーカーの労働者を守るだけではなく、関連する販売・部品企業の労働者も守る義務がある〟ということだった。そこで、部品・販売の労働者と共に自動車労連を結成し、賃金格差を是正し労働条件を改善しながら雇用を守ってきた。このことはメーカーの経営者にその社会的責任を自覚させ、経営の姿勢を転換させてきたし、同時に労組の交渉力を強大にした。われわれはこの経験を国際的に拡げていきたいと考えた」

『構成』②に「ＩＭＦに加盟していない労働組合もこの協議会の構成員になることができる」としたのは、メキシコ日産労働組合がＷＣＬ（国際労連）に加盟していたからだ。

ＩＭＦは、ＷＦＴＵ（世界労連）がソ連の赤化戦略で左傾化したために分裂して結成したＩＣＦＴＵ系の産業別国際組織で、ＷＣＬはＩＣＦＴＵと対立する左翼系の国際組織である。だから、ＩＭＦレブハン書記長から「ＷＣＬを何故入れるのか」と何回か文句を言われたが、私は「日産の工場労働者だし、既にＷＣＬに加盟しているのでやむを得ない」と答えて、加盟のままにした。

ＩＭＦの中央委員会がワシントンで開催されていた時だったが、メキシコ日産から電話が入り、「賃金交渉が行き詰まって困っている」と連絡してきた。私はレブハン書記長に断って、その日の夕方メキシコに飛んだ。労使双方から事情を聞き、共産党員で手強いと言われていたＷＣＬの顧問弁護士とも会って、丸二日の話し合いの末に妥結にこぎつけた。

ＷＣＬ（World Confederation of Labor）はバチカン系の国際労働組織として発足し、元の名を World Christian of Labor と称して、主に発展途上国の労働者を組織していた。バチカン派遣の宣教師が教会に集まる老若男女への説教の中で共産主義を説くので、影響を受ける信者は多く、メキシコ日産労組にも共産党員がかなりいた。

階級対立論を口にする彼らに、私は、

「工場長（奥山一明）は日産争議の時に民主化グループの同志で、総務部長（中祖一郎）は日産労組の組合長経験者だ。君たちの立場を良く理解しており資本家ではない。〝愛社心を持て〟とは言わないが、製品は愛情を持って作れ。大切なお客が使ってくれるものだ。お陰で君たちは生活ができるのだ」

と話していた。その後会社の車両置場から、夜陰に乗じて新車が一〇〇台近く盗まれるという事件が発生した。代金を支払わない悪質販売店に、会社が次の新車を引渡さなかったところ、その業者が暴力団とドライバーを連れて大挙して押しかけ、守衛を脅して車を盗み出したのだ。これを聞いた組合執行部は組合員を集め、その夜のうちに車に分乗して奪回に向かい、翌日全車を取り戻してきた。やがて、労組と会社の間は協力的な関係に変わっていった。

日産とトヨタの世界自動車協議会はほぼ隔年で開催され、一九八〇年の第四回のときにホンダ世界自動車協議会が結成され、一九八二年には日産、トヨタ、ホンダの世界協議会を開催した。一九八四（昭和五十九）年にはマツダと三菱の協議会が発足し、日産、トヨタ、ホンダと併せて五つの世界協議会の共催となった。ＩＭＦ自動車部会長として出席したオーエン・ビーバーＵＡＷ会長は挨拶の中で、

「今世界の五〇〇万人に達する自動車労働者は、世界的規模での競争の激化と世界経済の衰退に直面して、雇用の減少が国境を越えた問題となっている。われわれは企業の世界的な力に対抗し、利害の対立を克服していくために、今まで以上の努力を続けていく必要がある。労働組合にとって、結束こそが唯一

の力だからだ」

と述べた後、日本の進出企業の問題に触れ、

「現在米国で日産とホンダがＵＡＷの組織化を拒んでいる」と述べた。

私はこの時、

「諸外国の労働組合は長い闘いの歴史の中で貴重な諸権利を獲得してきた。日本の進出企業はそれを尊重しなければならない。日本の労働組合は、日本企業が進出先で労組の組織化を防衛し労働者の権利を侵害しないように、経営に対して影響力を行使しなければならない」

と応え、世界自動車協議会の役割を強調したが、私はこの発言をしながら、〝口先でいくら高邁な理屈を捏ねても、実行できなければダメなんだ〟と自分に言い聞かせていた。

日産スマーナ工場の組織化叶わず

昭和五十五（一九八〇）年に日産が小型トラック工場の米国進出を決めた時、石原社長は工場用地にテネシー州スマーナを選んだ。アレキサンダー州知事が「ＵＡＷの組織化防衛に協力する」と約束したからである。その後、日産がスマーナ工場の基幹要員約五〇〇人を日本に呼び日産の工場で二カ月間の技能研修を行った時（一九八五）に、自動車労連は彼らを招いて歓迎パーティーを開き、日産世界自動車協議会とＵＡＷに関する英文資料を配付した。

パーティーのさなか、付き添ってきたフォアーマン数人が監視の目を光らせている中で、三人が連れだって私のところに来て「ＵＡＷの組織化を望んでいるのか」と声を落として訊いた。私が「イエス、ス

マーナに行くときには連絡する」と答えると、彼らは住所氏名を書いたメモ用紙をこっそり私に渡した。時期を見て、スマーナ工場の門前に自動車労連旗を立てUAWの組織化を支援しようと考えていたが、私の油断から会社の謀略にかかり、失脚してこの計画は果たせずに終わった。

トヨタはGMの呼びかけでフリーモントの工場で合弁生産を始めたが、このときはGMのスミス会長が「UAWの組合員を使って生産すること」を条件とした。私は、これでトヨタがUAWと良い関係を持ち続けてくれればいいのだがと期待していたが、トヨタは次の自前の工場からはUAWを排除して生産の拡大を始めた。

ホンダは日米自動車摩擦の最中、八〇年一月にいち早く米国への工場進出を決めた。米国での日本車生産一番乗りのホンダは、それから二十年以上米国市場における販売で日本企業のトップを続けていたが、UAWを排除しての生産はトヨタ・日産と変わらない。

私が一九八六年に総連会長を辞任した後は、日産・トヨタなど五社の世界自動車協議会は協議会規約（海外工場の組織化など）に沿った活動をしていない。

第五節　多国籍企業問題対策労組連絡会議

日産・トヨタ世界自動車協議会を結成する三カ月前に、「多国籍企業問題対策労組連絡会議」が発足した。これについて自動車総連の機関紙（昭和四八年八月十五日付）は次のように報じている。

「日本企業の海外投資が活発化しつつあるが、多国籍企業の活動が国の内外における雇用・労働条件に及ぼす悪影響を排除し、さらに日本企業の投資先における雇用の安定拡大、労働条件の維持改善、正常な労使関係の確立を促進することを目的に、ＩＭＦ・ＪＣの呼びかけで「多国籍企業問題対策労組連絡会議」が結成された。

七月二日（一九七三）の結成式で、代表幹事に福間ＪＣ議長、塩路ＪＣ産業政策委員長、宇佐美全繊同盟会長（同盟会長）、太田合化労連委員長（前総評議長）、田中全化同盟会長（同盟書記長）を選出した」

私はこの「連絡会議」の発足に先立って、ＩＭＦ・ＪＣの会議で「日本の労働運動として多国籍企業問題に取り組む態勢を作ることの重要性」を訴え、まずＪＣの仲間（鉄鋼労連・電機労連・造船総連・自動車総連）で「多国籍企業対策労組会議」を結成した。続いてその「労組会議」で、金属以外の産業別労組にも呼びかけることを提案して全員の賛同を得た。

そこで「全繊」の宇佐美会長、「合化」の太田委員長にお会いして了解を得、「合化」と対立関係にある「全化」の田中会長の了解も得られて、発足の運びとなった。この集まりは運動路線で対立する総評・同盟・中立労連に加盟する主要な輸出産業の労組を網羅することになった。

事務局はＪＣの事務所に置き、当面の活動として次のことを決めた。

一、日本企業の海外進出状況の情報交換、調査（ＩＬＯや国際労働運動の動向を含む）。

二、国内の外資系企業の動向点検、把握。

三、海外投資先対策

①労働者の組織化、②現地労働組合との連携強化、③労組幹部及び労働者代表の招聘と研修会の

開催、④社会労働問題に関する情報収集と調査団派遣の企画、⑤外国労働関係法規の収集と整理。
四、多国籍企業の行動基準の作成。
五、多国籍企業問題について、日本政府並びに経営者団体と協議の場を設置。
◇政・労・使三者協議の場については、在外企業協会会長の日立造船永田（敬生）社長及び労働大臣との話がまとまり、多国籍企業問題対策会議を設置することになった。
「労組連絡会議」も「三者会議」も、私の失脚まで二〜三カ月に一度の割で開催されていた。

この活動は、たまたま労働戦線の統一が具体的に進む時期と重なっていた。統一を議論していた「二二民間単産会議」が運動路線論議で対立を続け、「不信のレールの上には統一の列車は走らない」として解散したのが七月十三日、「対策労組連絡会議」の発足はその三日後である。そして同年秋に「民間労組共同行動会議」（二〇単産）が発足（一九七三年十一月一日）した。

「多国籍企業問題対策労組連絡会議」結成時の記者発表のときに、記者から「これは戦線統一のために作ったのか?」「これもイデオロギー論争で長くは続かないのではないか?」と訊かれた。

私は〝実質的に統一の一翼を担う面もある〟と考えていたが、それは口に出さなかった。当時の労働界の様相から、民間労組の先行統一に反対のグループに警戒され、妨害が入る恐れがあったからだ。そこで私は、

「国際問題で認識を一つにした労組の言わば同心円の活動だから、イデオロギー論争はない。今後長期に続けなければならない集まりだ」と答えた。

この「連絡会」には、上部団体が異なるが故に会うこともなかった単産の幹部が集まり、日本の多国

籍企業がいずれ担うべき国際的課題について議論を重ねた。それは人間関係と相互理解を深め、並行して進む労線統一の動きに少なからず寄与することにもなった。

「労組連絡会」が発足したのは第一次石油危機の翌年で、その後円高が進むにつれて、コスト削減のために部品メーカーなど中小下請け企業が低賃金のアジア諸国に生産を移転し始め、さらにメーカー（自動車や電機など）の米国への工場進出が始まった。会議では各産業の動向を逐次報告しあい真剣な討議が続いたが、この頃から石原氏のマスコミを動員した塩路攻撃が激しくなり、その対応に追われて、私が自動車総連会長を辞任するまで（一九八六年三月）、進出先の組織化など具体的な対策活動に入る段階には至らなかった。このことが、その後この活動が中断し、やがて組織の消滅を招いたとしたら、残念なことだ。

第三章　私とＩＬＯ

私が初めてＩＬＯ（国際労働機関）に関わったのは、昭和四十年六月のＩＬＯ総会に日本の労働代表として出席した時だ。当時は総評と同盟の間で、毎年交代で総会代表を送る申し合わせになっていた。たまたま一月の国会で、ＩＬＯ八十七号条約「結社の自由及び団結権の保護に関する条約」の批准をようやく決定した年で、総会の会期中に行われた日本政府代表、小平久雄労相の調印式に立ち合った。ＩＬＯが活動を進めるために、最も重視しているこの条約の日本の批准は、加盟国中七〇番目だから、決して早い方ではない。

私は原口理事（総評・全鉱委員長）の後を受けて、昭和四十四（一九六九）年六月、ＩＬＯ総会中に行われた選挙で、労働側理事に選ばれた。丁度ＩＬＯ創設五十周年記念総会に当たり、創設時やその後の活動に関する資料が展示され、その歴史を学ぶ機会に恵まれた。今でも脳裏に焼き付いている思い出がある。

『平和を欲するならば正義を育成せよ』

それは、ＩＬＯ本部（旧）の庭にある大きな石碑の文字を見たときだ。そこには、「平和を欲するならば正義を育成せよ、アルベール・トーマ」とあった。私は衝撃的な感動を覚えた。〝労働運動の原点はこれだ〟と思った。トーマ氏（フランス人）はＩＬＯ創設時の初代事務総長である。

原語はフランス語だが、英訳は「If you desire peace, cultivate justice.」。

ＩＬＯの憲章は前文に「世界の永続する平和は、社会正義を基礎としてのみ確立しうる」と謳っている。これが、第一次世界大戦後のベルサイユ平和会議で創設（一九一九）された、ＩＬＯの目的である。

「労働組合の使命は、職場に、産業社会に、国内・国際社会に、正義を育成することだ」と思った。この時もう一つ、感銘を覚えた資料があった。それは「フィラデルフィア宣言」だ。

『フィラデルフィア宣言』（一九四四・五・一〇）

ＩＬＯは第二次世界大戦のさなか、一九四四年四～五月（終戦の一年三カ月前）に、米国フィラデルフィアで第二六回会総会を開催し、「国際労働機関の目的及び加盟国の政策の基調となすべき原則に関する宣言」を採択した。いわゆる『フィラデルフィア宣言』である。

総会では、第二次世界大戦は何故始まったのか、平和を維持するにはどうすべきかを議論し、ＩＬＯの目的を再確認して、創設以来二十年間の経験と知識を生かして作られたのが、この『宣言』である。

日本はこの時期、ＩＬＯを脱退（一九三八～一九五一）していた。そのためか、『宣言』の由来や内容を真剣に受け止め、理解し、これに沿った活動をしているとは言い難い。次にその要点を要約する。

総会は、この機関の基礎となっている根本原則、特に次のことを再確認する。

(a) 労働は、商品ではない。

(b) 表現および結社の自由は、不断の進歩のために欠くことができない。

(c) 一部の貧困は、全体の発展にとって危険である。

(d) 欠乏に対する戦いは、各国内における不屈の勇気をもって、且つ、労働者および使用者の代表者が政府の代表者と同等の地位において、一般の福祉を増進するために、自由な討議及び民主的な決定に参加し、継続的且つ協調的な国際的努力によって、遂行することを要する。

永続する平和は、社会正義を基礎としてのみ確立できるというＩＬＯ憲章の宣言の真実性が経験上充分に証明されていると信じて、総会は、次のことを確認する。

(a) すべての人間は、人種、信条又は性に関わりなく、自由及び尊厳並びに経済的保障及び機会均等の条件において、物質的福祉及び精神的発展を追求する権利を持つ。

(b) このことを可能ならしめる状態の実現は、国家及び国際の政策の中心目的でなければならない。

（以下、(c)(d)(e)略）

私はこの時から、「社会正義の育成」とこの「根本原則」を、私の労働運動の規範としてきた。第三章第四節に述べた「日産・トヨタ世界自動車協議会」の結成も、「社会正義」と「フィラデルフィア宣言の根本原則」が念頭にあった。日本の自動車産業が海外に進出するときには、これを企業活動の鑑にすべきであると考えたのである。日本は、産業活動の分野でも世界の平和と発展に寄与していくべきであり、進出先の国で、労働を商品として扱ったり労働組合を排除するような行為をしてはならない、と思う。ＩＭＦ・ＪＣで「多国籍企業問題対策労組会議」の結成を提案したのも、同様の考えからだ。

公正貿易の秩序の維持（国際公正労働基準の策定）

ＩＬＯが創設された頃の西欧諸国は既に第二次産業革命の時代で、自由な競争を旨とする資本主義経済が急速に進展しており、各国間の市場を巡る競争が激しさを増しつつあった。そこでＩＬＯでは、「世界市場の安定的な発展を図るためには、『貿易競争は公正に行われなければならない』として、「一定の国際労働基準（ＩＬＯ条約・勧告）を定め、それを履行できない国は不公正競争国として排除していく」という議論が出てきた。その後、低賃金によって国際市場を乱す行為はソーシャル・ダンピングとして非難され、労働条件の劣悪な国を制裁しようとする動きになっていった。私が理事になった頃は、国際貿易における「社会条項」（Social Clause）問題として議論されており、ＩＬＯの重要課題の一つになっていた。

当時、輸出拡大を続ける日本に対して、欧米の労働組合から「本来の Free Trade（自由貿易）とは Fair Trade（公正貿易）の事だ」と言われていた。「低賃金・長時間労働による輸出は改めるべきだ」という意味だ。

ＩＬＯには「経済発展と社会進歩は車の両輪である」という指導理念がある。「各国が自国の経済発展に見合って、労働者の賃金・労働条件や国民の生活水準を引き上げていけば、公正な国際競争が行われるであろうし、世界は平和裡に発展を続けて行くことが出来る」ということだ。

前年（一九六八年）、トリノで開かれたＩＭＦ自動車部会で「日本の自動車労働者は自転車賃金である」と言われたことが脳裏に焼き付いていた私は、帰国すると同盟とＩＭＦ・ＪＣの三役会で、「日本が今後も輸出を拡大していくためには、外国勢に解り易い『週休二日制』を早期に実現すべきだ」と提案した。

それから数年の間に、輸出産業であるJCの主要単産（鉄鋼・造船・電機・自動車）や他の主要産別が『週四十時間労働・週休二日制』を実現して、日本に対する外国勢の「低賃金・長時間労働」の批判は薄れていった。

これは三十年以上も前の一九七〇年代前半のことだが、経済のグローバル化と言われる時代になっても、事の本質は昔と変わってはいない。しかし、日本の労働運動の現状を見ると、ILOが活動の基本としている「社会正義」や「公正貿易」の視点が忘れられているような気がしてならない。

日本の課題

二〇〇〇年代の初めに、ルノー・日産がカルロス・ゴーンのリバイバルプランで二万一千人をリストラした。すると、日本中の企業がこれを真似て、数年の間に、リストラは経営者の当然の権利のようになってしまった。労働者が職を失うのに、労働組合はこれに協力し、リストラをもたらした経営者への批判の声は聞かれなかった。「リストラ」と言えば、「人員整理」がまかり通るようになった。日本は経営者が強すぎる産業社会になった。この流れの延長線上に非正規労働者が生まれ、増大してきた。これは、フィラデルフィア宣言にある「労働は商品にあらず」に悖る行為ではないかと思う。

この傾向は労働時間や賃金にも現れている。厚生労働省の毎月勤労統計を基に「労働政策・研究機構」が作成した資料によると、日本の労働者の年間実労働時間は、三〇人以上の事業所で一七九八時間（二〇一〇年）、五人以上の事業所では二〇〇九時間だ。OECDの調査では、加盟三四ヵ国中、最も長いメキシコに次いで、日本は二番目に長い。

賃金では、かつてオイルショック後の賃金闘争（一九七六）で、ＪＣ金属四単産（鉄鋼・造船・電機・自動車）が集中決戦（同日・同時決着）方式を採り、それまでの官公労主導の賃金決定を民間主導に変え、その後も賃闘相場を決める役割を果たしてきた。しかし、いつしかＪＣは、企業の国際競争力強化に偏り過ぎる姿勢をとるようになり、「公正貿易」の視点が忘れられている。今年の例で見ると、

二〇一二年一月二五日の日経夕刊に「経団連・連合トップ会談」の見出しで、次の記事が載った。

「経団連と連合は二五日午前、今年の春季交渉を巡るトップ会談を開き、労使間協議が事実上始まった。経団連の米倉弘昌会長は経営側の指針として『ベースアップは論外である』とした上で、『定期昇給の延期・凍結』の可能性を指摘した。

これに対し連合の古賀伸明会長は『人への投資が困難を乗り越え、未来を作る』と主張。『労働者への適正な配分による個人消費の拡大が成長とデフレ脱却にもつながる』と強調した。連合は昨年に引き続き『給与総額の一％引き上げ』を求めている」

実はこの一週間前、一月十八日の日経朝刊に「賃上げ要求見送り、トヨタ労組が方針」の見出しで、

「トヨタ自動車労組が春の労使交渉で、賃金改定を求めない方針を固めた。円高や海外勢との競争激化で経営側の姿勢は厳しく、三年連続で賃金改善の要求を見送る。日立製作所や日本製鉄など電機、鉄鋼の大手労組も賃金改善の要求を見送る見通し。トヨタ労組の動きで、賃金改善無しの流れが広がりそうだ。トヨタ労組は今月下旬にも執行部案として組合員に示し、二月に正式決定する」と報じられていた。

結局、今年もこの新聞辞令のように、連合の「給与総額の一％引き上げ」は達成できなかった。

以上の諸情勢を背景に、十年前に一ドル一一〇円を前後していた円は、二〇一一年三月に八〇円を割って七〇円台後半に突入し、今年（二〇一二）に入って八〇円を前後している。これで日本の賃金は、国際比較で三割以上も上昇したが、その価値は海外に旅行しないと解らない。産業界は円高対策に大わらわだが、これは、日本経済の発展に見合った社会の進歩（労働者の労働条件や国民生活の向上）が、図られて来なかったからではないのか。

昨年秋に訪日されたヘンリー・キッシンジャー教授（ハーバード大学、元米国務長官）は、「何故円が上がるのか？」の質問に、

「円が強い理由の一つは、世界が日本社会の安定を信頼しているからだ。投資家達が投資先を探す時に、日本がそうした国の一つなのだ」と言われていた。

教授が言われる日本社会の安定には、日本的企業別労働組合の在りようが大きく寄与しているのだ。

為替変動相場制は輸出し易い国を輸出し難くする。為替の変動で、結果として国際競争力のバランスを取られる前に、賃上げによる個人消費の拡大で国内景気を浮揚し、かつデフレの脱却を図ることの方が、国民生活の向上にとって肝要ではないだろうか。

トランコ・ブーの思い出

理事になった翌月（一九六九年七月）、ベネズエラの首都カラカスで開催されたＩＬＯ南米地域会議に労働側理事代表として参画して以来、諸活動を通して知己と呼べるつき合いをした外国の友人たちに出会え

たことは、私の掛け替えのない財産だ。中でも、南ベトナム労働組合会議会長トランコ・ブー氏は、忘れることのできない友人だった。

初対面は昭和四〇（一九六五）年のＩＬＯ総会の時で、会議における私の発言を発展途上国の立場から評価してくれて、その後、毎年六月のＩＬＯ総会の時にしばしば会うようになった。途上国の問題を彼から学ぶことも多かった。彼はアフリカ、ラテン・アメリカに勢力を持つＷＣＬ（国際労連）の副会長で、一九六九年の理事選挙の時には、代表権（投票権）を持つＷＣＬのアジア・アフリカ勢を紹介してくれた。これがＩＣＦＴＵ（国際自由労連）系の票にプラスされて、新人の私がトップ当選を果たすことが出来た。冷戦の時代である。ＷＣＬはわれわれが加盟するＩＣＦＴＵ（国際自由労連）と対立していた組織で、共産圏の国際労働組織ＷＦＴＵ（世界労連）と連携していた時だ。

南ベトナムは北との戦争に破れ消滅した。彼は北ベトナムの秘密警察が持つ暗殺者リストの上から数番目にランクされていた人物で、彼の組合事務所が爆破されたこともあり、私はサイゴン陥落（一九七五年四月三十日）の報を聞いて、ブー氏はとても助かってはいまい、と諦めていた。

ところがその二週間後、ワシントンで行われたＡＦＬ・ＣＩＯ（アメリカ労働総同盟・産別会議）と同盟の定期会談（一九七五年五月）の時に、アーネスト・リー国際局長が、

「ミスター塩路、君の親しい友人、ミスター・ブーは生きてるよ。サイゴン陥落の直前、家族と一緒にヘリコプターで米空母に運ばれ、いま米国のキャンプにいる。ワシントンから飛行機で約二時間の処だ」

と教えてくれた。

翌日ワシントンで、私はトランコ・ブーと感激の再会を果たした。少しやつれて寂しげな様子の彼に、「もう会えないと思っていた貴方に会えて大変嬉しい」と言うと（英仏語通訳はＡＦＬ・ＣＩＯ国際局）

「私は家族と共に救われたが、サイゴンに残った仲間が北の秘密警察に捕まってはいないかと心配だ」と、ＷＣＬの幹部達を案じていた。私は、なんと言って慰めたらいいのかと思いあぐねて、

「南の人たちは極限状態に追い込まれたのでしょうね？」と言うと、

「南ベトナムの崩壊は北ベトナムとの和平協定を七三年にパリで結んだ時から始まった。北は協定を次々と破り、事をデッチ上げては難癖を付け南に侵攻してきた。気がついた時には南は戦意を喪失していた。問題は内からの要因だ。退勢の中で虚言、密告、追従が盛んになり、責任転嫁が横行し、みんな疑心暗鬼に苛まれた。そして、人間どうしの信頼が薄れ、祖国を守ろうとする南の団結が無くなってしまったのだ」

私は、それまで彼が取り組んできた労働運動への情熱と国を愛する姿を思い、つらい気持ちを押さえながら話しているであろうブー氏に済まないと思いながら、一つ訊いてもいいかと申し出た。

「あなたの貴重な経験から、何かひと言、私に助言を頂けないか」と。

ところがブー氏は悲しそうな表情で、

「建設すべき祖国、愛する祖国を失った私に、大きく発展を続けている日本のミスター・シオヂに、助言など出来ようか」

と呟いて黙りこくってしまい、私も思わず押し黙ってしまった。しばらくの沈黙のあと、フランス語

の彼が急に慣れない英語で、ポツリと、しかし一語一語しっかりと、こう言った。

「KEEP　YOUR　LIBERTY」（「あなた方の自由を大切に」「自由を守れ」）と、人間社会にとって、あるいは組織にとって、「自由」が如何に貴重なものであるかを、ブー氏は万感の思いを込めて私に残してくれた。


この対談でもう一つ記憶に残っている事がある。彼は別れ際に、

「私と私の家族は運良く救われた。しかし、共に苦労してきたWCLの幹部はどうなったか、心配で夜も時々目が覚める。今の私にはどうしようもないことだが」と、再び仲間への思いを口にした。思わず私は、

「貴方の代わりに、WCLの幹部の安否を調べてみます。北に捕まっている場合は、私なりに手を尽くしてみます」

と応えた。この時ようやく、終始寂しそうな表情を崩さなかったブー氏が、僅かに微笑んだかに見えた。

その日私はホテルに戻ると、ジュネーブのマイヤー氏（ICFTUジュネーブ駐在ILO担当）に電話を入れて、ブー氏に会ったことを伝え、南ベトナム労組幹部の安否について調査を依頼。翌月（六月）のILO総会の時にジュネーブで対策を相談することにした。

マイヤー氏とは理事就任以来、ILOの諸活動で公私にわたる付き合いがある。私は理事の任期（三年）を終えてからも、ICFTUの執行委員（副会長）として、毎年ILO総会の時にICFTUグルー

プの活動に協力していた。彼と相談の結果、この問題をマイヤー氏から労働側理事会に提起して貰うことにした。この時期（七五年）、私が理事活動で親しく協力し合っていたエチオピアの理事ソロモン氏が、国内の政変で軍事政権に投獄されており、労働理事会は彼の釈放を働き掛けていた。平和な日本では想像もつかないことだが、アフリカや南米の発展途上国では、労組幹部のこのような悲劇が時々起きていた。

その後、南ベトナム労働組合会議の幹部が北の監獄にいることが解り、私は全ソ労評書記長ピメノフ氏に釈放への協力を要請した。ＩＬＯ理事でもあるピメノフ氏は、私が一九六六年に全ソ労評の招待で訪ソした時に、①「共同声明は出さない」②「共産主義の輸出はしない」ことを交流の前提条件としたのを了解して、ＶＩＰ扱いで受け入れてくれた。ソ連共産党幹部会のメンバーでもある。北ベトナムはソ連の強力な援助で南に勝利した関係にある。それに、全ソ労評が中心のＷＦＴＵはＷＣＬの友好組織である。

昨年（二〇一一年）三月のことだが、国際労働財団の熊谷謙一副事務長から、「ブラッセルで会った元南ベトナム労働組合会議書記長のグエン・バン・タン氏が、『北ベトナムに捕らわれていた私は、日本のミスター・シオヂに生命を救われた』と言っていました。そういう事があったのですか?」と訊かれた。

私は〝トランコ・ブーの友情に応えることが出来た〟と知って、三十六年前を思い出し嬉しかった。しかし残念な事に、一番喜んでくれるであろうブー氏は、私とワシントンで会った年の暮れに、家族と共にフランスに移住する直前、米国で客死されていた。

（注）マイヤー氏は、後にＦＩＥＴ（国際商業労連）書記長、その後、ＩＬＯ労働側事務総長補に就任。

第三部

挫折期

昭和五十二年〜六十一年（一九七七〜一九八六）

第一章　日米自動車摩擦と労働外交

公正な国際競争を

日本の自動車産業は戦後驚異的な発展を遂げ、一九八〇年には生産台数で遂に米国を抜いて世界一の座についた。その成長の度合いがあまりにも著しかったが故に、第一次オイルショック以降、欧米との摩擦が一段と激化した。この間、水面下では労働組合が中心となって摩擦解消が講じられていたのである。日米通商摩擦には先輩格に、繊維、電子レンジ、カラーテレビ、鉄鋼等があったが、その対応は政府間の交渉で進められたのに対して、自動車の場合は大きく異なっていた。それは日米産業別労組間の交流の度合いと信頼感の違いによる。自動車の場合、国際競争の中で産業を守ろうとする意識は、日米両労組とも経営者よりも先行していた。我々はその付き合いの中から相手の痛みを考えることも学んだ。その結果、自動車摩擦は当初、政府間の政治レベルではなく、産業レベルでの対応にとどめることができた。

私とUAWとの関係は、一九六〇年に私がハーバード・ビジネススクールにいたとき、UAWのウォーター・ルーサー会長がハーバード大学の学生に講演に来られたときに始まる。この時私はルーサーに勧められて、夏休みの八月に一カ月、デトロイトにあるUAW本部でその活動を研修する機会を持った。教育局長の家に下宿して本部に通い、幹部たちと昼夜、公私にわたる付き合いをすることが出来た。ルーサーの後を継ぐことになったウッドコックやフレイザーたちとの出会いもこの時である。これが、その後の国際会議や交流を通じて、私とＵＡＷの最高幹部たちとの友情と信頼関係を深めていく基礎になった。こういう経験を持つ日本の労組幹部は他にいない。

日米自動車摩擦の第一幕は、第一次石油ショック後の日本車の輸出急増で始まった。ただ、それ以前に摩擦発生の伏線はあった。一九六〇年にパリで開かれた国際金属労連（ＩＭＦ）自動車部会で、日本車の輸出が議題に上ったのである。対米輸出が年間わずかに千三百台、やっと輸出できるようになった段階であるが、海外には警戒感が芽生えた。それが六八年にトリノで開かれた同じ自動車部会で、「日本はバイシクル・ウエイジである」と問題になった。自転車を買える程度の賃金で自動車を作って輸出するのは、公正な競争ではないという意味である。

ルーサーＵＡＷ会長が飛行機事故で亡くなられて、後を継いだウッドコック会長と一九七一年十一月にワシントンで会ったときに、彼は「日本車の対米輸出がこのまま増え続けると、近い将来、日本メーカーに米国での生産を要望する時が来るだろう」と言った。私は帰国後、川又（克二）社長に「トヨタに勝つためにも、米国での乗用車生産を研究してほしい」と進言したが、川又さんは目を白黒させて「米国での生産なんてとんでもない」と言われた。

この翌年十月の自動車総連の結成大会に出席したウッドコック会長は、来賓挨拶の中で「ＵＡＷはこれまで保護主義の立場をとったことはないし、今後も立たないだろう」と言い、「日本は公正貿易を」と強調した。「公正貿易」とは公正な労働条件で輸出製品を作って競争するようにという意味で、日米自動車問題に対するＵＡＷの一貫した立場であった。この自由貿易の考えを堅持しようとする基本的な立場が、その後輸入車規制を提起せざるを得なくなった時の彼らの悩みになっていくわけだ。

日産でアメリカ進出が議論されていた昭和四十年代末から五十年代にかけての時代は、日米自動車摩擦と重なっていた。昭和四十八年の第一次オイルショックで、小型で燃費のいい日本車はアメリカで爆発的に売れ出した。日本国内の乗用車販売が二〇〇万台の大台に乗ったのは昭和四十四年、それから十年後の五十四年にようやく三〇〇万台に乗せた。

他方、米国における日本の乗用車販売は、第一次オイルショックの昭和四十八年が七三万八〇〇〇台に過ぎなかったのが、五十五年には一九〇万八〇〇〇台に急増した。後に述べる、対米自動車輸出自主規制が決着した頃のアメリカは、日本国内の三分の二に当たる大市場に成長していた。

この時代、日本の自動車会社は利益のすべてをアメリカで稼ぎ出していた、と言っても過言ではない。そのためもあって、アメリカの自動車会社の業績は急速に悪化し、四十九年（一九七四石油危機の翌年）初頭には、GM、フォード、クライスラーのビッグスリーで一六万人がレイオフ（一時解雇）、部品・電機産業など関連を含めると四〇万人を超えた。

そこでUAWの執行委員会は、同年三月七日に「日本車に対する緊急輸入制限立法」を米国議会に求めることを決意し、ハーマン・レブハン国際局長がレオナード・ウッドコック会長の親書を携えて来日した。その書簡はこう結んでいた。

「私はレブハンを派遣することを大変に躊躇した。何故なら、それは『パンドラの箱』を空けることになるのを知っているからだ」

ＵＡＷは、他の米国産業別組織が保護貿易の立場をとる中で、唯一自由貿易主義の立場を堅持している組合である。自由貿易の旗手を任じてきたアメリカが、基幹産業である自動車で輸入規制、もしくは相手国に輸出自主規制を迫ることは、心理的に大きな重圧を伴ったのだろう。しかも問題はそれだけで片づくものではない。次々と新たな問題を生み出すことになるのを心配していたのだ。

私は書簡のナゾを、レブハンを政府と業界代表に会わせて、それぞれがうまく対応してくれれば、この危機は切り抜けられるのではないかと解釈した。ＵＡＷの悩みに我々が理解を示したことが通じれば、輸入制限立法を求めることは防げるかも知れない、と思った。

そこで政府は外務・通産・労働の各大臣に会ってもらった。業界は自動車工業会の豊田英二会長にお願いした。ところが、約束の日にレブハンが新幹線に乗るためにホテルを出ようとした直前、トヨタ労連委員長から私に電話が入って「豊田社長に、ＵＡＷの会長でもない一国際局長を会わせるわけにはいかない」と断ってきた。私は急遽、自工会副会長であった日産の岩越社長にお願いして、会ってもらった。岩越さんは「石油ショックの悩みは日本も同じだから、あなた方の言われることは良くわかる。お話の内容は次回の自工会理事会に報告します」と見事な対応をされた。「相談します」ではなく「報告する」と、言葉を使い分けたのである。この対談が終わるとレブハンは急いでホテルに戻り、ＵＡＷに電話を入れて、「関係大臣、特に自工会の代表が会ってくれて、我々の悩みや抱えている問題に理解を示した」と一時間近く話していた。

三カ月後の六月にＵＡＷの大会が開かれた。ウッドコックは私を隣に座らせて、立ち上がってマイクを持ち、

「この大会で採択を予定していた緊急輸入制限立法の議論を取り止める。その理由は、①レブハンを日本に派遣した時、ＪＡＷが政府・経営側の代表に会わせてくれて、我々の苦境に理解を示してくれた。②ＪＡＷとの長い友好信頼関係を今後も大切にしたい。③米国の自動車需要は、これから横這いもしくは上向きになるだろう」

と提案し、可決された。昼食の時に「需要上向きは本当か？」と私が訊ねると、ウッドコックは「自信はないが、ああ言わないと収まらない」と、とぼけていた。事実は上向きどころか、第二次石油ショックを機に下降線をたどっていった。

労組外交の反省

昭和五十（一九七五）年に入ると七月に、ＵＡＷは米国財務省に「全輸入車のダンピング調査」を要請した。私はそのことをウッドコック会長から直接、電話で知らされた。そこで、「調査の目的は、ダンピングの裁定を下して制裁措置を取るためのものか、それとも今後への戒めにウエイトを置くのか？」と真意を質したところ、「後者だ」と答えたので、

「ならば日本車は調査対象から外してくれないか。日本の関係会社には私からあなたの真意を伝えるから」

と要請、彼は快く受諾してくれた。当時日本の自動車会社は、輸出を伸ばすために政策的に輸出価格を安く設定しているところが多く、米国から「一体、原価はいくらか」とうるさく調べられていた時だった。

私は対象企業名を訊いて早速各企業の経営者に連絡したが、私とＵＡＷ幹部との深い交友関係を知らないから、本当にそんなことが出来たのかと半信半疑で聞いていたようだ。

この時、西独フォルクスワーゲンはダンピングの裁定を受け、これが同社の米国生産の引き金となった。七七年秋にワーゲンの米国工場が完成を見たとき、私は、日本企業が労組外交によって米国からダンピングで制裁されなかったことが、日本の自動車業界の米国に対する感度や認識を鈍らせたのではないか、労組外交で問題が起きないように収めてきたことが災いしているようだ、という印象を強く持った。

ただ、自動車にはＵＡＷとの労働外交があったから、繊維の「多国間協定」とかカラーテレビの「市場秩序維持協定（Orderly Marketing Agreement）」、あるいは鉄鋼の「トリガー価格」などのように、他から強い制約を伴う政治決着にならなかったことは良かったと思っている。これらの政治決着は、それぞれの米国産業別労組の保護貿易主義による米国議会への提訴が要因になっているのである。

この日米自動車摩擦のクライマックスが、ウッドコック氏に替わってＵＡＷ会長に就任したダグラス・フレイザー氏が昭和五十五年二月十一日に来日、大平正芳首相を始めとする政府要人や日本の主要自動車メーカーの首脳と会談し、日本の自動車メーカーの対米輸出自主規制もしくは工場進出を要請した、いわゆる〝フレイザー旋風〟である（後述）。

これでトヨタを抜ける

これら一連の問題への対応として私が一貫して提案してきたのは、自動車大国である米国の情勢を見るに、一時的な自主規制は仕方がないとしても、いずれポスト自主規制の時代が来て、アメリカに乗用車工場を建設するしかない、ということだった。

川又社長には「自動車王国のアメリカに出て行くなんて、日本にはそんな力はありませんよ」と一蹴されたが、岩越社長の時代になると俄然前向きに考えていただき、シカゴで開かれた「対米投資のためのセミナー」（一九七六年）に佐々木（定道）、大熊（政崇）両副社長を派遣し、またその後、自らも調査団を引き連れてアメリカのサイト（工場建設候補地）視察に出かけられた。私は、これで日産はトヨタを追い抜くことができるかもしれない、と胸を躍らせた。

トヨタに先んじてアメリカに乗用車工場を作れば、米国内のシェアを拡大できるし、何よりも大きな利益が上げられる。日本の自動車産業にとって稼ぎ頭の米国でトヨタを抑え、その利益を国内に還元して国内販売店のテコ入れに使っていけば、あるいは日産は日本一になれるかも知れないと思った。

ところが翌五十二年に岩越社長が副会長に退き、石原社長が就任すると、米国プロジェクト担当の佐々木副社長を富士重工に出し、この計画はどこかへ消えてしまう。そして紆余曲折を経て、乗用車ではなくトラックでの進出を決定したのが五十五年四月、やっと乗用車生産を始めるのが六十年四月、と遅れに遅れた米国進出になる。

アメリカでカーというのは乗用車のことを指す。トラックというのはあくまで運搬機具であり、自動車会社の価値というのは、どれだけ優れた乗用車を作れるかで判断される。もちろんトラックは乗用車に比べて生産も販売も少ない。そういう意味で小型トラックによる工場進出など全く意味がなかったのだ。だから日米自動車摩擦の対象は乗用車であり、トラックはその範疇に入ってなかったのである。

昭和五十五年一月十一日、米国乗用車工場の年内着工を発表したホンダは、またたく間に米国市場を席巻して世界のホンダになった。この間、一貫して国内市場の強化に当たってきたトヨタは、その実力を背景に五十七年三月にGMとの提携交渉を開始、やがてそれをテコに単独でも乗用車工場を建設し、アメリカ市場を制圧する。

日産は収益にも貢献せず、日米自動車摩擦の対象から外されていたトラックで進出し、米国市場を失った。

UAW幹部の真意

なぜ石原社長はアメリカへの乗用車工場進出を躊躇し続けたのか、石原氏は当時を回顧してこう言っている。

「五十五年一月になると、本田技研工業が米国に乗用車工場を建設すると発表した。その直後、全米自動車労組（UAW）のフレイーザー会長が日本メーカーを批判し、現地生産義務付け法案をぶち上げた。二月には彼が来日し、主要メーカーに対米進出を要請、大平正芳首相とも会談するという異様な事態になる」（中略）

「フレーザー会長は私たちに、『日本のメーカーは米国に進出すべきだ。さもないと米国は輸入車を制限するだろう』と一方的にまくしたてた。UAWと連絡を取り合っていた塩路一郎自動車総連会長は一緒に私のところにやって来て、進出すべきだと主張した。この一連の騒ぎは、労働界での地位強化を目指す塩路会長の思惑による面が大きかった」（平成六年十一月二十二日、日本経済新聞『私の履歴書』）

たしかにフレイーザーUAW会長を日本に招待したのは私であり、大平首相との会談を実現させたのも私だが、それらを〝異様な事態〟と見て、〝この一連の騒ぎは、労働界で地位強化を目指す塩路会長の思惑による面が大きかった〟などと言うのは大変な言い掛かりだ。

この石原・フレイーザー会談で、今でも忘れられないことがある。フレイザー氏が、

「フォルクスワーゲンも米国に進出している。日産も是非来て欲しい」と言ったら、

「彼らはホワイト、われわれはカラードだから難しい」と石原氏が答えたことだ。

フレイーザー氏が隣に座っている私に、「君らはカラードだそうだよ」と小声で囁いたときには、〝日産の社長ともあろうものが、ものを知らないにもほどがある〟と、他人事ながら恥ずかしい思いをした。

カラードとは、有色人種のことだが、元は南ア共和国を構成する住民のうち、オランダ移民とアフリカ人との混血人の総称である。石原氏には変な妄想癖があると思っていたが、不勉強な人でもあるようだ。

実はこの時期の一連のUAWによる日本への圧力騒ぎは、石原社長、大熊副社長のコンビがUAWをバカにしたような、いい加減な対応を繰り返したことに因る。私は石原・大熊コンビの尻ぬぐいをしたに過ぎない。

以下に述べる石原氏、大熊氏の言動からそのことはハッキリと解るはずだ。

昭和五十二年七月、東京で開かれた日米加金属労組会議に出席するため、パット・グレイトハウスUAW副会長が来日した。

会議の後、グレイトハウス氏は自工会理事会（各自動車メーカーの首脳）と懇談し、

「われわれの仕事は組合員の雇用を守ることだ。そのためにはアメリカの産業の基盤が強固でなければならない。ところがアメリカの自動車産業は長年、巨大な国内市場に甘えて努力を怠り、消費者の利益

を考えた車を作ってこなかった。その間に、日本は品質が良く価格も安い車を作り続けてきた。日本の設備、生産技術はすでにアメリカに優るとも劣らないものだ。だからアメリカに工場進出して、アメリカ企業と競争して貰えないだろうか、共存共栄の道はないものかとわれわれは考えている。日本車の対米輸出がこのままの調子で増えていけば、組合員の対日批判がさらに強まり、いずれ限界が来て抜き差しならない対立になると思う。そういう関係にならないために、いまからこのことを検討して欲しい」

と、日本車輸入規制などの対日強硬姿勢が決して本意ではないことを述べた。

そのことはすでに述べたように、昭和四十九年三月のUAW執行委員会で決定された「日本車輸入規制法案の臨時立法化要求決議」が、レブハン国際局長の訪日報告を受けて、六月の定期大会で取り止められたことでも明らかである。昭和五十年七月にUAWが輸入車のダンピング調査を国務省に要請した時も、「日本車は調査対象から外してほしい」という私の要請を、ウッドコック会長は快く受諾してくれた。

このようなUAWの姿勢は、日米自動車摩擦を通して一貫していた。決して石原氏の言うように、〝一方的にまくし立てた〟わけではない。

UAWをだました日産

自工会理事会との懇談の翌日、グレートハウス副会長は大熊副社長と寺崎（昭久）日産労組組合長の案内で日産の追浜工場を見学する。見学後、私が加わって会食をしたが、その時、氏はニコニコしながら、

「ミスター塩路、今日は思いもしなかったいいお土産を貰った。工場見学中にミスター大熊が『日産は年内に米国進出の結論を出す』と言ってくれた」

と言う。私は驚いて、グレートハウス氏に解らないように日本語で、

「大熊さん、本当にそんなことを言ったのですか」

と訊くと、「いいえ」と答える。私は、

「言ってないなら、ここでハッキリと訂正して下さい。言い間違いか、聞き間違いか、どちらにしても彼はその気になっているんですから」

と頼んだが、大熊氏は黙ったきりだ。

「未だ現地調査すら決めてないのに、年内の結論など出せないでしょう」

と言っても返答をしない。隣に座っていた寺崎氏が私に小声で、

「大熊さんは本当に言っちゃったんですよ」

この日はそれっきりになったが、いったい彼はどういう積もりだったのだろう。

翌月、八月二十三日に開催された中央経協で、大熊副社長の発言の意味を質すと、

「あれは先方の誤解です。米国進出は検討しているが、時期については解らない」

という無責任な答えしか返ってこない。

「UAW側はその気で組合に問い合わせてくるから、われわれは答えに窮している。進出決定に必要な、『調査団を年内に派遣する』くらいのことはせめて言わなければ、向こうは納得しないでしょう」

と重ねると、「それで結構です」と石原社長は言う。

しかし、一向に調査団が年内に派遣される気配はない。私は十二月八日からロサンゼルスで開催されるAFL・CIO（アメリカ労働総同盟・産別会議）の大会に参加する予定だったので、直前の十二月一日

に石原社長に確認したところ、

「年内に調査団を出す」

との答えだった。AFL・CIO大会の最中、十二月九日にグレートハウス副会長は、私の返答を聞くためにデトロイトからロスまで飛んできた。私が、

「石原社長は『年内に調査団を出す』と言っている。しかし、私個人としては無理ではないかと思っているが、一応、社長の伝言をお伝えします」

と言うと、それでもグレートハウス氏は大喜びでデトロイトに帰っていった。

しかし案の定、調査団は出されない。翌五十三年になると、グレートハウス氏を団長とするUAWの代表団が訪日した。三月二十二日に石原・グレートハウス会談があり、その翌日、私は氏と会った。彼は、

「ミスター石原は相変わらず、『調査団を送る』としか言わない。これは単なる時間稼ぎではないのか」

と不信感を露わにし、二十三日の記者会見でもその勢いで、

「現状の日本車の輸出は、フェア・トレード（公正貿易）とは言えない」

と発言する。かくの如く、日産の無責任な対応が友好的だったUAWの態度を硬化させていくのである。これにとどまらず、日産の迷走はさらに続く。

私は慌てて、翌三月二十四日の中央経協で「早く調査団を出さないと、これは信用に係わる」と指摘した。そこで、四月下旬に滝田（健吉）海外事業部長を団長とする調査団の派遣がやっと決定する。

こうして滝田調査団が四月二十二日から六月二十日まで訪米するが、その途中の五月二日、デトロイ

トのＵＡＷ本部を訪問した滝田調査団が、全く不用意なことに、

「調査の結論を六月末までに出します」

と約束をする。そのことはすぐにＵＡＷから私に電話で伝えられた。六月二十六日に帰ってくる調査団が、月末までに結論を出すなど不可能なことだ。私はＵＡＷに、

「申し訳ないが、それは不可能だと思う。そのことがＵＡＷの組織内に伝えられると、また問題になるから、取り上げないようにして欲しい」

と要請した。ところが六月十四日に、石原社長が日本工業新聞の取材に対して、

「一ドル二二〇円を切ったら米国工場進出を考える」

と発言。この記事はすぐに英訳されてＵＡＷは大喜び。ますます状況は抜き差しならなくなった。滝田調査団が約束した六月末に結論は出るべくもないが、ＵＡＷは石原社長の発言にすっかり期待していた。

私は七月三日にニューヨークのジャパン・ソサエティで講演を依頼されており、そこではグレートハウス氏も講演することになっていたから、出かける前の六月三十日に再度、石原社長と会談した。すると、

「八月末から九月初旬に結論を出す、と伝えていただいて結構です」

と言う。私は、

「本当にいいんですか。せめて年内一杯くらいにしておいた方がいいんじゃないですか」

と言ったが、「大丈夫です」と答える。

そこでこの時も、グレートハウス氏には、

「社長は『八月末から九月初旬に結論を出す』と言っているが、私には信じられません」

と答えておいた。

十日後の七月十三日から、私は大来佐武郎氏（後に外相）を団長とする『日米貿易摩擦に関する訪米団』（いわゆる大来ミッション）の副団長としてロサンゼルスに行っていた。そこにたまたま石原社長が出張で見えられたので、「対米進出の結論は九月で大丈夫ですか」と確かめると、

「一ドルが二百円を割ったら米国進出してもいい」

と答える。回答期日がどんどん遅れ、二三〇円が二〇〇円になり、まったく一貫しない返答ではあったが、丁度この時、円の動きを大来氏と想定したところ、二人とも結論は、一ドル二〇〇円は早々に突破するだろうと判断していたので、私は、

「今月中にも二〇〇円を切りそうな勢いですが、それでもいいですか」と言って引き下がった。

予想通り、一カ月後の八月十五日には一ドル二〇〇円を割り込み、一八一円八〇銭まで円高が進む。

私はすぐに石原社長と会談し、

「これで予定通り、進出を決定しますね」と訊ねると、答えは、

「円高で当社の収益が苦しくなったから、進出は慎重にならざるを得ない」

さらに十月三日の中央経協では、

「米国での販売増が日産の国内生産能力をを超えるなら別だが、完成車を輸出できるうちは工場進出はマイナスが多すぎる」

と言う。〝いままでＵＡＷにしてきた約束はどうなるのか〟を問いただすと、

「それは私個人として約束しましたが、会社として約束したかどうか」

マンスフィールド氏の忠告

この時、私は憤るよりも石原氏の能力を疑った。国内販売もじり貧の傾向にある。〝こんな人がどうして社長になったのだろう〟と、それまで一年半の二人の問答を振り返って、日産の将来に強い不安を覚えた。UAWは当然、激昂することになる。

十一月にカンザスシティで開かれたUAWの集会で、フレイザー会長が、

「日本はテイクばかりで何もギブしようとしない。このような利己主義はやめさせなければならない」

と激しい反日演説をぶった。以後、UAWが先鋭化していく背景にはこういう事情があったのだ。

十二月十三日の中央経協では、石原社長はついにこう言った。

「現状における米国進出の可能性は考えられない」

この後、一年間にわたり石原氏は、真意がどこにあるのか解らない発言を繰り返す。

翌、昭和五十四年二月二十五日に再び来日したグレートハウス氏が、石原氏に会い、

「昨年、私が要請した件についてはׄ?」と訊ねると、

「Xカーだけでなく、Jカー、Sカー（GMが世界戦略車として開発していた車種）など相手の出方を見てから決めます」

半年後、八月二十四日の中央経協予備会議では、

「対米進出に際しては、ダットラ（ダットサン・トラック）のリア・ボディー工場を検討している。工場は二五万坪を目処に考えている」

その四カ月後の十二月十九日の記者会見では、臆面もなくこう発言している。

「ＵＡＷや米国議会の一部が対日自動車批判をやっているが、これは米国全体の世論かどうかを確かめてみなければならない」

翌日、これを新聞で読んだマイケル・Ｊ・マンスフィールド駐日大使が私に電話をかけてきて、こう言った。

「昨日の発言を読んで、私は日本の自動車業界の動向が大変気になって仕方がない。言うまでもなく、フレイザーの強硬な発言は世論の支持を受けてのものだ。それに、〝進出する気もないのに、気を持たせるような発言をするのはよくない〟とミスター石原に伝えて欲しい」

このマンスフィールド氏の忠告で、私は、自動車摩擦問題をもう石原自工会会長には任せておけない、と覚悟を決めた。外務省の深田宏経済局長、小倉和夫北米二課長からも、

「ワシントンにおける対日自動車の動きが急に異常になってきた。これからは頻繁にお互いの情報を交換したい」

と申し入れてきた。

私とマンスフィールド氏は、ＵＡＷ前会長のウッドコック氏を通しての知人だった。ウッドコック氏はカーター政権下で、ＵＡＷ会長から中国事務所長になり、戦後懸案だった米中条約をまとめて、初代の中国駐在アメリカ大使となった人物。ＵＡＷとはそれだけの見識のある幹部を擁し、また政府からも評価された組織なのである。

彼が中国に赴任するには面白い経緯があった。マンスフィールド大使から聞いた話だが、カーター大統領の構想では、マンスフィールド氏を中国に、ウッドコック氏を日本にと考えていた。二人は大統領執務室に呼ばれてそう言い渡される。退室した時、マンスフィールド氏がウッドコック氏にこう言った。

「私は日本駐在大使をやってみたい。できればポストを入れ替わって貰えないか」

それをウッドコック氏が了解し、二人で執務室に戻り、任地が入れ替わった。

二年後に私が中国に行った時、大使になっていたウッドコック氏に、

「何故、日本駐在大使を譲ったのか?」と訊いたら、

「彼は外交のプロ、私は素人だ。その道の先輩の希望を優先させたのだ」

と、淡々と答えていた。そんなことで、マンスフィールド氏はウッドコック氏の友人である私に、殊更に親しみを感じてくれたらしい。しばしば、「あなたの親友ウッドコックから聞いたが……」という感じで、直接、電話をしてくれる関係になっていた。

ＵＡＷ組合員の不満

昭和四十九年にＵＡＷが「日本車輸入規制法案の臨時立法化要求決議」を取り止めたのは、来日したレブハン国際局長が自動車メーカー首脳や政府関係要人と懇談したことで、「日本の理解を得られたはずだ」と組合員に説明できたことが大きかった。ＵＡＷ幹部の真意は先にも述べたように対日制裁ではなかったが、組合員は必ずしもそうではない。

石原氏は知らなかったようだが、当時のＵＡＷの影響力の大きさは政府を動かすのに十二分のものが

あった。組合員の不満がこれ以上高まると、やがて日米間の政治問題に発展してしまうのは火を見るより明らかだった。

そこで私は、フレイザー会長を日本政府の招待で来日させ、日本の要人との会見をUAWの組合員にアピールすることで解決を図る以外にないと考え、日本政府（大平首相）の承諾を得た上で一年前からその旨をフレイザー氏に伝え、訪日を要請していた。ところが昭和五十三（一九七八）年十一月、カンザスシティにおけるUAWの会合で、フレイザー会長が
「日本はテイクばかりで何もギブしない。こうした利己主義はやめさせるべきだ」

と激しい対日批判演説をした。

そしてUAW国際部からは、「訪日は困難になった」と連絡してきた。理由を訊くと、

「『何故この時期に、日本政府の招待で行くのか』という声が強まったからだ」

という。

明けて昭和五十五年一月十三日にワシントンで開かれたUAW全国代表者会議で、フレイザー会長はさらに激しい対日（日産）批判をぶった。

「米国車の販売不振の原因は米国メーカーの努力不足にある。しかし日本車メーカーの輸出のやり方は公正でない。我々の苦境を理解するどころか、日本で生産能力を増大している。グレイトハウス副会長が何度も日本に行って関係者（日産）と会ったが、何も改善されていない」

状況は悪化していた。私はUAWに電話し「自動車総連の招待ならどうか」と打診した。数日経って、「自動車総連の招待なら訪日したい」という返事があり、私はホッと胸をなで下ろすのである。

一月二十三日、私はマンスフィールド大使にお会いして、フレイザー会長の受け入れ方を相談すると、大使は、

「彼の来日以外に今の事態を切り抜ける方法はないだろう。それでわずかでも得るものがあれば、日米間の政治問題に発展させずに済むかも知れない。通産、外務、労働の各大臣に加えて、大平総理にも会ってもらった方がいい」

と言われる。そこで、

「首相以外の面会は私がセットしますが、首相は大使の方からお願いします」

と言うと、

「それはできません。大使である私が大平首相に申し入れると、この件はアメリカ政府と日本政府間の政治問題になってしまうでしょう」

と言われた。なるほどと思った。

その日の午後、私は外務省の上層部に「フレイザーUAW会長が大平首相に会えるよう取りはからってほしい」と申し入れたが、「この微妙な時期にそれはできない」と固く断られてしまった。やむを得ず、私は大平首相とのホットラインを使うことにした。

はい、献金

私と大平首相の間にホットラインが敷かれたのには理由がある。

大平首相が誕生して数日後、田中六助官房長官から私に会いたいという申し出があり、新橋にある料

亭「吉兆」の小部屋でお会いした。その時、田中氏は、

「塩路さんはＩＬＯの理事などもつとめられ、労働界きっての国際通と聞いている。ぜひ総理のブレーンとして国際問題でご協力をお願いしたい」

と言われた。私が「お引き受けします」と言うと、

「いろいろ経費もかかるでしょうから」と文庫本四、五冊くらいの厚みがある袱紗《ふくさ》包みを差し出された。

「私はお金では動きません。それに組織の長ですから、多少の経費は使えますから」

と言って固辞すると、官房長官は、

「組合の委員長をやっておられるといろいろ大変でしょう。調査とか、部下と酒を飲むとか、これは領収書の要らない金ですから是非」

と言って引き下がらない。酒の肴を持って仲居が入ってくると、包みをパッとテーブルの下に隠して、いなくなるとまた、

「どうぞ、どうぞ」

「お断りします」

の押し問答である。どうにもしようがなくなって、私は、

「わかりました、頂くことにします。有難うございました」

と、その包みを両手で押し頂いた。そして、差し出した田中氏の手が引っ込む前に、そのまま素早くその包みを押し戻して、

「はい、献金」

と手渡した。呆気にとられた田中氏は、やむを得ず引き取りながら
「よくわかりました。間もなく大平総理がこの部屋に参ります」

部屋に来られた総理は、官房長官から先刻のやりとりを聞くと、

「何かありましたら、いつでも直接、電話をしていただいてかまいませんよ」

と言われた。何でも広間で大手銀行頭取たちとの初会合があって来ておられたという。


二月十一日から十五日まで、フレイーザー会長の言動は連日新聞の一面を飾ったが、その内容たるや、とてもクオリティ・ペーパーとは思えない酷いものばかりだった。

彼の記者会見での話は、一貫してUAWが主張してきた通りで、

「米国ではビッグ・スリーでUAW組合員が二二万人も失業中だが、元をただせば米国自動車経営者の小型車開発への対応の遅れにあり、彼らの怠慢が原因だ。

しかし、現実にアメリカの一部の州では多くの失業者が出ているので、日本の側でも対策を考えてもらえないだろうか。組合員の中には『日本の輸出に責任がある』という批判も出始めている。これが深刻な問題になる前に、輸出自主規制、あるいは対米自動車工場進出を実現してもらえないか」

と述べたに過ぎない。それを新聞は、

「フレイーザー会長は居丈高に、対米輸出自主規制か、自動車工場進出かの二者択一を迫った」、「大平首相、大来外相、佐々木通産相、藤波労相と会談するなど、労組代表としては破格の待遇を受け……」、

「誰がフレイザーを大平首相に会わせたのか」

などと論じ、「フレイザー旋風」と名付けた。

また京都産業大学の小谷秀二郎教授はサンケイの正論欄で
「フレイザーがごとき、たかが労組幹部に脅かされて」

と、フレイザーに会った大平首相の態度を弱腰と糾弾していた。

フレイザーは普通に対応しただけなのに。私は、日本のマスコミは経営者の顔色を見て白を黒と報道する異常な世界だ、と思った。

彼らが「たかが労組幹部」と蔑視したフレイザー会長の前任者、ウッドコック氏は米中条約をまとめてこの時、中国大使になっていた。この時期にオーストラリア首相をしていたホーク氏は、元オーストラリア労働組合会議の会長で、私がＩＬＯ理事の時には同じアジア地域出身として副理事をしていた。英国のキャラハン元首相は英国労働組合会議（ＴＵＣ）の元幹部である。これらの国では労組幹部を〝たかが〟扱いをしない。


フレイザー氏は成田を発つとき私に、「これで、ＵＡＷの中で燃え上がりつつある対日批判を抑えられるかも知れない」と語ったが、帰国後、デトロイトでの記者会見で、

「日本の自動車会社、日産、トヨタ、三菱、ホンダの各社長や、通産、外務、労働の各大臣に会った。特に大平首相は米国の自動車事情、失業問題に感受性（Sensitivity）を示してくれた。私の訪日が成功であったか否かは、将来の出来事が語るであろう」

と報告した。

二月下旬、大平総理にお会いした時にフレイザー訪日のことでお礼を言うと、

「いやあ、参りましたよ。マスコミも経営者も自民党の中からも『なぜフレイザーに会った』とうるさくて。先日の記者懇談会の時にもまた出たから、『首相の仕事はお国のために必要だと思う人に会うことだ。塩路さんに頼まれたので会ったが、私は彼に会って良かったと思っている』と言ったら、それっきり誰もこのことを言わなくなりました」

と言われた。

フレイザー旋風が去った後、通産省はトヨタと日産に対し、摩擦対策として米国進出を打診したが、両社とも検討段階という返事にとどまっていた。

UAW大会で激しい対日批判

フレイザー氏訪日の四ヵ月後、六月に加州アナハイムでUAWの大会が開かれた。この大会では、代議員から提出された「外国車の輸入割当制」や「外国企業の北米生産に関する決議」などの採択が予定されており、これが採択されると米国議会が動く。

大会に招待された私がホテルに着くと、一日早く現地入りしていた自動車総連代表団の団長、海老原氏（いすず労連会長）がすぐに飛んできて、

「困りました。とにかく雰囲気が異様で、UAWの代議員にはにらみつけられるし、怖くてホテルの廊下も歩けない。会長が着くのをみんな部屋で待ってます」

と言う。私は「明日まで待ってほしい。大会で真剣勝負をするから」と答えた。

翌日、来賓挨拶に立つと、それまでざわめいていた会場がシーンと静まり返り、代議員・傍聴者四〇〇〇人が私を注視している。こういうことは通常はないことだ。私が「二月のフレイザー会長の訪日は成功であった」と前置きして、

「日米共存共栄のためには、公正貿易が不可欠である。UAWの側に大量の失業が存在することは公正貿易とは言えない」

と話すと、半数以上が立ち上がって拍手になった。さらに、

「この観点から、日本企業の対米工場進出を要請したフレイザー会長の主張を支持する」と続けると、満場総立ちになって拍手が続いた。いわゆるスタンディング・オベイション（Standing Ovation）である。私の挨拶が終わると副会長の一人が立って、

「JAW塩路会長の挨拶は勇気ある発言だ。日本国内、自動車総連内部で強い批判をあびるだろう。特に対米工場進出賛成はJAWの雇用に関わることだから」

と意見を述べると、また総立ちの大拍手になった。自動車総連代表団はそれまでとは打って変わった状況に置かれ、代議員たちからサインを求められて大わらわになった。

大会は、それまで出ていた激情にかられた日本への憎しみ発言は影をひそめ、「外国車輸入割当制」や「外国企業の北米生産に関する決議」を討議する雰囲気も変わってしまった。UAWの執行部は口々に「いい挨拶を有り難う」と私に言い、これらの決議を廃案にできたことでホットしていた。

しかし他方、ワシントンの動きが活発になり、大会終了五日後の六月十一日に米上院議員六九人が

「米国自動車産業競争力増進のための共同決議案」を議会に提出した。もしUAW大会の沈静化がなかったら、自動車摩擦はこの時期に一挙に日米間の政治問題として決着を迫られることになったであろう。

一年後、いよいよ対米輸出自主規制問題が顕在化し、政府間交渉が始まった。フレイザーが言う将来の出来事である。

輸出自主規制——御の字の一六八万台枠

石油危機の翌年、昭和四十九（一九七四）年に始まった日米自動車摩擦の推移の中で、日米双方にとって最も重大な出来事は、五十六（一九八一）年五月の対米輸出自主規制である。

日本車の対米輸出は昭和五十五年に前年比一八％増の一八二万台に達し、またもや史上最高記録を更新した。これを背景に五十六年一月、ベンツェン上院議員らが「向こう三年間、日本車輸入を年間一六〇万台に制限する法案」を提出した。米国議会の日本に対する圧力は急激に強まり、三月下旬に伊東正義外相がヘイグ国務長官に「自主的な方向で協力する」と約束。四月二十七日には天谷直弘通産審議官がボルドリッジ商務長官に「自主規制の意向」を正式に伝えた。しかし、これはそう答えざるを得ないところに追い込まれていたということであって、日本の自動車輸出の動向を左右する重大問題について、政府内部でも自動車業界のなかでも何ら方針がまとまっていなかったのである。

日米政府間の交渉が大詰めを迎えていた昭和五十六年四月二十八日、私は官房長官から通産大臣になられた田中六助氏と矢野（俊比古）通産事務次官に呼ばれた。両氏とも深刻な顔をしながら、

「二十五日に（米国に輸出している）七社の社長と個別に会いましたが、いずれも輸出自主規制拒否で

す。昨日は石原自工会会長が『昨年実績の一八二万台から一台たりとも引いては困る』と言って帰られた。日経には『三〇万台の削減で七万人の失業が出る』（日本興業銀行調査部）と出ている。しかし、米国からは五〇万台削減しろという声もある。そうなると、失業への影響はどうなるとお考えですか」

と訊ねてくる。私が、

「五〇万台削減でも一〇〇万台削減でも、失業は出ません」

と答えると、二人とも狐につままれたような顔で私を見つめた。

「理由は、過去一年間の国内生産台数を所定内総労働時間とオーバータイムの比率で案分すると、一五〇万から一七〇万台が残業、休出で生産されているからです。だからといって、仮に日本車（小型車）を五〇万台減らしても、その分米国車（大型車）の販売が増えるわけではない、ということは米国政府も予測できるはずです。その辺をよく話し合えば、一五万台程度の削減ですむのではありませんか」

と意見を述べた。

二日後に田中通産相・ブロック通商代表の日米会談が行われ、翌日、五月一日にその結果が発表された。

「初年度の対米輸出自主規制を一六八万台とする（最近二年間の平均輸出実績一八二万台マイナス一四万台）。日本は三年間輸出自主規制を続ける」

五月七日、自動車総連の中央委員会で「自主規制反対」の声が出たが、私は総連会長として「輸出自主規制を支持する。大量失業に悩むUAWの仲間に対する日本の労組としての連帯活動であり、日米関係の長い将来のためだ」と説明し、これを記者発表した。

私の予測通り、この年（一九八一年）、自動車各社の残業・休出は少しも減らず、日本の国内生産は一一七万台に達し、前年に続いて世界一の国別生産台数を更新したのである。

ポスト輸出自主規制

この輸出自主規制は多くの批判を浴び、各社の首脳はその後も規制反対を言い続けた。しかし、結局、日本の各社はマイナスよりプラス面をより多く享受することになった。

まず、台数規制で日本車の品薄感が広まり人気が沸騰、プレミアム付きで売れた。売れ行きが良いのでより売値の高い高級車種に切り替え、それでも売れた。各社とも輸出実績に比例して利益は確実に上がった。

さらに、米国市場で販売を増やすために、各社の乗用車工場の進出が始まった。現地生産分は規制台数に上乗せして販売できる、日本車人気に乗ってどんどん売れた。これで各社は大きな利益を上げていくのである。

しかし日産は、英国進出優先に固執してアメリカでの乗用車生産を遅らせたために、このブームに乗り遅れてしまい、これがその後の苦境につながった。

以上が日米自動車摩擦をめぐる一連の出来事である。

第二章　日産迷走経営の真実

石原氏の杜撰な経営

日産を苦境に追いやった石原氏のあまりにも杜撰な経営政策について述べよう。

まず、実行したプロジェクトすべてが失策だった、と言えるような石原氏の経営政策を分析すると、大きく四つに分類できる。

一、国内販売店の体質、体力の強化をおざなりにした。

二、採算を度外視した脈絡のない海外戦略。

昭和五十五年からスタートして膨大な投資を要した海外プロジェクトは、日産の収益を圧迫し借入金を増やし続けた。順を追って大きなものを挙げると、

1　日産の衰退を決定づけた米国へのトラック工場進出。

2　赤字対策のために六つに分割された、モトール・イベリカ社との資本提携。

3　空中分解したアルファロメオ社との合弁事業。

4　仰々しい発表だけで実態を殆ど生まなかったフォルクスワーゲン社との提携。

5　F・S（Feasibility Study）で全く見込みの無かった乗用車工場英国進出の強行。

三、無謀な商品開発計画を命じた。

これは新商品開発の遅れと業務の混乱、品質悪化の問題を生み、部品メーカーを巻き込み新車生産の立ち上がりを遅らせ、出荷台数やシェアにも悪影響を与えた。

四、無謀なプロジェクトをごり押しできる独裁体制を確立するために、人事権を濫用して労組を排除し、社内に恐怖政治を敷いた。

〝歴史を正しく理解する〟という意味で最も重要なことは、四期八年に及ぶ石原氏の社長在任期間もその後も、業績は一貫して下がり続けたことである。

にもかかわらず、石原氏の経営責任を問う声は上がらなかった。石原氏は、その責任を自分以外に求めた。それが担当役員の更迭であり、労組攻撃である。

これらの問題については、次の第三章に詳述する。

一〜三を順を追って説明していこうと思う。どうしてこんなデタラメな経営政策を石原氏は採り続けたのか、どうして執拗な労組攻撃をし続けたのか、その謎を解くカギは、失敗に終わった石原氏の画策による昭和三十年の事件がある。（第一部第二章第三節の三「幻のクーデター」）。

石原氏の話によると、「塩路がいなくなれば、日産は業績を回復し発展を続けることができる」ということだった。それが何故、ルノーに救済されるところまで崩壊の道を辿ることになったのか。それは、石原氏が独裁体制を敷き、社長を後任に譲って以降も会長として日産に君臨し続けたこと、そして、私が会社の手に落ち失脚したことによる。

第一節　おざなりにした国内販売店の強化

先ず、国内販売の問題だが、故・岩越忠恕社長が副会長に退き、代わって登場した石原氏が社長に就任した昭和五十二年の日産にとって、最大の課題は国内販売シェアの奪回であった。シェアは自動車会社の業績にとって象徴的な意味を持っている。五十一年のシェアは三一・〇パーセント。三〇パーセント死守というのが社長就任当初から石原氏の大命題だった。石原社長は社員への訓示で、「二年後にはトヨタを抜いて日本一の会社にしてみせる」と宣言し、社員はその手腕に期待した。しかし、五十二年は二九・九パーセントに落ち込み、三〇パーセントの大台を割ってしまう。

シェア・ダウンの原因として労使ともに一致して考えていたのは、販売店の赤字が累増し、欠損企業が激増していたことだ。シェア奪回のために販売店の体質、体力の強化が緊急の経営課題になっていたことは当然である。ところが、昭和五十一年の販売店の決算では、日産の全販売店のうち四七・五パーセントが欠損会社であったのが、石原氏が社長になった五十二年には六七・一パーセントまで増加した。

ざるに水は入れない

われわれ労組としては、販売店がこのまま、赤字→縮小均衡→販売減→赤字という悪循環に陥ることが最大の問題である、と考えていた。そこで労組として提案したことは、

「賃上げ・一時金を多少我慢してでも、販売店に生きた販売施策費を出してほしい」ということだった。ところが、社長就任直後の石原氏の返事は、

「ざるに水を入れるようなことはしない」と、あまりに素っ気ないものだった。

石原氏は昭和四十年に常務で国内営業担当になって以来、全国の販売店をまわって、その実態に精通しているはずだが、その経験から得たものは、販売店に対する不信感だけだったようである。代わりに石原社長が打ち出したのが、「独立採算・計画経営」という販売店にとってあまりに厳しい政策だった。

〝親が金を出さなければ、子どもは必死で稼ぐだろう〟とでも言うべきか、それとも経理畑出身の発想――財務諸表に出てくる数字だけを見ていれば、こういう政策しか出てこないと言うべきか。

とにかく、これまで日産からの施策費で赤字を補填して何とかやってきた販売店が、これで致命的なダメージを受け、やがて販売権返上という動きにつながっていく。

経理出身の石原氏は自らを評して、「あれもこれも少しずつ知っているという人は、根底になるものがなくて弱い。私の場合は経理が根底にあり、数字からものを見る習慣を身に付けたことが役立った」と日経の『私の履歴書』に記しているが、たしかに数字からしか物事を判断できない、大局が見えないというところがあったように思う。

後のことになるが、昭和五十七年三月にトヨタが工販（トヨタ自動車工業とトヨタ自動車販売）合併に調印した時、川又会長が石原社長に、

「トヨタの工販合併というのを軽視してはなりませんよ」と忠告したところ、

「いや、あんなものは気にする必要はありませんよ」と答えたそうだ。

当時からトヨタは圧倒的な国内販売の力を持っていて、特にトヨタ自販には「販売の神様」と称された神谷正太郎会長がおり、神谷さんが陣頭指揮をとっていた時代には、日産のシェアはどんどん奪われていった。

さらに、〝石橋を叩いても渡らない〟と言われる慎重なトヨタが、神谷さんの死を機に工・販の合併に踏み切ったということは、決して思い付きからの行動ではない。裏で長い期間の準備（賃金・労働条件の調整や人の和などすべて）を重ねて、十二分に自信ができたからこその行動である。それを私が中央経協で質問すると、「これからトヨタは苦労する。四、五年は力が鈍るだろう」と、石原社長はあまりにも根拠のない楽観的な見通しを語った。

結果、この時期からは国内販売で〝トヨタの敵はトヨタ〟というフレーズが流行ったように、車のセールスでトヨタがぶつかるのはトヨタの別の販売店で、日産にはかすりもしないと言われる状況になる。後に石原氏が経営政策の重点を国内販売から海外プロジェクトに移した昭和五十五年の数字をあげておくと、何と七〇・八パーセント、七割強の販売店が欠損企業という惨状を呈する。

販売権の返上

当時作成された自動車労連の資料『日産自動車に対するディーラーの声』から引用する。

「日産は販売会社に対して〝独立採算〟と言い、企業としての自立を求めているが、販売会社の収益構造なり体質改善についての具体的指導がない。例えば、日産の諸会議や行事において、販売会社の収益に対する日産としての話が全くない。常に、戦力、台数、シェアの話だけで、なぜ乱売になっているのか、なぜ赤字になるのかの掘り下げた指導がない。この点、トヨタでは、販売会社に厳しい注文をするが、販売会社にいかに儲けさせるのかの理念、裏付けがあるように思う」（日産プリンス系列販売店経営者）

「日産のシェア・ダウンは、大まかに言うと、①商品力の問題、②メーカーとディーラーの信頼関係、③メーカーの販売政策、④ディーラーの赤字、が大きな原因だと思う。『ディーラーの自助努力不足』と言われるが、自助努力の限界はすでに超えている」（日産モーター系列販売店経営者）

こうして販売店は日産の将来に見切りをつけ、徐々に販売権を返上するところが出てきた。当時の営業部門の職制の話では、そういう事態になっても石原社長は、

「そういうディーラーからは販売権を取り上げろ、買い叩いて買え」

という指示をした。これが元でメーカーと販売店の信頼関係は完全に崩れてしまう。

これでは国内販売はますますじり貧になる、と感じた私は中央経協で、

「販売店をメーカー資本にして、その経営はどうするのですか?」と訊ねた。すると石原社長は、

「本社から営業部の若手を社長として派遣すれば、車はもっと売れますよ」

と事も無げに答えた。私は、

「地元資本の経営者はその地域の有力者で、地方の財界や金融機関との関係も深い。そこへ地域と人間関係を持たない本社の者が占領軍のように出て行って、車がもっと売れるとは思えません。かつて合併前のプリンス自工が、プリンス自販経由で地方の販売店に経営者を派遣していたことが、販売不振の大き

な要因になっていたことを、当時、自販の社長を兼務しておられた石原社長はよくご存じでしょう。販売権の買上げは極力控えて、地元資本を大事にすべきだと思います」

と問題点を指摘したが、石原社長は頑としてその考えを変えようとはしなかった。

かくて販売店の多くにメーカーの資本が入っていく。昭和五十九年十月の調査によると、日産が五〇パーセント以上出資している販売店は四六・七パーセントになった。同時期のトヨタはわずか五・三パーセントである。日産の国内販売は、昭和五十五年の決算から赤字に転落しているから、結局、これらの出資は日産にとってすべてマイナスの負担になっていくのだ。

第二節　採算を度外視した脈絡のない海外戦略

国内占有率の低下と海外プロジェクトへの逃避

日産の国内シェアは、昭和五十一年まで三二パーセント以上あったものが、石原社長の五十二年には三〇パーセントを割り、五十三年が二九・八パーセント、五十四年が二八・六パーセントと、毎年一ポイント近く下がっていった。この時点で、石原氏は海外プロジェクトへの逃避を図る。

国内販売に大失敗をした時点で、石原社長は責任を問われてしかるべきであった。しかし、その声があがる間もなく、石原氏は海外プロジェクトを華々しく続けざまにブチ上げていく。内外の目はその華々しさに奪われた。当時のマスコミの論調は、

「国内市場ではトヨタの強さは群を抜いている。トヨタを追い抜くためには、トヨタが苦手の海外で活動を活発にする以外にない」(『中央公論経営問題』昭和五十五年冬季号)

と、これらの海外プロジェクトを積極的に評価している。しかし実態は、石原社長が国内販売で大失敗した責任を回避せんがため、目くらまし的に海外プロジェクトをブチ上げただけに過ぎないのだ。

日産は長らく、『技術の日産、輸出の日産』という言葉を宣伝文句にしており、国内ではトヨタに押され気味だが、こと輸出だけは日産がリードしていた。

そういう背景があっただけに、日産が海外プロジェクトに大々的に乗り出すというふれ込みは、マスコミを始め一般に実にアピールする経営政策だった。そのために石原社長の経営責任を問う声は、株主総会で少し出ただけで、社内では聞かれなかった。

むろんこの時期、生産拠点を海外に求めることは日本の自動車産業にとって必要不可欠の課題である。しかしそのためには、営利企業として当たり前すぎることだが、儲かるところに出る、採算がとれるところに出る、ということが必要なのは言うまでもない。あまりに当然のことを殊更に言うので、読者の方は不審に思われるだろう。しかし驚くなかれ、石原氏が推進した海外プロジェクトは、採算を度外視した、民間の企業経営者として正気とは思えないものばかりだった。

1　日産の衰退を決定づけた米国への小型トラック工場進出

結局、日産は昭和五十五年四月十七日、「米国に小型トラック工場を建設する」と発表する。これは石原社長が国内販売の失敗を糊塗するために経営政策の重点を海外プロジェクトに大転換した直後のことで、日米自動車摩擦とは全く無関係の決定だ。

この日産の決定は、米国がフォルクスワーゲン対策として小型トラックの関税を二五パーセントに引き上げた〝チキン戦争〟と呼ばれる米独貿易摩擦に端を発している。

当初は、完成車の関税を二五パーセントにしておいて、キャブ・シャーシ（運転席だけで荷台をつけていない半製品）を米国に輸出し米国で荷台をつければ、関税は四パーセントですむという、生産の現地化を進めさせるための方策だった。

ところが五十四年になってカーター政権は、キャブ・シャーシにも「完成品並の二五パーセントの関税をかける」と決定した。

日産はワーゲンと同様に、小型トラックのキャブ・シャーシをアメリカに送って現地組立をやっていたので、これに慌てた石原社長はトラック工場の建設を発表したのである。

これをマスコミは、「日産はいち早く対米工場進出を決定した」と書き立てたが、無責任な太鼓たきである。トラックは自動車摩擦の対象外だから、米国に工場を建てる必要はない。完成車をいくら輸出しても構わないのだ。しかも、どんなに頑張っても月一万台以上売るのは難しい車種である。月一万台生産ではコスト的に量産効果は出ない。

だから私は中央経協で、

「小型トラックは米国で作らずに、大型トラックで苦況にあえいでいる日産ディゼールに国内で作らせ、日産はアメリカで乗用車を生産すべきだ。そうすれば日産ディゼールは再建できるし、日産は世界一の米国市場の開拓に挑戦できて、確実に利益を増やすことができる。それで国内販売体制の立て直しも図るべきではないか」

と意見を述べたのだが、石原社長は小型トラックの米国生産を決めてしまう。

これがいかに誤った選択であったかは、昭和五十七年に来日した、米国の自動車産業アナリストの第一人者、マリアン・ケラー女史もこう語っている。

「日本製小型乗用車は豊富な装備と高品質で高い評価を勝ち得ているが、小型トラックでは日本製を指定するユーザーは少ない。この分野は低価格、低燃費、低い荷台がセールスポイントであり、日本メーカーを追って市場に参入した米国メーカーも同じような設計の製品をいろいろ出している。（中略）日本車と米国車は完全に対等に競合しており、値引き競争が起きている」（昭和五十七年十一月二十五日付、日経産業新聞）

「日産は日本製トラックに二五パーセントもの高関税がかかるから米国生産を計画したのだろうが、小型トラックのみを毎月一万台以上、米国で生産・販売して利益を出すのは大変だと思う。

ホンダの計画は非常にうまい。日本製小型乗用車は米国で名声があるし、特に『アコード』の評判は良い。ユーザーは注文して手に入れるまで待たねばならないので、プレミアムがついて売れている」

日産の将来を犠牲に

このような戦略的な誤りだけでなく、さらに、何ともバカバカしいことだが、日産はＵＡＷの組織化を防ぐため、全工場エアコン付きなどという、とんでもない豪華な工場を建てるのだ。

ホンダが「米国に乗用車工場を建設する」と発表した五十五年一月下旬に、マンスフィールド大使から「ミスター本田（宗一郎）を昼食に招待したので、君も同席しないか」と誘われた。三人で食事をしながら本田さんに、

「よく決断されましたね」と言うと、

「来てくれ来てくれと言われているときに行くのが、一番良いんですよ」と言われた。

本田さんらしい言い方だが、その時の会話から〝ホンダはアメリカをよく研究しているな〟と思った。

そのホンダは、二億ドル程度の投資でどんどん業績を上げ、シェアを伸ばした。対する日産は当初の発表で六億六〇〇〇万ドル（当時のレートで約一八〇〇億円）もかけた工場でトラックを作り、しかも工場に金をかけ過ぎたために原価が高く競争力がないから、米国日産販売が一台当たり五〇〇ドルを負担して、やっと販売していた。当然赤字は膨らむ一方だ。これを経営責任と言わずして何と言おう。

もしもホンダやトヨタに先んじて乗用車の工場で進出していたら、そしてホンダのような工場を建てていたら、必ずや得ていたであろう利益は莫大なものだったに違いない。

その利益を逸したのみならず、日産は大金を投じて英国へ乗用車工場で進出するという、戦略的に脈絡を欠いた海外プロジェクトに乗り出す。

石原社長はなぜ米国に乗用車工場で進出をしなかったのか、さらに、なぜ石原社長はＵＡＷに対してあれだけ無礼な発言ができたのか。

ここからは石原社長の心理を忖度《そんたく》するしかないのだが、彼の心には、当時の報道と同様に、ＵＡＷを〝たかが労組〟と見る意識があったに違いない。だからいい加減なことを言っても大丈夫だと。それが、

私がＵＡＷとの違約をなじった時の、
「私個人としては約束しましたが、会社として約束したかどうか」
という発言になったのだろう。石原氏はフレイザー氏との会談の中で、われわれ日本人を「カラード」と言った。彼の心理には、白人に対する劣等感も混在しているようにも思う。だから、サッチャー首相から声をかけられて、英国進出に前のめりになったのかも知れない。

いずれにしても、石原氏は社長になる以前に長らく輸出を担当し、特に米国日産の社長をしていたのだから、アメリカに対する認識は深くてしかるべきなのだが……。米国市場の特性を理解できず、ＵＡＷのアメリカ政府に対する影響力も知らないとしたら、石原氏はアメリカで一体何をしていたのだろう。

さらに石原社長の海外プロジェクトの目的は、収益を上げることよりもマスコミにアピールすることで国内販売の失敗を覆い隠すことにあると述べたが、その意味で、アメリカへはトラック工場でこと足れりと考えていたのかも知れない。

「アメリカへ乗用車工場で進出をしたなら、業績は上がるかも知れないが塩路の発言力も大きくなるだろう。日産の将来を犠牲にしてもそれだけは避けよう。英国は誰も進出していない。ここなら功績はすべて自分のものだ……」

私は、そんな石原社長の呟きが聞こえる思いがした。

石原氏の海外プロジェクトの特徴

ここで、石原社長の海外プロジェクトの特徴を整理してみると、

(1) 自動車産業としての長期的な展望や戦略的な視点が無く、また各国の自動車産業の動向を的確にとらえていない。最も重要な米国市場を軽視して欧州に重点を置き、結果として単発(バラバラ)のプロジェクトばかりである。

(2) 他の自動車会社が提携ないし買収を断った話でも、第三者を通じて日産に持ち込まれると、無定見にすぐに飛びつく。

(3) 進出相手国の政治、経済、労働、社会情勢などはもとより、対象企業の実体すら調査しないまま、計画を決定、発表してしまう。

(4) 結果、採算は度外視され、投下資本も当初予定より膨張し、いつまで経っても黒字転換の目処がたたずに、会社の負担ばかりが増大し続ける。

と、信じられない事柄が並ぶ。

これから解るように、すべての海外プロジェクトが〝儲けるために出る〟のではなく、〝出るために出る〟ものだったということだ。それはひとえに、海外戦略の目的が、石原社長の国内販売の失敗という責任を覆い隠すために始まったからに他ならない。

しかし、こんな無謀な進出はすぐに馬脚をあらわす。そのため、石原氏はひとつのプロジェクトの失敗が露顕する前に、次の海外プロジェクトをまたブチ上げざるを得ない、そういう悪循環に陥っていったのである。

このような無謀な海外プロジェクトは、昭和五十五年一月に正式調印されたスペインのモトール・イベリカ社との資本提携から始まる。

この経緯は、後に日産に決定的ダメージを与える対米進出問題、さらに英国問題のプレリュードとなるものであり、石原社長の海外プロジェクトの特徴を見事に兼ね備えているので、先ずその経緯を紹介しよう。

2　モトール・イベリカ社との資本提携（赤字対策のために六つに分割された）

〝買物リスト〟の中身

昭和五十四年のゴールデンウィークに、石原社長は海外担当の大熊（政崇）副社長と連れ立ってヨーロッパ視察に出かけた。この訪欧前に大熊副社長に会ったところ、彼は、

「いま〝買物リスト〟を作らされているんですよ」

と胸を張った。

〝買物リスト〟とは、提携、合弁先とその内容のこと。〝本来、慎重な調査のうえで選ぶべき提携相手や提供し合う技術をこのように杜撰に扱っていた〟という事実と、この頃すでに石原社長は〝国内販売に見切りを付けていた〟ことが解る。

石原氏は日経新聞の『私の履歴書』〈欧州戦略〉の項で次のように述べている。

「欧州戦略は、昭和五十四年四月から五月にかけてのゴールデンウィークをフルに使った出張で、大筋が固まった。英国、フランス、イタリア、ドイツと、かなりの強行軍で密度も高かった。

最初の英国は、労働組合の問題がうまく処理できれば、現地生産の可能性もあると思った。フランス

はルノーに断られ、プジョー・シトロエンでパレイエ会長らと会談した。しかし中華思想のようなものがあり、協力的にやるのは難しいと判断した。

フィアットを訪ねた日の午後、アルファロメオのマサチェージ会長と会った。三月に伊藤忠商事を通じて先方から提携を申し入れてきたのだが、五十五年十二月、イタリアに合弁会社を設立し、五十八年五月からナポリ近郊でパルサーの組立を始めた。

……中略……

五十四年の出張とは別だが、欧州戦略で成功したものの一つがスペイン最大の商用車メーカー、モトール・イベリカへの出資だ」

石原氏が成功したものの一つとして挙げているモトール・イベリカ社との資本提携のきっかけは、昭和五十四年の七月、バンク・オブ・アメリカの東京事務所が日産に、

「カナダの農機具メーカー、マッシー・ファーガソン社が経営不振に陥り、所有するスペインのトラックメーカー、モトール・イベリカ社の株式を放出するが、買わないか」

と持ちかけてきたことに始まる。

〝買物リスト〟を作らせるくらいに提携相手を欲しがっていた石原社長は、十分な調査もせずに、八月十三日の経営会議で「株式取得の方向で交渉する」ことを確認してしまう。

三日後の十六日、私はそのことを石原社長から知らされた。その時に説明されたことは、

「モトール・イベリカ社の株式を約一〇〇億円で取得する。その理由は、スペインは昭和五十七年に

ＥＣに加盟する予定だ。イベリカ社は現在、トラックメーカーだが、将来は乗用車を生産して、ＥＣに参入する足がかりとしたい。

さらに、モトール・イベリカ社は年一二パーセントの配当をしているが、株価は額面を割っていて、投資としても妙味がある」

ということだった。私は、

「トラックメーカーが乗用車を生産することは、そう簡単なことではありません。それにスペインの政治、経済、労働情勢などを十分に調査、検討する必要があると思う」

と述べ、組合でも調査するので軽率に株式取得の交渉に入らないで欲しい、と要請した。

〝投資としても妙味がある〟などと呑気なことを言っているが、株価が額面割れしているということは、その会社の業績が悪いと株式市場が判断しているからだ。なのに一二パーセントもの配当をしている裏には、きっと何かあるに違いない。これは常識人なら誰でも思うことだろう。

早速、私はジュネーブにあるＩＭＦ（国際金属労連）のハーマン・レブハン書記長に電話を入れて、モトール・イベリカ社の調査を依頼した。

レブハン氏は、昭和三十五（一九六〇）年、私がアメリカの給費留学生として米国に滞在していたときにＵＡＷ（全米自動車労組）のシカゴ支部長として、その後は国際局長として、私とは長い交友関係にある。

数日後、レブハン書記長から戻ってきた返事は案の定、買収どころの騒ぎではないというものだ。

「何で日産があんなところを買うことになったんだ?。あそこは大変な赤字会社で、世界中の自動車メーカーに売却を持ちかけたが、ことごとく断られている札付きの会社だ。フォルクスワーゲンもベンツもみんな断って、残っているのはボルボとGMくらいだ。買っても再建なんか不可能だから、やめた方がいい」

私は念を押す意味で、EC本部にも電話を入れた。当時、ECの社会経済委員会のロジェ・ルーエ事務局長はフランスの労組幹部出身。私が昭和四十四年から三年間、ILO理事のときに副理事をしており、彼がECの幹部になってからも、私が国際自由労連の執行委員会でブリュッセルに行く度に一緒に食事をするなど、これもまた親しい友人だった。

その結果、「スペインのEC加盟は予定通りにはいかないだろう」という見通しを確認した。EC加盟のためには、国内法規と国内体制の全面的な改正が必要で、それには五年も十年もかかると言われている、という情勢だった。

これらの情報を持って、私は八月二十四日に開かれた中央経協予備会議に臨んだ。

調査せず

ところが、この席に石原社長と大熊副社長が現れない。何でもロンドンに出張している、という横山(能久)専務の説明である。そこで横山専務と私のやりとりになった。

横山専務は「経営会議の決定をお話しします」ということで、石原社長の代弁をする形であった。

まず、私が、

「工場の視察も必要な関連事項の調査もないまま、一〇〇億円もの金を気前よく出すほど日産は金持ちではない」

と言うと、横山専務は、

「日産の他にも買収に乗り出しそうな会社がある。だから一〇〇億円で簡単に買えるかどうかも解らないくらいだ。持ちかけられたときに買わないとチャンスを逸してしまう」

と言う。そこで私は、先日手に入れた情報をもとに、

「チャンスと判断する理由は何か。世界の情報をもっと正確に収集すべきだ。スペインの政治、社会、労働情勢、フランコ政権以降の国内の変化、そして肝心のECがスペインをどう見ているか、会社は知っているのか。買う相手の状態、会社の内情も知らずに買うのはあまりに危険ではないか」

と述べた。すると、

「バンク・オブ・アメリカの詳細な報告がある」

と弁明する。しかたなく私は、

「銀行の資料だけをもとに判断するのは危険なことだ。かつて日産が愛知機械を買収する際に、日本興業銀行の資料にある赤字額を信用して話を進めた。ところが、フタを開けてみたら、そのレポートの六、七倍の赤字が発覚したではないか。

だから、モトール・イベリカは赤字ではないから大丈夫、という判断も極めて不安だ。それに対抗馬がいるというのは、イベリカ側のかけひきに過ぎないだろう。現実はあっちこっちに持って回った末、日産に持ってきただけだ」

とまで言ったのだが、横山専務は当惑したように、

「好意的に日産に真っ先に持ってきたという印象で、経営会議は受け止めている」

と答えた。私がＩＭＦから得ていた情報では、ヨーロッパのメーカーがことごとく断ったあと、最後にＧＭだけが残って、七月九日に基本合意を見ている。しかもその合意内容は、

「十月七日を期限としてＧＭが事前調査を進め、その結果を十一月六日までに決定する。それまでは、モトール・イベリカ社の株式はＧＭ以外に売却できない」

というものだった。そのことを会社側は全く知らなかったようで、後に石原社長が帰国して、イベリカ社がなかなか株式を日産に売却しないので苛々しているところへ、私が、

「ＧＭとのことがあるからでしょう」

と言うと、心底意外そうな顔で、

「えっ」

と言ったことを鮮明に記憶している。

とにかく、私は言葉を尽くして軽率な買収の非を説いたが、石原社長の代弁をしている横山専務の姿勢に変化はない。ついには、

「経営会議で突っ込んだ議論はしていないが、とにかく買うことにした。買った結果がダメなら売ればいい」

とまで。こうなると何をか言わんやである。

そのときは社長を辞めます

実はこのやりとりが行われた前日、ロンドンへ出張していた石原社長と大熊副社長は、私があれほど

慎重な対応を求めたのに、マッシー・ファーガソン社とイベリカ社株の買収交渉をしていた。そして四一四〇万ドル、日本円で九一億円で合意を見ていたのだ。

翌月、九月十五日にはモトール・イベリカ社の社長一行が夫人同伴で来日、横浜、九州などの工場を見学しているのだが、この招待は労組に全く内密で行われた。

このことは会社が社長夫妻を接待したレストランの従業員から漏れて、われわれの知るところとなったが、「どうしてそういうやり方をするのか」と会社側に言っても柳に風。

この時期、日産もスペインに調査団を送っている。その結果について聞くと、

「工場は南アフリカや豪州に比べて、割にきちんとした管理をしている」

という答えだった。つまり事前調査とは、工場の建物と設備を見てきたに過ぎないと言う。これではまるで茶番である。

私は十一月十三日に石原社長と会談し、

「スペインのEC参入は予定通りには進まないから、イベリカ社の買収はECへの乗用車参入の足がかりにはならない。それに、GMが最終的に断った場合、それは何故かを充分に調査すべきである」

と、IMF本部、EC本部の情報を説明し、買収反対の意見を伝えたが、社長は、

「たとえ株価が半分に減価しても、五〇億円の損で済むじゃないですか」

と笑顔で答える。

「五〇億円というのは決して小さな金額ではありません。もし五〇億円の損が出たら、社長はどうされますか」と詰め寄ると、相変わらず笑顔でこう言った。

「そのときは社長を辞めますよ」

そうこうしているうちに、十一月二十日の産経新聞に、『日産がワールドカー生産、スペインの大手メーカーを買収』と、ロンドン発ですっぱ抜かれるという事件が起きた。

このことを石原社長は、私が買収潰しのためにリークしたと曲解し、「自今、一切の会社のプロジェクト案は新聞発表以前に組合には説明しない」と言い出した。

私は身の潔白を証明するべく、その時、たまたまヨーロッパ視察に出かけるところだった、自動車労連出身の民社党参議院議員、栗林（卓司）氏に、

「このロンドン特派員に会って、ことの真相を確かめてきてくれ」

と依頼した。帰国した栗林議員はその特派員から手紙を託されてきて、そこには、

「取材源の秘匿はジャーナリストの原則ですから、誰からということは申し上げられませんが、塩路さんから聞いたことではないことをここに証言します。これは私が東京在任中、会社側の役員から聞いたことであります」

と書いてある。私はこの手紙を横山専務に見せて、

「こういう手紙が来ました。社長に見せて頂いてもかまいませんが」

と言うと、横山専務は顔色を変えて、首をかしげている。それを見て、

「社長に見せてもムダだという判断ですか」

と訊くと、

「そうです」

という返事。真相は、石原氏の側近役員、通産省から来た山崎常務が、ロンドンに特派されるサンケイの親しい記者に、餞別代わりにリークしたものだった。

この事件を口実に、以降、石原社長は一貫して会社の重要な企画について、記者発表するまで組合には知らせないという態度をとり続けた。

こうして労組との協議が途絶えたまま、翌五十五年一月十日、日産はモトール・イベリカ社と正式に株式売却契約を調印し、十四日に記者発表された。買収した株式は全株式の三五・八パーセント、買収価格は約一〇〇億（九九億九八〇〇万）円だ。

この直後の一月十九日の中央経協で、石原社長は、

「当面は、持ち株比率を高める積もりはない」

と説明していた。

しかし、馬脚はすぐさま現れる。ＩＭＦの情報通り、モトール・イベリカ社の業績は粉飾されており、中身はどうにもならない赤字会社であった。

一二パーセントの配当どころか、日産が資本参加した途端、たちまち無配会社に転落。やはり、〝投資のうま味〟など、あり得ない夢物語りに過ぎなかったのだ。

赤字は五十五年に一五億円、五十六年には六〇億円と、その後も続く。

それればかりではない。当時、スペインでは国内法で、企業がある一定以上の赤字を内部に保留することを禁じていた。そこで、赤字補塡のために増資をする必要が出てくる。しかし、そんな不良企業の増資を引き受ける相手がスペイン国内にいるはずもない。

結局、増資分は全額、日産が引き受けざるを得なくなり、投資額は膨張、やがて日産の持ち株比率はウナギ登り上がっていく。

その後、三年間の増資と持ち株比率を概観してみただけでも、

▼昭和五十五年六月の増資応募　八億円　三六パーセント

▼昭和五十六年七月の転換社債引受　一一億円　三六パーセント

▼昭和五十七年二月の増資応募　三二億円　五五パーセント

と、毎年、赤字補塡のための増資、出資を繰り返し、これが以降も続いて、最終的には出資比率が九〇パーセントまでいき、邦貨換算で四〇〇億円近い金がドブに捨てられることになった。

株価取得時の半分どころか、額面一六六〇円の株を三〇九〇円で取得したものが、五十七年には五六〇円まで減額、つまり五分の一以下になってしまった。

私はその頃、石原社長との会談でこう言った。

「株価は半分どころか、五分の一以下になりました。約束通りお辞めいただけますね」

すると、石原社長は、

「そんなこと申し上げましたかな」

と、相も変わらぬ笑顔で答えた。

モトール・イベリカ社はその後も一貫して日産のお荷物となり、ついに平成六（一九九四）年、あまりの赤字に耐えかねて、会社を六つに分割してしまった。これまで一体いくらの資金を捨てたのであろうか。気が遠くなる思いだ。それらの資金は自動車労連（日産労組・販労・部労・民労）の組合員が汗水流して稼いだものなのに……。

イベリカ社が六分割されたのは平成六年であるが、石原氏が『私の履歴書』に「欧州戦略で成功した

ものの一つがイベリカ社への出資だ」と書いたのは同年末、十一月である。

これだけ決定的な失敗をしても、なお石原氏は社長の椅子にとどまった。その理由は、失敗が露顕する前に、新しい、より華々しいプロジェクトをブチ上げていたからだ。

モトール・イベリカ社との資本提携に調印したわずか六日後、日産は「イタリアのアルファロメオ社と提携交渉をしている」という記者発表をした。ここから日産は泥沼の海外プロジェクトに次々とはまり込んでいく。

3　空中分解したアルファロメオとの合弁事業

石原氏は日経の『私の履歴書』〈欧州戦略〉の項で、

「アルファロメオとは五十八年五月からナポリ近郊でパルサーの現地生産を始めた。これに刺激されたフィアットはアルファロメオを買収してしまった。日産は六十二年九月の合弁解消に当たって、出資分は回収したので損はなかったが、国際事業の難しさを改めて認識させられた」

と述べているが。しかし、これも自らの失態を糊塗する虚言である。

真相は、パルサーが思うように売れず、一万数千台の滞貨を抱えて一年以上の工場閉鎖が続き、日産とアルファロメオとの関係が悪化して身動きが取れずにいる間に、アルファロメオはフィアットに買収されてしまった。「出資分の回収」どころではない、一〇〇億を越える資金がドブに捨てられたのである。

昭和五十五年一月十六日に発表されたこの合弁事業も、「大幅赤字必至、収益の見通しなし」という報告がプロジェクト担当チームから上がっていたにも拘わらず、投資を強行したのである。当然、事業は破綻する運命にあった。

4　成果のなかったフォルクスワーゲン社との提携

仰々しい発表

日産とフォルクスワーゲン（ＶＷ）の提携は昭和五十五年十二月三日の毎日新聞夕刊でスクープされ、その後マスコミでは、〝世界の自動車再編を促す近来にない快挙〟といった大きな扱いでこの提携を報じ続け、石原社長も得意の絶頂にあった。

十二月発売の『財界』一九八一年新年特別号の「石原社長に聞く」は、石原社長の相好をくずした顔写真とともに、次の解説とインタビュー記事を載せた。

「世界第四位の日産自動車と第五位のＶＷの大型提携のニュースは世界を走った。なにしろ、コンペチターとして世界市場で激しい小型車戦争を展開している日独を代表するメーカーの握手だけに、まさか、という意外感である」

——ＶＷとの業務提携を発表されましたが、石原社長の自己採点はいかがですか——

石原「してやったり、というところですよ。各紙とも一面トップで扱ってくれましたし、経済面でも日産－ＶＷ提携のニュースで一杯でしたからね。最近では珍しいニュースバリューのある話題を提供できたと思っているんですよ」

（中略）

「ギブ・アンド・テイクだ。日本での協力が成立したら、次は我々がＶＷから借りを返して貰う番だ。そのときは、西独市場を含めて世界的なＶＷの工場を利用させて貰うことも考えている。これから海外投資をしていたのでは間に合わない。カネもヒマもかかる。既存のものをお互いに利用しあえばいいでしょう」

といった具合である。マスコミにアピールすることで国内販売の失敗を覆い隠すのが石原氏の海外プロジェクトの目的であるから、まさに〝してやったり〟だったのだろう。

それにしても石原氏は、〝企業間の提携による自動車の生産・販売を、オモチャでも造るように安易に考えているようだ〟と私は思った。企業間の提携とか協力というものは、トップ同士の信頼関係はもとより、それぞれの企業に働く人間同士の交流から生まれる信頼感がなければ成功しない、と考えるからだ。

この話は、フォルクスワーゲンが大和証券に日本企業との提携の仲介を依頼し、それを大和証券の千野副社長が日産の石原社長に伝えたことに始まる。昭和五十五年十一月十九日、日欧自動車会議のために来日したＶＷのシュムッカー会長は日産の石原社長と会談し、両社の協力関係の検討を申し入れた。

十二月三日午後五時、日産本社で記者会見をした石原社長は、

「日産自動車石原俊社長とＶＷ社トニー・シュムッカー会長は、国際貿易上の問題の解決に積極的に貢献することを目的として、ワーゲン・グループと日産グループ間の自動車分野における全面的協力に関し、高度な意見交換を完了した。

まず日本の自動車市場へ欧州諸メーカーの参入を助長するための第一ステップとして、VWグループの小型乗用車を日本国内において生産することを検討することで合意した。両社のプロジェクトチームによる検討は一九八一年六月までに完了する。また、上記以外の協力の可能性についても併せて検討することを合意した」

とステートメントを読み上げ、「貿易摩擦が緩和されることを期待している」と述べた。

ところが、同日、VW社がウォルフスブルグの本社で発表した内容は、何故か、次のように重大なすれ違いを思わせるものだった。

「① 石原日産社長とシュムッカーVW社長は自動車部門での協力の可能性を調査することに合意した。その第一段階としてVWの乗用車の日本生産の可能性が調査される。

② VWは日本市場でのVW車販売向上を追求する。調査は来年前半までに完了予定。

③ この調査には、それ以外の協力の可能性についての調査も含まれる。調査活動には大和証券も参画する。

④ この調査協力によって、両社は当面の自動車貿易問題の解決策を探ることにも寄与したいと考えている」

〔注〕傍線（相違点）は筆者。

ヤナセ自動車の梁瀬（次郎）社長は日産・VWの提携発表の直後に、

「みんな、日産とVWの提携が既にまとまり、今にも生産を開始するような話をするが、まだ両者が共同で検討するという段階であり、これが成功するか否かは五〇・五〇だ。それよりも、日産―VWの提携が失業者一〇〇万人を越える西独経済のためになるのかどうか。そのあたりを良く研究しなくては」

とマスコミの取材に答えていた。

また、梁瀬氏はその著書『轍』のなかで、次のようにも指摘している。

「この提携はヨーロッパの他の自動車メーカーにショックを与えた。特に日本製自動車輸入抑制論の急先鋒であるフランスには大きな衝撃だった。つまり、VW（西独）はこの提携で日本への輸出に協力してもらう代わりに、欧州勢の対日自動車輸入抑制論には反対の立場を取らざるを得なくなる。その意味で『貿易摩擦問題の解決に積極的に貢献する』という石原氏の発表は、全くの空念仏と言わざるを得ない」

IGメタルの反応

石原社長の言動やマスコミの報道に不安を覚えた私は、この提携についての正確な情報を得るために、昭和五十六年一月二十三日、貝原国際局長をIGメタル（ドイツ金属労組）本部（フランクフルト）に派遣し、ドクター・アルバート・シュンク国際局長に会ってもらった。シュンク氏はVW監査役会の労組側メンバーの一人である。彼の反応は、

「日本ではマスコミがかなり大きな問題として扱っているようだが、VWとしては、日本でワーゲン車を生産し販売することが重要で、それ以外の協力についてはかなり調子を弱めて伝えている。本件は四月の監査役会で審議される予定で、IGメタルは一般論として評価しているだけだ」

と、日産の発表が世界的な規模の提携協力に進展するかのような浮わついたものだったのとは対照的に、極めて冷静なものだった。

この時私は、〝石原氏の独り合点でなければいいが〟と思った。

壮大なショッピング・リスト

提携に向けて日産社内で検討されたショッピング・リスト（提携内容）が、五十六年一月二十七日の中央経協予備会議で組合に説明された。それは、

「一、ＶＷの小型乗用車アウディ・シリーズ、もしくはパサート・シリーズを日産でライセンス生産し販売する。二、それ以外にも長期的、全面的な提携が今後続く。三、技術情報の交換をはじめ、ＶＷが諸外国に持つ工場で日産の車を生産する」

というもの。これをもって二月初旬のワーゲンとの打ち合わせ会議に臨むと言う。

具体的には、①小型ディーゼルエンジン（一・二リットル）の購入またはノウハウの取得、②アルコールエンジンの開発、③防錆技術および評価法、④パッシブ・ベルトシステムの関連特許の実施権獲得、⑤米国における生産協力、⑥メキシコにおける部品、ユニットの共有化と系列部品メーカーの相互利用、⑦欧州における日産車の販売、⑧南米（ブラジル・アルゼンチン）のＶＷ拠点での日産車の生産、……と、企業間の提携という問題をあまりにも安易に考えた、全面的な事業提携の体裁であった。

しかし、大和証券の仲介でスタートしたこの提携は最初から同床異夢のもので、ＶＷには全面的に提携する意図などハナからなかったことが間もなく判明する。

ＶＷがこの提携を持ち出した背景は、日本で総代理店をつとめるディーラー、ヤナセの販売台数への不満である。そこでヤナセとは別に、日本における大量販売の方策を求めていたに過ぎない。

このボタンのかけ違えは、鳴り物入りの発表のわずか二カ月後の交渉の場で、如実に現れていた。当時、自動車労連で調査、作成した資料に交渉の様子が残っている。

昭和五十六年二月七、八日にVW本社で実務者会談が行われた。出席者は、

日産側－金尾嘉一専務、辻義文第一技術部長、坂上丈寿設計管理部長、小西信也第二技術部次長、江口海外部課員。

VW側－ジーグリード・ヘーン事業企画部長、その他。

金　尾「日産としては年産二万五〇〇〇台が限度と考えている」

ヘーン「その提案にわれわれは殆ど興味がない（We have only limited interests）。ローレル、スカイライン、ブルーバードのいずれかに置き換えてワーゲンの車を生産販売して欲しい。そうすれば年一二万台は売れるはずだ。二万五〇〇〇台くらいなら、ワーゲンが少してこ入れすれば販売できる」

「この瞬間、暗雲が垂れ込めた」と出席した職制が私に言っていたが、交渉は物別れに終わった。

翌九日、チューリッヒでトップ会談が行われた。出席者は、日産側が石原社長と金尾専務、VW側がトニー・シュムッカー会長とヘーン部長の四人。

石原「年産一〇万から一二万台なんてとんでもない。五、六万台なら……」

シュ会長「五万台ならいいのか」

石原「……。パッシブ・ベルト、塩害対策の技術供与を受けたいが」
シュ会長「……。検討はしましょう」
とほとんど対話にならず、ワーゲン側に技術供与の気持ちは全くなし。ノウハウは日産で生産するワーゲン車に関するものに限定された。

ＩＭＦ本部で

昭和五十六年四月、ＩＣＦＴＵ（国際自由労連）の執行委員会に出席した私は、ブリュセルからＩＭＦ本部（ジュネーブ）のハーマン・レブハン書記長に電話を入れて、「日産―ワーゲンの提携についてＶＷ側の反応を調べて欲しい」と依頼した。

一週間後、私がＩＭＦ本部の書記長室のドアを開けると、私の顔を見るなりレブハン氏は自分の机の上にある電話のダイヤルを回した。そして「いまここにミスター塩路が来てるよ」と言って、私に受話器を渡した。私は相手が誰か解らないままに、

「塩路ですが」と言うと、「私はオットー」という聞き慣れた声が返ってきた。

「いま、どこにいるの」と訊くと、

「フォルクスワーゲン本社の役員室」

「そこで何をしているの」と重ねると、

「労務担当副社長」

彼の名はオットー・ギュンター。ロデラーＩＧメタル会長の補佐を長年つとめており、シュムッカー

ＶＷ会長の依頼を受けたロデラー氏が、彼を労務担当に推薦したのだ。

「今回の提携を、ワーゲン側は今どのように見ているのか」と訊ねると、

「われわれは冷静に対応している。日本でワーゲンの車を造り、売るということ以外に、いまのところ何もない」

「今後、協力関係を拡大する可能性は？」

「日産に言わないでほしいが、あまり期待していない」
〔注〕西ドイツで戦後制定された経営参加法は、①監査役の半分は労働者代表とする、②奇数構成で議長は中立の人、③人事労務担当重役は労働側監査役が推薦する人、と規定している。また、監査役会は取締役を任命する権限を持つ。

シュンクーGメタル国際局長突然の来訪

五十六年八月二十一日、アルバート・シュンクIGメタル国際局長が突然、自動車労連に現れた。
シュンク「ＶＷは当初、月二万台の生産を希望したが、日産が不可能というので一万台に下げた。しかし、それも日産に拒否されて困っている。なぜ一万台ではダメなのか、何台ならいいのか、ミスター塩路の意見を聞きたい」
塩　路「このクラスの乗用車は日本市場で月二万から二万五〇〇〇台。そこに各社の一〇車種がひしめいている。一車種当たりは月二〇〇〇台がベースだ。そこに新たに一万台も割り込むのは不可能だ。日産がどういう販売政策をとるかにもよるが、月二〇〇〇ないし二五〇〇台が限

度。それと同数近くを輸出するとすれば月四〜五〇〇〇台になるが、輸出は当分不可能だろう」

シュンク「よく解った。そういう説明がなぜ経営者間の交渉で出てこないのか」

シュンク氏はＶＷの労働側監査役の一人。二社間の基本契約を結ぶに当たって、ＶＷ側の疑問点を質すためにわざわざドイツから飛んできたのだ。彼は私に会った後、トンボ返りで成田に戻り、フランクフルトに帰っていった。

私はすぐに、このことを辻（義文）第一技術部長（後に社長）に伝えた。

九月十四日、両社は「サンタナの生産月二五〇〇台（年産三万台）」で基本契約を締結し、十五日に日・独で同時発表（日本時間午後九時）した。

結局、虫のいいショッピング・リストなど全く陽の目を見ず、昭和五十九年から座間工場で本格的に生産を始めたが、日産の販売政策の拙劣さもあって売れ行きが悪く、しかもクレームが続出。最終的にサンタナは、七年間で総計四万九九六四台（月平均六〇〇台）しか販売できずに、とうとう生産中止のやむなきに至ったのである。残ったのは、日産の収益への圧迫とワーゲン側の日産に対する不信感だけであった。

フォルクスワーゲンとの提携は、さすがの石原氏も「竜頭蛇尾」（平成六年十一月二十四日付日本経済新聞『私の履歴書』）としか表現できないシロモノで、これに携わっていた多くの従業員たちの必死の努力は報われることなく終わったのである。

5　F・Sで全く見込みのなかった英国乗用車工場進出の強行

アメリカへの乗用車進出の代わりに英国プロジェクトを押し進めたことが、日産にとって致命的な失敗であった。昭和五十九年二月一日に調印されたこの壮大な愚挙には、私がこれまで述べてきた石原社長時代の失敗の要素がすべて入っている。しかも労組と会社がいよいよ抜き差しならぬところまで行ったのも、この英国進出問題であった。

深夜の記者発表、英国工場進出のF・S（Feasibility Study）

私がこの英国プロジェクトを知ったのは昭和五十六年一月二十六日だった。石原社長から、「英国の労働組合との交渉を一本化できるかどうか調査してほしい」と言われた時点である。理由は、英国の労組は日本と異なりほとんどが職能別組合で、工場の中にいくつもの組合が存在するからだ。さらにその四日後の一月三十日深夜に、

「日産は英国に乗用車工場進出をするためのF・S（企業化可能性調査）を開始する」

と日英両国でFS開始を同時発表した。英国は夕方、日本は深夜の仰々しい発表である。

私は、「今回はどうやら慎重だ。こういう調査をすませたあと、進出の話に入るつもりらしい」と勝手に納得していた。ところが後になって知ったことだが、これも石原氏らしい手法で、英国政府との話はこ

の時すでに最終段階に入っていたのである。

このプロジェクトは前年（昭和五十五年）四月に、英国政府が「ダットサンUK」（英国における日産の販売総代理店）を経由して、日産に打診してきたことから始まる。

英国政府から打診された内容は、英国の国営自動車会社BL社（ブリティッシュ・レイランド）が経営危機に陥っているので、その再建に協力してほしいというものだった。しかし日産は何故か、「単独で工場進出する方向で検討する」という回答をした。

そこで六月二十四日、英国政府から「単独進出するつもりなら具体案を提示してほしい」という要請があり、七月三十一日にはロンドンで英国の国務大臣と大熊（政崇）副社長との会談が行われ、席上、日産は九項目の要望を提出すると共に、三カ月以内に進出工場の基本構想を示す、という約束をしていた。

そして十一月十八日には「年産二〇万台、投資総額一四一〇億円、車種バイオレット、生産立ち上がり一九八四年」等々の基本構想を英国政府に提示し、翌昭和五十六年一月五日には、駐日英国大使を通して英国政府の全面的支持が伝えられ、「英国議会でも二十九日には発表したい」という趣旨の伝達まであった。その結果が、昭和五十六年一月三十日のF・S（企業化可能性調査）の記者発表なのである。

このプロジェクトを巡る問題点を大まかに指摘しておくと、

(1)F・S以前に進出を決定し、英国政府にその約束をしたこと。

(2)民間企業としての立場を忘れ、初めから日英両国の政治プロジェクトにしてしまったこと。

(3)F・Sの結果、十年後も一〇〇億円単位の累積赤字が残る、という結果が出ていた。にも拘わらず、プロジェクトを強行したこと。

(4)当時、日産自動車も販売店も多額の赤字状態が数年続いていた。

(5)右記の理由でこれに反対した労組に対し、会社は不当労働行為まがいの執拗な攻撃を仕掛けてきた。

そのため、長い間培ってきた労使間の信頼関係と職場の人間関係が完全に破壊されてしまったこと。

極秘のF・S報告書

F・Sの日英同時発表の後、日産は三月に、川合勇常務を団長とする総勢一〇名のF・S調査団を英国へ派遣した。その調査団がまとめた報告書がこれだ。

一九八四年（昭和五十九年）に着工して、八六年（昭和六十一年）より生産開始というスケジュールで調査されたこのF・S報告書は、九三年（平成五年）までの十年間の損益を計算している。その中で最も重要な単年度の損益を表す「当期損益」の欄と累積の損益を表す「繰越利益」の欄を抜粋しよう。

（単位は億円　▲は赤字）

年度	当期利益	繰越利益
八四	▲一三	▲一三
八五	▲三六	▲四九
八六	▲三七	▲八六
八七	▲二五	▲一一一
八八	▲六一	▲一七二
八九	▲一八一	▲三五三

九〇	▲五一	▲四〇四
九一	九	▲三九五
九二	一四	▲三八一
九三	七九	▲三〇二

これで一目瞭然だと思うが、このプロジェクトは十年経っても累積赤字が三〇〇億円も残るという結果が出ていたのだ。

まず何よりも、F・Sの結果、採算の見込みがないということが大問題である、と私は思った。すでにドル箱であるアメリカでは、意味のないトラック工場での進出を決めていた。当時、アメリカは日本の乗用車にとって年二〇〇万台の市場であり、英国はわずか一〇万台の市場でしかなかった。その英国に、十年以上も利益が出ないと解っていながら、借金までして乗用車工場を建設するなど、当時の日産の財政状態から考えると、経営陣は何を血迷ったのか、と思ったものだ。これでは日産の経営は危うくなり、組合員が路頭に迷うことになる（現実はその通りになった）。これに反対することは労組のリーダーとして当然の義務である、と私は考えた。

ところが、この報告を見た石原社長は激怒し、作業のやり直し、累積赤字の縮小を命じた。そこで、昭和五十六年内に進出を決定する積もりだったのが延び延びになり、そのうちにフォークランド紛争（一九八二年三月十九日～六月十四日）が勃発して、日産と英国政府間の交渉は一時中断となり、五十七年七月には決定延期を発表せざるを得なくなった。しかし、九月にその後の進展に関わる重大なことが起こる。サッチャー首相と川又会長の会談である。

軽薄だよな

九月中旬、私は九年ぶりに川又会長に会談を申し入れた。会長が英国問題をどう考えておられるのか知りたいと思ったからだ。九年ぶりというのは、川又氏が社長を岩越氏に譲られたとき（昭和四十八年）に、私が「トップ会談は社長一人に絞った方がいいと思いますが」と意見を述べると、「僕もそれの方がいいと思うよ」と言われ、以来、石原氏が社長になってからも、川又会長との会談は控えてきたからだ。

そのとき（昭和五十七年九月十三日）のテープ速記をひもとくと、川又会長が何を考えておられたかが解るので引用しよう。

塩路「石原さんは『マーチは日産の起死回生のための戦略車種だ』なんて村山工場のオフライン式で言ったそうですが、赤字のマーチが戦略車種では困りますね」

川又「一番安い車だね、あれはまた損の上塗りだ。シェアーが増えるだけ赤が増える。とにかく、いま国内で売る車で利益が出てるのはセドリックとグロリアくらいで、あとは全部赤だね。よくこれで飯が食えてるなと思うよ。だから僕はね、『英国なんかとんでもない』って言ってるんですよ、『この赤字を見ろ』と。それなのに、輸出で稼いだやつを海外投資に回すでしょう。だから心細くてしょうがない」

塩路「悪いことに社長は、金は幾らでも借金すればいい、と思ってるようですよ」

川又「それは今なら借金は出来ます。でも返さなきゃならないんですよ。この投資は安全か安全でないかを、ちょっと考えてみたら良さそうなもんだと思うね。

米国にも出た。スペインにも出た。イタリーにも出た。オーストラリアの工場も、それからメキシコにも。石原になってから急にこういう海外プロジェクトが増えた。この上英国に出れば、英国の場合も相当な負担が予想される。これをカバーする力が日産にあるのだろうか、というのが私が判断に迷うところだ」

塩路「力の分散はいけませんね。海外での乗用車生産はあっちこっちでやらずに、まずアメリカでやるべきなんです」

川又「トヨタは自販・自工を合併した力が、外に向かっては損をしないような算盤でGMなんかと合弁で行く。内に向かってはとにかく販売競争を挑んで来るに違いない。それが日産のシェアーがだんだん沈んでいく有力な背景じゃないかと思う。

トヨタが余計な力を使わないで内地の市場を固めようとしているのに対して、日産はあっちこっちに手を出して、……軽薄だよな」（中略）

六日後にサッチャー首相と会うことになっていた川又氏は、

川又「とにかく『赤坂にお茶に招待したい』とこう言われたんだけどさ、自分が国賓として泊まっている所に招待したいと言うんだから、おかしなことがあるもんだなと僕は思っているんですよ。僕はビッグニュースにならないけど、あっちは大英帝国の首相ですからね。おまけにフォークランドで名を売った鉄の女だからね。僕がにべもない挨拶をしたりしたら、彼女どうするんだろうと思ってね。かと言って、彼女に都合のいいような返事を用意するわけにはいかない」

塩路「それがサッチャー首相の作戦かもしれませんね」
川又「首相が懇請しても撥ね付けられちゃった、なんてなったらどうなるか。困るんだと思うよ。だから日本政府もね、『会ってあなたの立場が悪くなるような事はおやめになってはどうですか』と、言うべきだと思うんですよ」

〝彼女と二人で会ってしまえば、どういう風に説得され、言質を取られるか解らない〟と川又会長はかなり悩んでおられた。私はこのとき、川又氏が英国進出に反対の意向を持っていることを知って、何とか会長を支えて日産の安全を守ることを考えよう、と思った。

翌日、桜内義雄外務大臣にお会いして、

「サッチャーさんが強い態度で交渉するということにならないように、事前にうまく話しておいていただけませんか」

と相談した。桜内氏は日産・プリンス合併の時の通産大臣だったことから、それ以来、折に触れてお付き合いを続けてきた仲だ。ところが、桜内氏ときたら、

「まあ、塩路さんだからざっくばらんに言うけど、今度サッチャーさんが来るのは政治折衝と企業レベルの折衝だ。政治協力の方は私どもがほどほどにうまくやりますが、企業協力となると私たちが干渉する話ではないので、お願いするしかない。

サッチャーさんは大変にしたたかな女ですよ。あれやこれやで責められて、川又さんも大変でしょう。何とかして差し上げたいが、こうなってはもうダメなんです。サッチャーさんも英国内で議会に攻撃され

て、もう後には退けないでしょうから、必死で川又さんを口説くでしょう。川又さんには『頑張って下さい』とお伝え下さい。

これは一騎打ち見物になります。見物ですなあ、ワッハッハッ」

石原社長の画策

実はこの会談は、石原社長が役員会における退勢挽回を図る（川又会長の反論を封じる）ために、大熊副社長と謀って実現したものだった。

石原「八二年の九月十九日、川又さんがサッチャー首相と会った。このとき苦労したのは二人だけの会談にしたこと。余人を交えず率直に話し合ってもらおうという狙いだったが、困ったことが起きた。当時の駐日英国大使ヒュー・コータッチさんが、『外国の民間人と英首相だけの会談は外交儀礼上前例がない。大使が同席するのは慣例であり、日産の要求は受け入れられない』と拒否された。何とか粘って口説いたが、大変だった」

記者「川又会長の考え方が変わった？」

石原「いや。英国進出は危険、日産の屋台骨が揺らぐという考えはそのまま。ただ、サッチャー首相があんなに熱心なのに、何もしないのもまずい。顔をたてる方法はないかと思い始めたようだ」（平成元（一九八八）年、日経産業新聞『証言 昭和産業史』より）。

と、石原氏は得意げにこれをマスコミに伝えているが、これはサッチャー・川又会談の六年後で、川又氏はこの裏を知らないまますでに亡くなられていた（一九八六年三月二十九日）。

サッチャー首相との会談の翌週、川又会長にお会いするとこう言われた。

川又「とにかく川合君（常務）の書いた数字では十年目にまだ一〇〇億単位の繰越損が残っている。てんで算盤にならない。われわれはサッチャーさんに義理を立てたり、不払いをつくるために英国に行くんじゃない。この会社の発展と収益の増加のためだ。日産の海外進出は華々しくて大向こうの喝采を博しているから、石原は行きたいだろうよ。僕も事情が許せば行っても良いと思うけれど、日産にそういう力があるかという力の判定もしなければダメじゃないのか。だけど二年間も引っ張ってきて、今更ダメだと言えるか、という問題になると僕もまったくもって頭が痛い。

僕は一昨年（昭和五十六年）一月下旬にこう言ったんです。『日産の現地生産の調査に英国政府が援助の約束をするとか、議会で発表するというようなことはやめろ』と。『うまく行ったらいいが、まずかった時はにっちもさっちも行かなくなるよ。だから、そういうことだけはやめなさい』とも言ったけれど、その時は石原も大熊（副社長）も、もう行きたくて行きたくてカッカしているから、これはいい話が飛び込んできた、ということで有頂天になっていたらしくて、他人の話はうわの空だよ。それで議会（英国）で発表しちゃった」

塩路「石原さんは『今年はいままでの海外投資の花が咲く』と言ってますが、輸出関係の人たちは『これじゃあどうしようもない。社長は解ってくれない』と言っています。私は『あれは真っ赤な花だよ』と言っているんですが」

川又「花なんか咲きはしないよ。蕾のまま落っこちちゃうんじゃないの」

川又会長はサッチャー首相と会談してしまったことで、進出そのものには反対できない立場に追いやられてしまった。そこで計画を二段階方式にして、最初はノックダウン生産による実験工場で始め、後に経過を見て、本格的に進出するかどうかをあらためて決定するという妥協案を主張していくことになる。

かくして、日産内部でこの問題に正面から反対できるのは労組しかいなくなった。日産を守るために、私の立場は非常に難しい、かつ重要なものになった。

ところがその後、行政管理庁長官から総理大臣に就任した中曽根康弘氏の動きで、この問題は日・英の政治プロジェクト化され、私は思わぬ火の粉を被ることになる。

ぜひ総理にしていただきたい

このサッチャー・川又会談が行われた翌月（十月）の下旬、行政管理庁長官だった中曽根氏から、私はこんな相談を持ちかけられた。

中曽根「実は竹入委員長（義勝氏、公明党）にお会いしたいので、塩路会長からお願いしていただけませんか」

塩　路「竹入さんと中曽根さんは、知らない仲じゃないでしょう。直接、お話しされてはいかがですか」

中曽根「いや、塩路会長と竹入委員長は格別に親しい間柄とお聞きしています。塩路さんからお話ししていただくということが重要なんです。是非お願いします」

塩　路「はあ、そういうことなら」

このとき、中曽根氏が総理になれるかどうかは、当時〝闇将軍〟と呼ばれていた故・田中角栄元総理大臣の意向にかかっていた。しかし、〝中曽根嫌い〟で知られていた田中氏を口説き落とすのは一筋縄ではいかない。それを苦慮しての中曽根氏の依頼である。

私と中曽根氏は昭和四十九年、石原慎太郎氏が出馬した東京都知事選挙の時に親しい間柄になった。私と竹入委員長も選挙を通じて親しくなった関係である。昭和四十三年の参議院選挙で、自動車労連は初めて田淵（哲也・民社党）氏を全国区から国会に送り込んだが、自動車労連は公明党、創価学会から徹底的な攻撃を受け、全国で十数人もの組合員が公職選挙法違反で留置所に入れられるという事態になった。このことで私が公明党本部に単身乗り込み、首脳部と話し合いをしたのがきっかけで、それ以降、われわれは信頼に満ちた関係を維持してきた。

そこで私は、JR四谷駅近くの料亭『つるよし』に席を設け、中曽根・竹入会談をセッティングした。そして中曽根氏の要望で私も同席することになる。

席上、中曽根氏は、

「今日は竹入委員長でなければできないことをお願いしたくて、塩路会長にお願いしてこの席を作っていただきました。私をぜひ総理にしていただきたい。ついては田中先生に何とぞ、よしなに、お取り次ぎいただけないでしょうか。田中先生は必ずお守りします」

と、額が畳につくくらいに深々と頭を下げた。会談後、竹入氏が、

「塩路会長、どうしようか」と言われたので、私は、

「あれほどまでに頭を下げて頼むのですから、骨を折ってあげてはいかがでしょうか。勿論これは、委員長のご判断にお任せすべきことですが、……」

と申し上げたが、結果は、中曽根氏が総理大臣になったことで明らかだろう。

中曽根氏が「田中先生は必ずお守りします」と言ったのは、〝ロッキード事件から〟という意味だ。また、竹入氏と田中氏の間には、竹入公明党委員長が訪中時に周恩来首相から託された親書を田中新総理に手渡し、これが田中氏の訪中を促して日中平和友好条約の締結（一九七二年九月二九日）となった、という経緯があった。

政治色強まる日産の英国進出

こういう関係もあって、中曽根氏が行政管理庁長官のときに、私は日産の英国進出問題の事情を詳しく説明し、このプロジェクトの無謀さはよく理解してもらっていると信じていた。だから中曽根氏が昭和五十七年十一月に総理になったときは、もしかしたら総理に止めてもらえるかもしれないとも思ったものだ。

ところが昭和五十八年六月十二日、海外出張から帰国した私が成田空港に降り立つと、自動車労連の役員が待っていて、六月七日付の毎日新聞を差し出した。そこには、『決断迫られる日産、プロジェクトの政治色強まる』という見出しで、「ウイリャムズバーグ・サミットでサッチャー英首相から託された日

本企業の英国進出要請を、中曽根総理が石原社長に伝えた」旨が記されていた。

私は目を疑った。あれほどこのプロジェクトの危険性を説明しておいたのに、サッチャー首相と組んで日産を追いつめるようなことをするとは何ごとかと。それに、総理がこんなことをすればアメリカを刺激し、日米自動車摩擦にも悪影響を及ぼす。

私はすぐに中曽根総理に会談を申し入れ、翌十三日にお会いした。そこで私は中曽根氏の真意を伺った。中曽根氏は、

「あれは私から日産の社長を呼んだのではなく、石原さんの方が『勲一等をもらったお礼をかねて話がある』と言うので会ったんです。それで、折角会ったのですから、日産に関係のあるサッチャー発言を伝えないわけにはいかないので、こういうことがサッチャーさんとの雑談でありましたよ、という意味で伝えただけです」と仰しゃる。そこで私が、

「それは言わないでいただいた方が良かったと思いますが」と言うと、

「でも、まるっきり言わないのも変だと思うし、サッチャーさんは日産とか自動車という固有名詞は使わなかったけれど、『日本企業がイギリスに来ることを期待している』という話があったんで、日産も英国計画があるからまあ無関係ではないと。そういうことでお伝えしたんです。決して、政治的な圧力というような話ではありません。それがああいう新聞報道になって私も驚いております。大変困りました」

困りましたですむ話ではない。

「総理がどういう意図で、どういう言い方をしようと、関係者が聞くと政治的な意味合いで受け取ります。それに、これは日米自動車摩擦にもマイナスの影響を与えますよ」

と言葉を重ねると、

「自分にはそういう意図はありません。だから誤解しないでいただきたい。これは塩路さんにもお伝えしようと思ったんですが、外遊中とのことで遅れてしまい申し訳ない」と言われた。

二日後（昭和五十八年六月十五日）、川又会長にこのことをお話ししたら、意外な事実が解った。

川又「何か石原君は、『私は勲一等のお礼を言うつもりだけど、あっちはサッチャーの言葉を伝えたい、ということらしい』と言ってたね。そういうことでしょう」

塩路「どっちが声をかけたんですか」

川又「それは明らかに向こうが呼んだんですよ。石原君を」

塩路「総理が呼んだんですか」

川又「当たり前だよ」

塩路「はあ……。そうすると、私への話と違いますね」

川又「僕から石原君に確かめたんじゃないけど、『明日、総理が会いたいって言ってるから』って言ってたよ。

だけど、僕も勲一等もらったけれど、三木（武夫・元首相、故人）さんにお礼なんか言わなかったよ。誰が勲章を貰ったお礼に総理のところに行くものですか。勲章は陛下から頂いたんで、総理から貰ったんじゃありませんよ」

数日後、藤波孝生官房長官から電話があった。彼を総理官邸に訪ねると、さらに意外な中曽根氏の反応を知った。

藤波「塩路さん、この前あなたが帰った後、総理のご機嫌がかなり悪かったけど、何か総理を怒らせるようなことを言ったの」

塩路「いいえ、あの日は総理と話をした後、藤波さんのところに寄ってその内容をお伝えしましたね。それ以外のことはありませんよ」

藤波「変ですねえ。あなたに対して相当にご立腹なんですよ」

塩路「そう言われてもねえ。思い当たりませんね」

藤波「生意気なやつだ、というようなことを言われていたので、気にしてたんですが、そんなやりとりがあったんですか」

塩路「中曽根さんは一国を代表する総理です。私がそんな失礼なやりとりや言葉遣いをするはずがありませんよ」

藤波「そうですよね。でもあれは中曽根と塩路さんの今までの関係から考えると、ちょっと異常なんで心配してたんです。総理との関係がこのままではまずいと思うので、なんとか修復したいのですが、理由が解らないとねえ」

塩路「あの日は石原さんの申し入れではなくて、総理が呼んだようですね」

藤波「……。あれは確かにそうです」

塩路「それですよ。総理は私にウソをついた訳です、正直に言ってくれればいいのに。それと、総理としてとった行動にケチを付けられた、と思ったからでしょう」

藤波「……」

結局、私と中曽根氏との関係はこれを契機に急速に冷えてしまう。中曽根氏は私だけではなく、総理になる際にあれだけ尽力してくれた竹入委員長との仲も、すでにダメにしていた。

中曽根氏が総理になって間もなくの昭和五十七年十二月、私が竹入委員長にお会いした時に、氏は非常に立腹されていて、こう言われた。

「中曽根はけしからんヤツだ。総理というのは野党党首との非公式の相談や連携が国会の運営上も不可欠なのに、総理になった途端、私とのホットラインを切りやがった」

私は中曽根氏との間を仲介した身だから、この時は委員長に何とお詫びしたらいいのか解らないほど恐縮したものだ。

経団連記者クラブで記者会見

こうした中曽根氏の不可解な動きに加え、日産社内では、役員会で川又会長が提案した二段階進出案を、石原社長がどうしても呑めないと頑張っている。

また、労組は英国進出に関する調査結果と問題点を資料としてまとめ、これを会社に提出して再三回答を求めてきたが、一年以上にわたって何ら返答はなく、中央経協も拒否されたままに事態は推移していた。労組としては、石原社長が極秘裏に特使を派遣し、英国政府に進出を伝えるかも知れない、という不安にかられていた。

さらに五十八年一月には、アメリカでＵＡＷのレイオフ（一時解雇）が二六万九四〇〇人という史上最高の数字を記録。その最中に日産の英国乗用車工場進出が発表されようものなら、日米自動車摩擦は大変なことになる、と私は考えた。

そこで八月十八日、私は経団連記者クラブで会見を開き、同日、会社に提出した「英国工場進出問題についての申し入れ」の説明を行った。これが〝英国進出反対声明〟と言われたれたものだ。この記者会見は、

(1) 中断されている中央経協を再開させ、英国問題を労使協議の俎上に載せる。

(2) UAWと米国政府に「日米貿易摩擦を真剣に考えている組合もある」とアピールする。

(3) 英国政府に、日産の組合は会社の英国進出案に反対の意向を持っている事を伝える。

ということを意図しての行動だった。

しかし私にもこれを躊躇する気持ちがあった。それは、この行動が〝労組の経営権への介入〟に当たりはしないだろうかということだ。それまで私は、石原氏の言うような『経営権への介入』を、ただの一度たりとも冒したことはないと自負していた。しかし、ここで一度でもそれをやってしまうと、以後、石原社長はそれを錦の御旗として、労組攻撃に拍車をかけるであろうことは目に見えている。

日産労組が中央経協の場で会社の経営方針について協議することは『経営権への介入』には当たらない。しかし、記者クラブという場で、会社の方針に反対の意見を述べることはどうだろうか。

悩んだ私は、経団連会長である稲山嘉寛新日鐵会長と、日経連専務理事の松崎芳伸氏に相談することにした。私がことの経緯と私の気持ちを一時間にわたって稲山氏に打ち明けると、稲山氏は、

「男子たるもの、これが正しいと思ったら、おやりになったらどうですか」

と言われる。松崎氏も、

「塩路さん、それは経営権への介入には当たりません。安心しておやりなさい」

と励ましてくれた。そこで私は意を決して、昭和五十八年八月十八日の記者会見に臨んだのである。この記者会見について石原氏は〝寝耳に水〟であったとマスコミに語り、「社内に塩路批判の声が上がった」と私を攻撃し続けたが、これは事実ではない。

例えば、日経産業新聞『証言　昭和産業史』（平成元年）で

――八三年八月十八日、塩路さんは経団連の記者クラブで英国進出反対の記者会見をしましたね

石原「当日まで全く知らなかった。広報が事態を知らせてきた後も（塩路会長が）どうかしたのではないかとびっくりした」

と語っている。しかしこれは真っ赤なウソで、私は記者会見の一週間前に、横山（能久）副社長に、

「会社が英国進出に関する組合の質問状に回答を寄こさず、組合との協議もしないなら、記者会見をします。一週間待ちますので、社長にお伝え下さい」

と依頼しているからだ。後に石原社長と会談した折りにそのことを言うと、

「聞いてはいましたが、まさか本当にやるとは思いませんでした」

とヌケヌケと答えた。しかも石原氏は、その後もこのウソをつき続けていた。

記者会見の効果

この記者会見は期待した効果があった。間もなく日産で中央経協が再開され（昭和五十八年九月十四日）、英国問題の協議が始まった。また、ヒュー・コータッチ駐日英国大使から「昼食をしながら懇談したい」という招待があった。

コータッチ大使との懇談では、「なぜ日産の英国進出に反対するのか」と訊かれ、「B・L（ブリティッシュ・レイランド）の再建に協力することには異存はないが、工場進出は日産の経営を危うくするから」と私の持論を述べると、

大使「ミスター塩路が反対しても、この問題はすでに日・英両国間の政治問題になっているのだ」

と言われたので、

塩路「フォークランド紛争の時に、サッチャー首相は『英国人の血であがなった土地を、仇おろそかに渡すわけには行かない』と言われて戦闘を開始した。日産もかつて大争議があり、多くの仲間が体を張って守った会社だ。英国政府に脅かされたからと言って、渡すわけにはいかない」

と応えた。すると、

大使「BLの再建をどう思うか」と訊く。

塩路「BLの再建には、英国の部品メーカーの育成強化が急務だ。コストが高いし、品質も悪い。そのために日産の部品メーカーの協力を得たらどうか」などの話をしたところ、帰り際に、「英国に来て、政府要人や業界代表に今日の話をしてもらえないか」との要望が出された。

翌週、国際自由労連の執行委員会でブリュッセル（ベルギー）に行くと、英国のEC議会議員二人がホテルに尋ねて来た。夕食を共にしながらの懇談で、コータッチ大使と話した内容や英国自動車産業についての所見を訊かれたが、この時も、「英国に来て関係者たちと会ってもらえないだろうか」と誘われた。

東京とブリュッセルで会った英国政府の代表は、英国進出に反対する私を説得するというよりも、BL

の再建や英国自動車産業の発展策という点に強い関心を示していた。

石原社長に問題を提起

私は帰国すると石原社長に、「コータッチ大使及び英国EC議員に会った件」で会談を申し入れ、次の三つの問題を提起して、英国進出に慎重な対応を要望した。

「(1)　英国政府の日産誘致には、英国自動車産業再建への強い期待がある。日産の工場進出計画は、これに応えるものになるのか？

(2)　日産の国内（メーカー・販売店）の赤字体質は、車のコストが高く、品質に問題があるからだ。英国のF・Sが十年経っても赤字が残る訳は、英国調達の部品が日本よりもコスト高で品質も悪いからであり、国内で解決困難なことが、英国では解決できるという保障はない。

(3)　従って、英国進出を決める前に、日産の高コスト体質の是正に取り組む必要がある。

私はこのとき、石原氏を刺激しないように、言葉を選んでこの説明をした。特に③の「日産の高コスト体質」は、石原氏が社長になってから徐々に積み重なってきた人災であり、社長の経営姿勢に対する批判に他ならない。それを感じ取ったからか、彼は私の説明を黙って聞くだけで一言も発せず、回答はなかった。

二段階進出（窮余の一策）

石原氏と会った翌週、九月下旬に川又会長から電話があった。会長室に伺うと、川又「川合（勇、常務）君が行きましてね、『当方としてはこういう風にやりたい』ということを向こうに伝えました。それを、あなたに話すために来て頂いたのです。

骨子はね、『日産が輸出割当で貰ってる中から、月二千台を現地で組立てる。それを本格的な規模の工場にするかどうか、その最後の詰めを二〜三年先に延ばす。引き返して来るか次に進むかの見極めは、採算ベースに乗るか乗らないかで決める、という主旨なんです。組立工場の次に何をするかだけど向こうはね、『単なる組立工場だけというのは受けかねる。組立工場の次に何をするかという事をハッキリ示してもらえないか』って言う。

僕はサッチャーさんに手紙を出したんです。なぜ長引いてるかの理由を率直に書いてね、『十年の計画でも、なお日産には不安が残る。だから英国政府も、何か保証を考えてもらえないか』と。ところが、補助金の増額は向こうがちっとも興味を示さないで、『次にやるスケジュールをハッキリしてくれれば、我々としても考えてみたい』と言って来たんです。

原案では不安だからノック・ダウン工場をやるので、『先の図は描けない』って言ったんだけど、『先の図がないと英国民が落胆する』というようなやり取りがありましてね、『それじゃあ、先の見取り図ぐらいは出しましょう。但し、それ以上進むか進まないかは、あげて日産の判断による』ということを強調したのがこれなんですよ。それでやめて帰って来れば、恐らく百七〜八〇億の損失ですむ。どうぞ、それをお読み下さい」

……沈黙……

川又「経過をお話すると、去年の九月サッチャーが来て僕にいろいろ話していった。それから以降、話が何も進展してないんです。僕が黙ってると石原君は何も案を持って来ない。その間に日本から人が行けば、英国政府の要人は『日産に出て来て貰いたい』とみんなに言う。そういうことで段々と話が世間的になって来ちゃった。

それで石原に『組立工場からでも始めないか』と。そしたら石原はね、『組立工場だけで、お茶を濁す訳にもいかないんじゃないでしょうか』と言ってだね、別に新しいアイディアも出して来ない。このままじっと睨み合ってたんじゃどうしようもない。何か代案を考えなければと思ったんです。だから役員会で、『やむを得ず立てた窮余の一策がこの案だ。発案者は僕だから、僕が説明する』といって説明したんですが、それに対して石原は一言も発言しないんですよね。

塩路「確かにこれは窮余の一策ですね。しかし、社長はそう思っていないんじゃないですか。あの人には危機感というものがない。英国進出も借金でしょう、借金と赤字でいよいよ首が回らなくなるのではと、私は日産の危機を感じているんです」

川又「そうだね。英国進出というのは、日産の経済的リスクがどれだけ高いか、その面を捉える必要があるんですよ。それで僕は、一昨日の役員会で話したんです。役員諸公はあまり知らないようだからね。

『償却は十年経っても二〜三百億残る。この大事な十年間に全く扶養家族の一員になるだけで、何ら会社に寄与しない。その先も親を養う力が出てくるかどうかは疑問だ。その他今まで外国に出たところは、残念ながら親を養ってくれてない。石原が始めたメキシコもオーストラリアも親の手離れをしてないし、その後にアルファロメオ、モトール・イベリカなど新しい養子が出てきたが、とにかく親を養う海外投資は無い。如何に〝海外投資、海外投資〟とマスコミにチヤホヤされたって、国内は赤字だし、懐は寂しいもんだ』と」

塩路「サッチャーさんに配慮したようですね」

川又「遡ればこういうことなんです。一昨年一月二十日頃の経営会議で、大熊君が『今から英国に出かける』って言うから、『何のために』って訊いたらね、『日産が乗用車工場建設のF・Sをやることを英国議会で発表することになっているので』って言う。『そんなバカなことはやめろ。英国政府が日産のF・Sをバックアップする、などと議会でアナウンスしちゃったら、結果がまずく出たときに、やめますと言えるか』と言ったんですよ。そしたら、石原は僕の話に、こんな顔して眠ったような振りしてるんだよね。それで大熊（副社長）と久米（常務・後に社長）が行って、僕が恐れていた議会でのアナウンスをやっちゃった。それもサッチャーまで出てきて。だから、サッチャーはのっぴきならないんですよ。『日産のF・Sを援助する』って声明しちゃったんだから。ああいうことさえなければ、日産がこんながんじがらめみたいな事になることはないんです」

川合君はこれを持って日曜日に行くんですよ。それで多少の変更が出るかも知れないけど、基本線はこれで行く積もりです。

僕の案に、組合がすぐに態度を表明する事は難しいだろうと思っている。この間反対したところだしね。会社が組合に提案するときまでに、検討しておいて下さい」

塩路「今日私がこの二段階方式を会長から伺うことは、役員方はご存知なんですか？」

川又「経営会議で『これは塩路会長に率直に話す積りだ』と言ってある」

この川又氏との会談の翌週、石原氏から私への回答があった。それは卑劣な手段による攻撃である。昭和五十八年九月二十四日未明、全国八工場の寮・社宅に計四〇〇〇通の怪文書が送付された。さらに十月三十日に、佐島マリーナで『フォーカス』の写真が盗撮された。

これらついては、次の第三章『日産崩壊もう一つの要因』の第五節、第四節に詳述する。

いま私は、「日産の高コスト体質は、石原氏が社長になってからの人災である」と明言した。このことは第三章をご覧になればご理解頂けると思うが、これらの長年にわたる執拗な石原氏の組合攻略が、職場に根付いていた信頼の労使関係を破壊し、社員間に疑心暗鬼を生み、さらに、石原氏自らの部下への責任転嫁とその恐怖政治が、社内に無責任の文化を蔓延させ、そこに、石原氏の無謀な商品企画と朝令暮改の指示命令が重なって、いつの間にかコストの高い製品が作られる社内態勢・体質が形成されていったのである。

かくて昭和五十七年には、乗用車一七車種、商用車七車種中、利益が出ているのはセドリックとグローリアの二車種のみとなった。結果として、日産自動車の五十七年度上期営業利益は五三八億円の赤字。利子付借入五〇〇〇億円。五十八年度の国内販売店合計損益は五九三億円の赤字。全国二五八社中、黒字会社一二七社、赤字会社一三一社、という惨状を呈していた。これは、私が英国進出に反対した主要な理由の一つなので、その証として、常務会用の㊙資料『昭和五十七年度上半期の営業利益内訳表』（昭和五七年一二月二七日）を公表しようと思う。そこには信じられないような数字が並んでいる。

（昭和57年12月27日）

				売上		営業損益	
				台数	金額	金額	台当り額
				台	百万円	百万円	千円
自動車部門	輸出車	乗用車	セドリック	8517	11752	293	34
			ローレル	20448	25048	▲313	▲15
			フェアレディ	37639	99911	32009	850
			ブルーバード	57987	82622	10124	175
			スタンザ	73230	83756	9202	126
			シルビア	26167	41522	8544	327
			サニー	187770	161408	21970	117
			パルサー	72789	57228	4115	57
			スカイライン他	3805	4893	271	71
		小計		488352	568140	86215	177
		商用車	サニーバン等	5698	3302	86	15
			パトロール	18962	27440	▲200	▲11
			ジュニア･キャブオール	14847	14002	308	21
			ダットサントラック	115108	97705	7180	62
			その他	37249	25016	372	10
			小計	191864	167465	7746	40
	計			680216	735605	93961	138
	自動車計			1,236635	1275597	40151	32
	KDセット			84760	24424	160	2
	部品	国内			98077	18739	
		輸出			76316	14116	
	他計				174393	32855	
合計					1,474414	73166	

☆国内系列別損益（億円）

日産	▲167
モーター	▲26
プリンス	▲43
サニー	▲200
チェリー	▲102
計	▲538

☆輸出地域別損益（含むKDセット）（億円）

極東	8
北米	1,008
中南米	24
太洋州	▲20
アフリカ	18
欧州	▲93
中近東	▲4
計	941

㊙

『昭和57年度上半期営業利益内訳表』（常務会用）

				売上		営業損益	
				台数	金額	金額	台当り額
自動車部門	国内車	乗用車	プレジデント	台 532	百万円 1788	百万円 ▲660	千円 ▲1241
			セドリック	28079	50265	3023	108
			グロリア	13022	23244	1095	84
			ローレル	22430	28644	▲2770	▲123
			スカイライン	56883	67343	▲1935	▲34
			フェアレディ	1284	2228	▲257	▲200
			レパード（含TR-X）	9716	15190	▲257	▲26
			ブルーバード	79689	78304	▲9546	▲120
			リベルタ・オースター・スタンザ	7360	6441	▲2488	▲338
			シルビア	9568	11398	▲894	▲93
			ガゼール	3075	3999	▲138	▲45
			サニー	88877	58907	▲14227	▲160
			ローレルスピリット	12534	10139	▲875	▲70
			パルサー	45042	31756	▲7705	▲171
			ラングレー	20670	15611	▲1512	▲73
			リベルタビラ	12213	9401	▲1310	▲107
			プレーリー	4738	4961	▲795	▲168
		小計		415712	419619	▲41251	▲99
		商用車	ブルーバードバン	14468	11493	▲1551	▲107
			サニーバン・パルサーバン	18722	10265	▲1800	▲96
			その他乗用車系バン	8111	7955	▲587	▲72
			ダットサントラック	11548	8989	▲920	▲80
			キャラバン・ホーミー	18663	21354	▲797	▲43
			アトラス100・200	21539	23036	▲2635	▲122
			サニー・チェリー・ダットサンドネット	41956	33614	▲3950	▲94
			その他	5700	3667	▲319	▲56
		小計		140707	120373	▲12559	▲89
	計			556419	539992	▲53810	▲97

非自動車部門	フォーク・マリーン他		10906	▲1590	
	繊維機械		4073	▲1163	
	宇宙航空		5765	125	
	合計		20744	▲2628	

ようやく再開された中央経協では、川又会長が役員会で提起している二段階方式についての話は一切ない。石原氏が反対の姿勢をくずしていないからだが、さりとて石原氏は、川又氏がこの件で直接サッチャー首相と連絡を取ることに、クレームを付けるわけにもいかない。二人を会わせ、直接連絡を取れるようにしたのは石原氏だからだ。

そんなことで役員会の論議が硬直状態に陥っていたときに、佐島マリーナで私のヨットを盗撮する事件が発生した。

盗撮されたとき、まさか会社が関与しているとは思ってもいなかったが、やがてその証拠が露見し、これを中央経協で追求しているうちに、中曽根総理と石原社長の側近（第一秘書と広報室職制）が連携し関わっていることが明らかになる。

陰謀を糊塗しようとする会社の動きによって一カ月半近く労使間の論争が続いた。結局、石原社長が私に「詫び状」を書き（昭和五十八年十二月十二日）、これと引き替えに、英国進出は川又提案の二段階方式を採ることに決まったのである。

日産・英国政府間の「基本合意書」

日産と英国政府の間で最終的に取り交わされた「基本合意書」には、川又会長がサッチャー首相に手紙で要望したことが容れられた。その要旨は次の通り。

(1) 日産は英国の開発地域もしくは特別開発地域に、乗用車工場を建設する。サイトは八〇〇エーカー

（九八万坪）程度。

(2) 日本からの輸入キットによる年二万四〇〇〇台の組立能力と四〜五〇〇人程度の従業員を有する実験工場である（これを第一段階と呼ぶ）。この実験工場の操業を通して、労使慣行、現地部品の調達、その他英国における事業運営の経験を積み、将来の計画の可能性を見極める。

(3) 日産はこの実験工場の経験をもとに、次の段階に進むか否かを、コマーシャル・ベースによる全く独自の判断で決定する。第二段階に進む場合、少なくとも年一〇万台の生産能力を有し従業員はおよそ二七〇〇人。生産は一九九〇（昭和六十五）年には開始される。

(4) 第二段階に入る場合、英国政府は、第一段階を含めた総投資額の一〇％相当、もしくは三五〇〇万ポンドを超えない範囲で、選別資金援助を日産に提供する。

この「基本合意書」で重視すべき点は、

(2)「この実験工場の操業を通して、将来の計画の可能性を見極める」

(3)「次の段階に進むか否かを、コマーシャル・ベースによる独自の判断で決定する」

と、川又会長の窮余の一策を英国政府が認め、日産の安全がかろうじて保障されることになったことだ。

労使間の「英国進出に関する覚書」

日産が英国工場進出を記者発表したのは、昭和五十九年二月二日だが、そのぎりぎりまで労使間の論争が続いた。それは、第二段階に進むか否かの判断を、石原氏は「会社が責任を持って決定する」と主張し、組合は「労使間の協議と合意が必要だ」と主張したからだ。問答無用で第二段階に進めようとする石原氏の意図を感じての対立である。

結局、労使間で結ばれた「英国進出に関する覚書」は、

(1) 当初、KD生産による実験工場でスタートし、この操業を通じて、英国での事業運営の可能性を見極める。

(2) 実験工場から次の段階に進むか否かの決定は、コマーシャル・ベースに立って、日産が独自の判断で行う。

(3) 第二段階に進むか否かについては、会社は組合と事前に協議を尽くして決定する。

となり、組合の不安は先送りされることになった。

川又会長の遺言

ここに至る過程で、川又会長は私にこんなことを話しておられた。

「役員会で、『これは私の遺言だ』って言ったんですよ。『だから諸君はよく考えてくれ』って。『ノックダウン工場から本格的な規模の工場にするかどうかの最後の詰めを、数年先に延ばす。のっぴきならないような投資になる前に、引き返してくるか進むかの判断は、採算ベースに乗るか乗らないかで決める』とここに書いたんです。

僕が何で遺言だなんて言葉を使ったか、決めるのは後の人なんだってことですよ。これからは、日産

にそういう良識が働いてくれないと困るんだよね」

英国工場進出は川又会長案の二段階方式（ノックダウンの実験工場でスタート）でようやく妥協にこぎつけた。

これで日産の安全は守れるだろうと思っていたが、そんな私の考えがいかに甘かったかを知るのは二年後のこと。昭和六十一年二月末に私が自動車労連会長を辞任し、川又会長が三月二十九日に亡くなられた、その直後である（第四部第一章第一節参照）。

第三節　無謀な商品開発計画を命じた

石原社長は、社長室が作成した「労組派職制選別リスト」をもとに職制三五％の大異動を行った昭和五十四年一月に、全車種ＦＦ化の大号令をかけた。私はこのとき、〝石原氏は「会社は組織と人間関係の組み合わせで動いている」ということも、「自動車」というものも解っていないようだ、と日産の将来に不安を覚えた。

客観性を欠いた異常な職制の大異動で生産現場が支障を来すこともあった。全車種のＦＦ化は設計開発部門のみならず、生産部門や下請け部品メーカーにまで、工数不足などから混乱が生じ、技術的にも全車種のＦＦ化は不可能となって、最終的にはブルーバード以下のＦＦ化に変更されたが、余波がおさまるまでに三年以上を要した。

社長室作成の極秘メモ

社長室が昭和五十七年七月に作成した「当社品質問題の原因及び対策について（要約）」という極秘メモがある。それによると、

昭和五十四年一月、社長命令で、①全車種のＦＦ化、②モデルチェンジ・サイクルの短縮を指示した。その結果、設計開発は大混乱に陥り、ＦＦ化はブルーバード以下になった。要した工数は計り知れない。

〔時間、工数不足を知恵・経験でカバーできなかった問題点〕

1　業務の過密化

車種シリーズの増加、マイナーチェンジのイベント過多、バリエーションの増加、仕様及び要求基準のグレードアップ、などによる。

2　ＦＦ化及び新ユニットの集中化

モデルチェンジと新ユニットの同時並行開発等。新ユニットの矢継ぎ早の開発（新エンジン、新トランスアクスル）。

3　経営の姿勢

①社長と役員間に本当の信頼関係が確立されているか。社長の指示・発言は絶対。問いかけもオーダーと受けとる。叱られないよう庭先を清める。

②社長の権威を畏敬するあまり、社長の御発言を直裁的に受けとめ、何でもオーダーとして下へ流している。

4　組織・会議体

①全社的に統轄する役員体制がない（会議別に担当役員バラバラ）。

②会議体（常務会と経営会議）の相互の関係が明確でない。

5　職場のモラール

①組合との摩擦に起因するモラールの問題は微妙であるが、強い責任感を持って事に当たり、部下を指導する熱意が見られない。

②労使の立場を越えて、日産再建の旗の下に結集することが急務である。

と分析している。石原社長の独裁体制とその悪影響がかいま見える。

FF化とは、FR（フロント・エンジン、リア・アクセル）からフロント・エンジン、フロント・アクセルに変えるという意味で、前に積んだエンジンで後輪を駆動する方式をやめて、前輪駆動の車を開発することである。プロペラシャフトが不要になることから室内空間を広く取れるし、振動や重量の軽減などのメリットもあるが、前方に重量が集中するのでFRとは運動性能が異なる。

恐い社長の「全車種FF化」の一声は、職場では「過密ダイヤ」とも言われて、新商品開発の遅れと混乱を生み、工場における新車生産の立ち上がりはおろか、日常の生産まで混乱させ、品質不良の問題や出荷台数、販売シェアにも悪影響を与えた。

「技術の日産」ではなくなる

昭和五十八年秋、中川良一専務〈零戦のエンジン〈栄21型〉の設計者、プリンス自動車で技術担当副社長、レース用エンジンR380の開発等で活躍〉にお会いした時、

「石原社長に基礎技術開発の予算を半分以下に削られました。いくら説明しても解って貰えない。これでは、日産は五年を出でずして『技術の日産』ではなくなります」

と興奮ぎみに嘆いておられた。石原氏の意に添わない進言をした中川氏は、間もなく日産社内における担当を外され、外部に出された。

石原氏の恐怖政治は、かように貴重な人材を次々と社外に出していった。

第三章　日産崩壊もう一つの要因

日産が衰退の道を歩み始めたのには、石原社長の誤った国内販売政策や無謀な海外戦略の他に、もう一つ並行して行われた重大な要因がある。それは、社内に独裁体制を築き上げるために、労組に執拗な不当労働行為攻撃を仕掛けてきたことだ。それらは次の七項目に整理できる。

一、社長室を新設し、労組派職制選別リストの作成（昭和五十二年六月〜）

二、社長の「次・課長懇談会」（昭和五十三年六月〜昭和五十八年九月）

三、単行本（学術書、小説）と週刊誌、月刊誌の悪用（昭和五十五年三月〜平成六年二月）

四、マスコミを悪用したスキャンダル捏造（昭和五十八年十月〜昭和六十一年三月）

五、会社が関与し、広く社員に流布された『怪文書』（昭和五十五年五月〜昭和六十年四月）

六、組合活動の妨害

1　運動方針反対工作（昭和五十九年十月）、2　係長販売出向問題（昭和六十年五月十三日）

3　組合役員選挙に介入（昭和六十年八月）、4　常任ＯＢ会潰し（昭和六十年二月〜十月）

七、三会（係長・安全主任・組長）を煽動した『塩路会長降ろし工作』（昭和六十年十一月〜昭和六十一年二月）

これらを順を追って説明する前に、当時の主な出来事を時系列に並べてみよう。

◇挫折期（昭和五十二年六月〜昭和六十一年二月）の主要な出来事

昭和52年6月　▲石原社長就任、社長室新設（組合派職制の選別）。
　　　　　　△太田（壽吉）購買担当専務を日本ラジエターの社長に。
7月　○グレイトハウスUAW副会長日産追浜工場を視察（七・一三）。
8月　▲石原社長の工場巡回と全国行脚（販売店回り）。
　　　▲第一回中央経営協議会（組合の提言に回答無し）（八・二三）。
昭和53年3月　◎JC共闘（ドリフト論）。
6月　▲社長の「次・課長懇談会」始まる。（組合攻撃の準備）（六・一三）
12月　△小牧（正幸）副社長（元人事部長）を販売担当から外す（一二・二五）。
昭和54年1月　▲職制三五％の大異動。
6月　△小牧営業副社長を日産観光サービスに、本田専務を日産車体に。
　　　●アルファロメオ社と業務提携協議を開始。
7月　●モトール・イベリカ社（スペイン）株の買取り交渉開始。
9月　◎労働戦線「統一を進める会」を提唱（九月六日）。
11月　●産経夕刊が「スペインのメーカーを日産が買収」と報道（一一・二〇）。
昭和55年1月　●「アルファロメオとの提携」（外電ミラノ発）の新聞報道（一・一六）。
2月　○フレイザーUAW会長訪日（二・一一〜一五）。

3月　▲石原社長が新聞記者に『日産共栄圏の危機』（青木慧）を渡す。
4月　●「米国で小型トラック生産」を記者発表（四・一七）。
12月　●「日産、VWと提携」を毎日新聞夕刊がスクープ（一二・三）。
◎「統一推進会」発足（一二・一四）。

昭和56年
1月　●英国進出のFS（企業化事前調査）開始を深夜記者発表。（一・三〇）。
2月　▲経営会議で東大出版会『転換期における労使関係の実態』を推奨。
5月　○対米輸出自主規制一六八万台で決着。田中通産相に助言（四月末）。
6月　▲第二五回「次・課長懇談会」（組合批判表面化）（六・三〇、七・一）。
8月　▲第二六回「次・課長懇談会」（組合批判表面化）（八・一三、一四）。
▲『偽装労連』（青木慧）。
12月　◎民間労組統一準備会発足（一二・一四）。

昭和57年
4月　◎IMF世界自動車会議（東京開催）（四・二八〜三〇）。
6月　△中島（敬夫）資材部長をダイヤクレバイトの専務に出す。
8月　●マーチン・マリエッタとの提携発表（八・二五）。
9月　●サッチャー・川又会談（九・一九）（石原・大熊の画策）。
10月　◎自動車労連第一六回定期大会（P3運動停止）（一〇・七〜九）。
12月　◎全国民間労組協議会（全民労協）結成（一二・一四）。
▲『偶像本部』（清水一行）。

昭和58年5月　◎日米諮問委員会発足（委員に指名される）（五・一三）。
5月　▲本社人事部を改変（組合攻撃準備体制整う）（五・二七）。
6月　△浦川浩労務担当常務　日産車体に。
▲細川泰嗣　労務担当に。
△佐藤昭三輸出サービス部長をダイヤクレバイトに出す。
●中曽根首相、石原社長にサッチャー首相の意向を伝える（六・五）。
▲新聞記者パーティー（佐島マリーナ）で石原発言（六月末）。
8月　○「英国進出反対」の記者会見（経団連記者クラブ）（八・一八）。
9月　▲怪文書「日産に働く仲間に心から訴える」を社宅に配付（九・二四）。
10月　▲フォーカスの写真盗撮（佐島マリーナ）（一〇・三〇）。
12月　▲細川常務が日産労組組合長を誘う「社長とサシで一席設ける」。
昭和59年1月　▲『覇権への疾走』（高杉良）。
●英国工場進出発表（二・二）。
2月　▲本社人事部職制変更（組合攻撃体制整う）（二・一六）。
▲週刊ダイヤモンド事件。（二・二五発売）（秘密管理の徹底について）。
3月　○係長会総会が「怪文書」に対して決意表明（三・二四）。
9月　▲常務会（九・一六）で『企業と労働組合』（嵯峨一郎九・二五発行）推奨。
10月　▲藤井労務部長が職制に、自動車労連運動方針批判を指示。

昭和60年2月　◎自動車労連第一七回定期大会（一〇・二四〜二六）。
　　　　　　▲企画室（社長室を名称変更）室長に塙義一。
　　　　4月　▲緊急残業問題（九州）（二〜五月）。
　　　　　　▲常任ＯＢ会潰し（二〜一〇月）。
　　　　　　▲怪文書「塩路会長への公開質問状」郵送。
　　　　5月　▲係長・安全主任の販売出向問題。
　　　　6月　▲久米社長就任。（事前に石原・久米会談）。
　　　　8月　▲常任の定期改選に異変（会社の妨害）。
　　　　9月　▲日産労務部が宝会（部品）に塩路会長退任工作を指示（九・三〇）。
　　　11月　▲労務部が三会の新三役を指名。塩路会長退任運動を指示。
　　　12月　▲本社人事・労務部の職制が三会役員のオルグを開始。
　　　　　　▲清水・高坂労連副会長の石原体制支持表明（一二・二六）。
昭和61年1月　▲自動車総連三役会（定年六十五歳案決まらず）。
　　　　　　◎鉄鋼労連中村会長が細川労務担当常務と面談。
　　　　1月　▲工場職制が三会員に「塩路会長退任要求書」への署名捺印強要。
　　　　　　▲日産労組代議員会（二・二二）。
　　　　2月　▲フライデーの盗撮（二・二三）。
　　　　　　○塩路、自動車労連会長（二・二五）・自動車総連会長（二・二六）辞任。

6月　▲『労働貴族』（高杉良）（六・一五）。
平成5年9月　▲『全日産労組創立四〇周年記念・特別講演』（清水春樹）（九・二五）。
平成6年2月　▲『労働組合の職場規制』（上井喜彦著）（二・一八）。
11月　▲『私の履歴書』（石原俊）（一一・一〜三〇）。
平成14年3月　▲『私と日産自動車』（石原俊）（三・三）。
［注］▲労組攻略（不当労働行為）　△労組に近いとして社外に
●海外プロジェクト　◎労働運動　○労組活動

第一節　労組派職制の選別（社長室を新設）（昭和五二年六月〜）

太田購買担当専務を日本ラジエター（カルソニック）に

昭和五十二年六月一日に石原氏が社長に就任したときに〝従来とは何か違うな〟と訝ることが二つ起きた。一つは新社長から「太田君（購買担当専務）を日本ラジエターの社長に出す」と言われたことだ。それまで、職制の外部への転出を社長からわざわざ告げられたことなどなかった。もう一つは、「社長室」を新たに設けたことについて、その理由はおろか新設すること自体も、組合に説明がなかったことである。

私は石原社長から太田専務の転出を聞いた帰りに、川又会長のところに寄って、「いま石原社長から『太田さんを日ラジに出す』と言われたのですが、理由を訊いても黙して答えな

い。会長は何故かご存じですか」と伺うと、

「僕も知らないから、後で訊いてみるよ」と言われた。

翌日、川又会長に電話すると、

「石原に訊いたら、『組合に近いから出した』と言ってたよ。彼は組合問題にタッチしてこなかったからね。おいおい解るようになるでしょう」

と言われた。このときは川又さんも私も〝石原氏に深い意図があってのこと〟とは思いもしなかった。太田さんは購買部を長く担当された関係で、部品とメーカー間の賃金格差の圧縮や部品政策などを話し合う機会が割合いに多かった。この通告が石原氏の私に対する宣戦布告であることに気付くのは、数年経ってからである。

太田氏と石原氏は東京府立四中（現・戸山高校）の同期で、この頃、太田氏は四中同窓会の会長を務めていたが、石原氏は同期の評判が芳しくないため、同窓会の役員に推されていない。


六月半ばになると、本社の職場で「新設された社長室の若い連中が、役員、職制に三角帽子をかぶせて歩いている」という囁きが聞かれるようになった。三角帽子とは、中国の文化大革命の時に紅衛兵が被せて歩いた、それのことである。

昭和二十八年の日産大争議の後、労使の信頼関係を基礎に労使協議制度を作り上げたことが日産の革命だとしたら、石原政権はまさに文化大革命の時代であった。中国で〝走資派〟のレッテルを貼られると終わりだったように、日産では〝労組派〟と見なされると、それはサラリーマンとしての終わりを意味し

ていた。そのことを職制がハッキリと気付かされるのは、昭和五十六年に入ってからだ。石原社長が二月の経営会議で「これを部長に配って組合対策を研究させろ」と東大社研教授の本を示し、六月の「次・課長研修会」で公に組合批判を口にした時からだが（後述）、五十三年一月の定期異動では、この社長室が作った「労組派職制選別リスト」を使って、職制（部・課長）の四割近くを動かす大異動が行われた。

石原政権下では非常に多くの有能な人材が、労組と親しいという理由で左遷されたり、関係会社に出されたりした。石原氏の組合攻略は巧妙かつ慎重に、音無しの構えで進められる。組合批判や労使協議の無視も言葉には出さず、黙って行動で示し始めたのだ。

続く五十三年の十二月には、これも石原社長が私に、「小牧（正幸）営業担当副社長を日産観光（設立したばかりのレンタカー会社）に出す」と言う。それも副社長の任期が半年残っているのに、石原社長はこう言った。

「もうこの十二月で仕事を辞めてもらう。来年一月からは日産の仕事はやりません」

と。さすがに私は、

「人事権に介入するつもりはさらさらありませんが、これだけは言わせていただきたい。この一年半の営業成績が悪いと言われるが、販売店の計画経営、独立採算などの陣頭指揮を執ってきたのは社長ですね。その結果、国内販売が不振になったら、その責任を任期半ばの部下にとらせるようなやり方をすると、誰も社長にものが言えなくなり日産は恐怖政治になってしまう。社員はこういうことには敏感です。アッという間に責任転嫁、無責任体制が広まってしまうと思います。

小牧さんは二十八年の争議のときも、サニーの販売ネット作りでも、会社に功労があった人です。せめて任期満了の来年六月まで、担当を外さないでいただけませんか」

と意見を述べた。しかし、社長は無言だった。

結局、小牧氏は一月から六月一杯まで自宅待機を言い渡された。ところが、小牧氏はその半年間、毎日、会社に出勤するという無言の抵抗を試みた上で日産を去っていった。

歴代人事部長の追放

石原氏はよく、私が人事に容喙《ようかい》したと言っていた。しかし、そのような事実は全くなかったし、するつもりもなかった。

浦川人事部長が日産車体の社長に出ることが決まった昭和四十八年六月、佐島マリーナに新聞記者を集めて開いた恒例のパーティーの席上、石原社長は、

「小牧、本田、浦川と歴代人事部長をみんな外に出した。これで塩路は手も足も出ないだろう。きっと弱り切っているはずだ」

と、得意げに大声で話していたそうだ。これはその直後に、日刊自動車新聞の堤慎一記者（当時）が佐島から労連本部に電話をくれて、私に教えてくれた。

どうも石原氏には〝人事について、労組（塩路）と人事部長が密談して決めているに違いない〟という妄想がつきまとっていたようだ。それが小牧氏（営業担当副社長）、本田氏（営業担当専務）、浦川氏（人事担当常務）という、大争議以降の歴代人事部長経験者を、すべて関係会社に出すという行動につながった。

私はこれを聞いたとき、石原氏の猜疑心の強さは異常に過ぎる、と改めて痛感した。初めてそれを感

じたのは、石原氏の社長就任直後に販売店強化策を論じたとき、「ザルに水は入れない」と言って販売店への不信感をあらわにしたときだ。これが国内販売シェアを低下させる要因になった。

こういった事例はあまりにも多かった。なかには私と一面識もない部長が、塩路と親しいという讒言《ざんげん》を信じた石原社長によって社外に出された例もあった。被害にあった方々には申し訳ないと今も思っている。

新橋のスナックで電機労連の竪山利文委員長と労線統一問題の打ち合わせしていたときに、「塩路会長ですね、私は日産の営業の部長ですが」と声をかけてきた人がいた。

「今度下請けに出ることになりました。担当重役に呼ばれて『君は塩路会長と親しいそうだね』と言われ、『言葉を交わしたこともありません』と言ったのですが、問答無用で下請け行きを申し渡されたのです。それで会長に恨み言を言いたくて、声をおかけしたのではありません。日産はこのままでは破滅です。塩路会長に頑張ってもらう以外にないと思っていたところに、お姿を見たものですから、それを申し上げたくて」

と言われ、私は答える言葉に窮した。私の存在がライバル落としに悪用されている。

また、昭和五十七年六月、二十七年入社の一選抜、中島敬夫購買資材部長がダイヤクレバイトに出された。この時は職制の間に〝まさか〟というかなりの衝撃が走った。私が日産労組の組合長の時（昭和三十六年）の副組合長である。

その頃、「新日鐵」の役員に、

「日産というのは恐い会社ですね。入社同期の中で最初に役員になるだろう、と私どもが思っていたあんなに優秀な人が、突然、小さな下請けに出されるなんて」

と言われた言葉が今でも私の耳に残っている。

その翌年、五十八年には、同じく常任経験者で中島氏と同期入社の優秀な技術屋、佐藤昭三輸出サービス部長が、出すに事欠いて中島氏と同じダイヤクレバイトに出された。当然、これも職制間で話題になった。二十八年の争議以来、会社の発展に人並み以上の活躍をしてきた二人である。志なかばでどんなに悔しい思いをしたことか。

他にも多くの惜しい人材が、社長室が作ったリストによって関連企業（部品、販売等）に出され、日産の力が失われていった。このような被害にあった方々には今も申し訳ないと思っている。

『週刊東洋経済』の社長室職制談

『週刊東洋経済』の昭和五十八年九月三日号に、社長室職制談として次のような記事が載った。

「五二年七月一日の組織改革で社長室というのを新設した。一種のゲーペーウーだと言われているけど、アンチ組合、アンチ塩路の優秀なエリートを抜擢して入れた。今まで組合と良かった人を、左遷とは言えないけれども少なくとも栄転ではないという形のスライド人事を行なった。社長室から転属する人のことを派遣と言い、人によっては出向と言っている」

社長室の職制は短い期間で交代異動していた。〝社長室からの派遣・出向〟とは、社長の腹心が尖兵として社内に配置されていくという意味である。その転属先は営業から始まった。まず販売店の経営者に組合批判を植え付けるためだ。販売店から、

「メーカーのロードマン（営業担当）は塩路、塩路と呼び捨てにして、組合批判の発言が多い。どうも我々ディーラーの者から見ると、本社の人と工場の人とでは意見や物の見方が大分違っているようだ」というような声が、私の方に伝えられるようになった。このような社長室職制の談話が堂々とマスコミで報道されるということは、組合に対する石原流の「宣戦布告」ではないのかと私は思った。

果たせるかな、三週間後の九月二十四日、全工場の寮社宅に「怪文書」四〇〇〇通が配付され、十月三十日には佐島マリーナで『フォーカス』の写真が盗撮された（後述）。

第二節　「次課長懇談会」による反組合教育（昭和五十三年六月〜昭和五十八年九月）

石原氏は昭和五十三年六月、社長室に「次長、課長との懇談会」の企画を命じた。部長を外したのは、多くが日産争議の時の民主化グループで、共に日産労組を結成した同志であり組合に親近感を持っているからだ。

「懇談会」は一五ないし二〇人単位で年に八回程度行われていたが、始めの約三年間は組合批判めいた話はあまりしていない。それが、昭和五十六年半ばの第二五回から内容が急変する。二日間のスケジュールを組み、社長が組合攻撃の姿勢を明らかにしたのだ。

五十六年は一月に「英国進出のＦ・Ｓ」を発表し、二月の経営会議では東大社研教授の著書を推奨して組合対策を指示している（後述）。五月は対米輸出自主規制一六八万台が決まり、前年の昭和五十五年にはスペインのモトール・イベリカ社との資本提携が石原氏の思惑に反して金食い虫になっていた。

第二五回から第二六回「懇談会」への推移は、当時の職場の労使関係の実態と社長の顔色を見るサラリーマンの心理状態が見事に現れているので、参加者から聴取した記録を紹介しよう。

「次課長懇談会」は第二五回が六月三十日、七月一日に、さらに八月十三、十四日に第二六回が、銀座丸の内ホテルの研修室で行われた。時間は午前九時から午後六時まで。二日目の最後は本社一二A階の第二会議室で社長の話が一時間。そのあと社長との立食懇談会。そして二日後に感想文を社長室に提出せよ、というスケジュールである。

1　第二五回次課長懇談会

懇談会は「日産の人事・労務管理について」というテーマで行われた。

「参加者はA・B八人ずつの二グループに分かれて設問を討議し、その結果を六〜七メートル離れた距離から読めるような掛け図三〜四枚にまとめ、それぞれに社長に説明せよ」と指示された。

参加者の意見

まず、社長の設問に対する参加者の意見を見ると、
〈労使関係について〉
(1)　同じ根から生えている近代的労使関係。

(3) 良き従業員、良き組合員。
(4) 会社が組合を利用している部分も大きい。
〈日産労組の評価〉
(1) 目標（会社の発展、従業員の生活向上）を同じくした相互信頼の関係。
(3) 貿易・資本の自由化の時、会社の体質強化への協力。
(4) 従業員の意識づくり（健全な社会人として、青年として）の指導。
(8) 生産達成への協力（残業、休出、応援、出勤率の向上など）。
(10) 部品・販売を含めた日産圏の協力体制づくりに貢献。
〈労使関係が悪化した場合どうなるか〉
(1) 残業・休出の拒否。
(2) 異動・応援の拒否。
(3) 有給休暇の取得。
(4) 組合活動の先鋭化。
(5) 労働災害時の会社追及のエスカレート。
(6) 遵法闘争。
(7) 会社諸施策への非協力。
〈会社として今後組合への対応は〉
(1) 商品開発のために全社一丸となった体制づくりが必要。

(3) 組合の歴史・実績を評価した上で、今後とも組合の協力を得る必要がある。
(6) 労使の相互信頼体制を堅持しながら、現状の問題点の是正を図る。
(9) 従業員は組合の方をより頼りにしている。会社として従業員の信頼を得られるように努力が必要。

石原社長の話

(1) これまで労組への対応は事なかれ主義で来てしまった。これからは徹底的に闘え。
(4) 職制は組合から異常な集中攻撃を受けている。組合との対応で孤立しているようだが、人事は何をしているのか。職制の一枚岩をつくれ。
(6) 組合の方を見て仕事をするのはやめてもらいたい。
(11) 会社の方針を組合の意見で変更するのはおかしい。一たん決めたら邁進するのだ。

怒られっぱなしの懇談会

労組執行部が懇談会に出席した職制七人（一六人中）から感想を聞いた。
(1) 研修会は、社長崇拝者とそうでない人との間に、異様な雰囲気がある中で行われた。
(4) 社長は「納入業者のトラックを長く待たせるな、コスト高になる。十五分、三十分単位で残業をやれるようにして一日の未達分を取り戻せ」など細事を取り上げ、思いつきの発言や指示が多い。
(7) 社長には長期戦略に立つバランスのとれた経営というものがない。
(10) 「組合からの異常な集中攻撃」という社長発言に対して、何人かの職制が「そんなことはない」と反論したら、怒られた。

⑿「組合との対応で孤独になっている職制がいる。人事部門は何をやっているのか」と社長に言われたので、「職場にはこれまでの歴史というものがある。理屈通りにやれば全て正しいとは言えない」と反論したら、また怒られた。

⒂とにかく社長の一人舞台で、懇談とか意見交換というものではない。最初から最後まで怒られっぱなしの研修会だった。

2　第二六回次・課長懇談会

約一カ月半後に行われた第二六回懇談会は、参加した職制の発言・意見が前回とは対照的に、組合に批判的な方向に変わった。前回の参加者から様子を聞いたからだが、サラリーマンの心理が目に見えるようだ。これも参加者から集めたレポートを紹介する。

〈職場の労使関係に関する問題点〉

(1)日産は、生産体制・勤務体制のフレキシビリティがない（組合が強いから）。

(4)販売店の勤務体制が他社に比べ硬直的、日曜・祭日に営業し難い。

(6)組合役員に優秀な人材を指名されるため、異動・ローテーションがし難い。

(8)従業員の目が組合に向き過ぎている。組合に言えばなんとかなると思っている。

⑽ 会社は組合に比べて〝まとまり・一貫性・継続性〟に欠ける。組合はパワフルで会社は押され気味だ。

石原社長の話

「経営権について」

(1) 経営の責任はすべて経営者がとらなくてはならない。組合長が責任を取ることはない。したがって、経営責任のない組合が経営に口出しするのはおかしい。

(3) 今までの労使関係は正常ではない。正常化のためには、時には組合と対決しなければならない。

(4) 経営効率はトヨタの方が勝っている。これは労使関係が大きな要因である。

(5) トヨタのような組合にしなければならない。他社の労使関係はどうなっているのか、それに比べて日産の労使関係はどこがおかしいのか、しっかり摑んでおけ。そうでないと正常化は図れない。そういう考えがない職制は失格である。

(9) 人事権は会社にある。係長・組長は会社の職制であるから、その任命について組合の意見を受け入れる必要はない。受け入れると、組合の影響力を増すことになる。

「労務管理の姿勢」

(1) 組合に頼らないで労務管理をやることに不安を感ずる人もいるだろう。しかし組合員も従業員である。会社が筋の通ったことをしている限り必ず会社についてくる。

(5) 組合に頼らなくても、会社として正しいことをやっていればストライキなど起こらない。万が一

(7) ストライキになっても、生活環境が厳しい中で長続きはしない。

(7) 日本は単一民族だし、階級意識はない。従って組合寄りになっている従業員の気持ちは会社の方に戻ってくる。結局、労使一体でやらなくてはということになる。

「労使協議の是正」

(3) 現在の労使協議は行き過ぎである。何でもかんでも労使協議というのはおかしい。

(5) 協議の行き過ぎを是正するには、会社として体制をつくることだ。職制も会社のバックアップ体制がないと自信を持ってやれないと思う。そのために社長としてやるべきことは信念を持ってやっている。

「職制体制の強化」

(7) 組合は情報をタイムリーに正確に流すことにより、一枚岩の体制を作っている。会社はこの部分で全く負けている。

(8) 会社として対抗手段を確立しなければならない。そのためには、会社としての情報を逐一正確に流すことだ。会社の一枚岩の体制を作れ。

同様の「次・課長懇談会」が五十七年末まで続けられた。

六十年から六十一年にかけての労組攻略の最終段階で、三会（係長会・組長会・安全主任会）の切り崩しと「塩路会長降ろし工作」の陣頭指揮を執った高田労務部次長は第二六回懇談会メンバー。彼はその功により、後にサニー系最大の販売店「サニー東京」の社長に栄転した。

第三節　単行本（学術書、小説）と週刊誌・月刊誌の悪用（昭和五十五年三月〜平成六年二月）

週刊誌、月刊誌による私への批判・中傷は昭和五十五年に始まり、枚挙にいとまがないほど書かれた。最後の一年は毎週一回は載っていた。広報室と企画室（社長室を改名）に担当者がいて、でっちあげた情報を流すからだ。ここでは主に単行本について説明する。

小説では『日産共栄圏の危機』（青木慧）や『覇権への疾走』『破滅への疾走』『労働貴族』（高杉良）、『偶像本部』（清水一行）、『偽装労連』（青木慧）などの他に、東大社研教授の学術書も私に関するものが五冊出版された。会社が何らかの関わりを持たずして、一労組幹部についてこれほどの数の本が出るだろうか。内容はすべて悪意に満ちた虚構である。

1　『日産共栄圏の危機』

これらの中で最初に出版された『日産共栄圏の危機』について、まず所見を述べる。

これは石原氏あるいは側近が情報を提供しなければ書けないような内容だ。全編、石原氏を礼賛あるいは擁護し私を非難攻撃する小説で、石原氏の妄想と組合攻略がつぶさに書かれている。

私がこの本を知ったのは、昭和五十五年三月八日午後九時頃のことだ。A新聞の記者から労連本部にいる私に電話が入った。

「石原社長のお宅に賃上げ問題の取材で行った帰りですが、今から二人で事務所に伺いたい。五分くらいで着きます」

私にも賃上げについての取材かと思って会うと、

「石原さんが『良い本が出たから読めよ』と言ってこれをくれたんですが、帰りの車の中で見ると、〝実力社長・石原俊に立ちはだかる塩路一郎〟など、石原社長サイドで書かれている。発売日は明後日ですから、未だ読んでないでしょう」

と言って見せてくれたのが『日産共栄圏の危機』だった。

一週間後に同じ記者からまた電話があった。

「青木慧は元赤旗の記者です。はじめ日産の広報に取材を申し込んだけれど、警戒され断られてしまった。そこで彼は石原さんに直接連絡して、あの本ができたようです」

石原氏が筆者を巧みに利用した内容になっていることから、そのことはうなずける。

第一章「日産労使〝二重権力〟の相克」を見ると、

「石原はヨーロッパなど海外に出かけるときも、ゴールデン・ウイークのような時期を選ぶ。日本では仕事にならないが、向こうでは休日でもないので仕事ができる。要するに、石原は仕事一筋の男なのだ。その実力も早くから認められていた。経営者としては実力も行動力もある人物だ」

と、まず石原氏礼賛の紹介で始まる。続いて、

「だが、彼が社長に就任したのは七七年六月、すでに六五歳になってからだった。彼の理想論からは十年近い遅れだ。なぜ遅れたか。寄り道をしたわけでもない。一九三七（昭和十二）年春、東北大学法科を出てすぐ入社した生粋の日産人だ。川又は日本興業銀行から島流しにされて日産へ流れ着いたようなものだったし、前社長の岩越忠恕も一九三一（昭和六年）年の東京大学商科卒から入社まで六年間の屈折がある。

ただ石原は、二重権力下の政治力学を無視した。いや、疎外されていたといってもよい。つまり、〝朴〟さんと労働組合にそっけなかったのだ。川又や岩越のように相互信頼を無闇に礼賛し、その恩恵にあずかろうとしなかったのだ。その結果、二重権力下の日産で冷遇されてきた。

彼は社長就任以来三年足らずの間に、実際にダイナミックな手を次々と打ってきた。七九年一月、日産始まって以来という職制機構の大改革をやってのけたが、日産での彼の立場を示して興味深い。彼の言動を総合してみると、『全権力を手中に！』と叫んでいるようでもある。だが二重権力の厚い壁が彼の前に立ちふさがっている。日産圏の経営幹部が〝朴〟さんと言った人物は塩路一郎である」

と書いているが、社長になるのが遅れた理由は、石原氏が一番よく知っていることだ。昭和三十年の川又専務・岩越常務追放クーデターに失敗したからだが、もし成功していたら川又・岩越両社長は無かったし、石原氏は四十歳代で社長になっていただろう。

また、石原氏の組合に対する続けざまの攻撃には正当性があるかのような解説とそのための口実を並べているが、「七九年一月の職制機構の大改革」というのは、社長室作成の「労組派職制リスト」を使っての職制大異動のことだ（前述）。

第八章には、私がこの『証言』の「形成期」で述べた「幻のクーデター」が、〈秘史2—日産工場の極秘スト〉の見出しで次のように書かれている。

「日産争議が終結すると、争議を圧殺した功績でのし上がってくる川又の存在を快く思わない役員もいた。当時の浅原源七社長（故人）自身もそうだった。川又を追い出す工作が始まった。そのネタに使われたのが、ここでは人身攻撃になるのでくわしくは書かないが、川又の女性関係にからむ素行問題だった。一九五五年春のことである。日本興業銀行の副頭取だった中山素平は、浅原社長の訴えを聞いてすぐ次の手をうった。中山は川又と同期で、当時は犬猿の仲だった。中山の進言で開かれた興銀の役員会は、浅原社長が求めるとおり、川又を日産ディーゼル社長として日産本社から追放することを決定した。これを受けて、浅原社長は、千代田区・弁慶橋の料亭、清水に川又を除く日産の全役員を集め、川又追放を追認する。

あわてたのは川又である。宮家組合長のところへ、さっそく密使の田辺邦行がとんでゆく。『銀行が日産の役員人事に介入するとはけしからんじゃないか』。

宮家組合長をはじめ日産労組幹部は激怒する。五五年五月三日、宮家組合長の指令で、横浜本社工場では生産ラインを止めた。驚いた興銀は川又の追放を撤回した」

この記述で事実との重大な相違は、川又専務の追放を企てた事件の中心人物、石原氏が居ないことだ。それに、田辺氏は宮家氏の所に行く前に私の家に来て相談している。この重要な点が抜けているのは、石原氏が知らないことだからだ。

つまり、この事件の真相が露顕することを恐れた石原氏は、浅原社長を主役に仕立て、自分のいない川又批判のストーリーを文字で残すことを考えたのだろう。

この事件は、四年後（一九八四年十月）に出版された高杉良の小説『破滅への疾走』にも載っているが、これはストーリーを全く変えて、石原氏は川又専務擁護派に書かれている。

この時期にこの事件を知る者は、石原氏と私と川又氏を含めて日産に五人しかいない。それを考えると、この情報源は石原氏以外には考えられない。

石原氏が川又・岩越時代の労使関係を否定し、事を構えて執拗に私や組合を攻撃し続けたのは、この企みに失敗して社長になるのが遅れたことに対する逆恨みからだ。

第九章「二重権力―経営陣の実態と権力構造」には、〈石原政権下の経営陣にも塩路フラクション〉のサブタイトルで次のくだりがある。

「石原は七八年秋には、塩路との関係もよく筆頭副社長で次期社長の声も高かった佐々木定道を、提携会社の富士重工の社長として派遣する。佐々木はかつての企業研究会の支援者の一人で、塩路とはそれ以来の関係だったのだ。さらに七九年一月一日付で、職制機構の大改革とそれに伴う部課長クラスの大幅な人事異動をやってのけた。

彼はいくつかの新しいセクションを設けてきたが、それを象徴するのが社長室の制度である。彼は社長室のブレーンによって会社の動向、情報などを迅速につかみ、自身の行動を迅速に取ろうとしたのだ。石原の職制機構の改革は、従来、塩路の意向本意に行われてきた人事の枠を破るものだった。

この職制機構の改革に続き、七九年六月、大胆な役員人事を決行した。彼は岩越社長時代に塩路と組んで人事権を握ってきた中核的な役員の何人かを、日産本社から関係会社へ出してしまったのである。その一人が副社長だった小牧正幸であり、もう一人は専務だった本田文彦だった。塩路―岩越体制を築くため、かつて仲間の役員を追い出した彼らは、今度は逆に自らが日産本社一三階から降ろされる破目になったのである」

ここでも石原氏の不当労働行為の数々を並べ、労組派職制リストを使った選別人事の口実に、「塩路が職制人事に容喙してきたから」と青木に書かせている。

佐々木氏を富士重工に出したのは、石原氏が社長の地位を守るためだ。川又会長は、岩越社長の後任を佐々木氏（技術）か石原氏（事務）かで迷われた末に、石原氏を選んだ。佐々木副社長の存在は社長交代要員が控えていることになる。国内販売不振の責任を小牧副社長に転嫁した石原氏は、自分の社長任期満了の半年前に佐々木氏を外部に出すことによって、長期の身の保全を図ったのである。「佐々木副社長が転出」と聞いたとき、〝石原社長は長期体制を敷いた、これで日産は大丈夫だろうか〟と私は一抹の不安を感じた。

〈役員、部課長、系列企業に網の目の組織〉の項には

「塩路と自動車労連の日産経営への介入と影響は、主として元組合幹部、元人事担当者などの〝二人三脚〟によって行われてきた。従って、日産経営陣の一人ひとりが、それらとどのようにつながっているかを見ることが、重要な判断材料を提供することになるだろう。かつての企業研究会会員かその支援者、または元労働組合幹部は、現在会長以下四三人の役員のなかで、次の十三人である」

▽川又克二（取締役会長）

企業研究会結成以来の経営陣内での最高の支援・協力者。川又―宮家体制で労使相互信頼の基盤をつくり、宮家粛正後は塩路をバックアップ。塩路との友好関係を持続して自身の保身を図っている。

▽岩越忠恕（取締役副会長）

日産労組結成時から労務担当取締役、労組の窓口役。塩路の後押しで社長となり、副会長になってからも経営トップの中で塩路の代弁者となる。

▽川合　勇（常務取締役）

企業研究会会員。日産労組結成後、同労組吉原支部長。塩路―岩越体制下で取締役。

（中略）

など役員十三人の名を挙げ、それぞれ企業研究会会員とした上で、労組役員経験者にはその役職名（日産労組書記長、副組合長など）を記している。さらに、

「本社の人と金を左右する人事部、経理部等の他に、関連部品メーカーなどを管理、指導する購買関係が、組合幹部経験者、あるいは塩路の部下だった人物で固められていることを重視しなければならない。たとえば、購買管理部を見ると、部長の中島敬夫は塩路日産労組組合長のもとで書記長（一九六一年）をやっていた人物。次長の加藤寛もかつて部労副組合長（一九六九年）をつとめ、この中島、加藤のもとで管理課長をつとめる田中毅も日産労組の書記次長だった。日産労組による系列部品メーカーへの支配体制は、そのまま日産の職制機構のなかに体制化されているということができるだろう。〝日産圏〟全体をこの観点から見れば、〝二重権力〟の体制は網の目のように張られていることがわかる」

と解説しているが、購買部の職制は二〇人以上いる。そのうち三人が元組合役員であることを捉えて、

この推論は極論に過ぎる。川又・岩越両氏の解説は石原氏の意見だろう。

これらの記述は、社長室が作成した「労組派職制の選別リスト」が下敷きになっていると見て間違いない。職制（部・課長）を社外に出し始めたのは、この本が発売されて以降だが、石原氏は〝労組が会社人事に容喙した〟という被害妄想を先ず青木に書かせて、客観性を持たせようとしたと思われる。

戦後の十数年間、日本は階級闘争の全盛期だった。「会社が潰れても組織は残る」という言葉が叫ばれ、日産では日常の生産が阻害されていた。事務・技術の学卒者たちは、荒んだ職場と雇用を守るために組合民主化グループを形成し、現業部門に働きかけて新組合を結成した後、旧労組との闘いが続く中でその一部が労組専従役員を務めたのである。

職制で先ず挙げられた中島敬夫氏もその一人で、彼はダイヤクレバイトに出され、加藤寛氏は関東精機に、田中毅氏は富士重工に出された。田中氏は後に富士重工の社長になる。

こうして、会社を守るために身体を張った有能な人材が、石原氏の妄想によって次々と日産から失われ、後には、社員間の疑心暗鬼と責任転嫁の風潮が残った。

役員で挙げられた川合勇氏は、争議の時は吉原工場の民主化グループの中心で、日産労組結成時は吉原支部長に推され、一年後に会社に復帰した。間もなく日産初の乗用車専門工場建設の責任者となり、追浜工場を竣工（一九六二年）させた有能な技術屋である。その後、英国工場プロジェクトの統括責任者に指名され、進出決定後は国内営業に回された。

石原氏から後継社長に指名された久米氏が「川合専務は販売店の信望も厚く、引き続き国内営業担当にしたい」と提案したところ、石原氏は言下に「悔いを千歳に残すようなことはしない」とこれを拒否し、久米氏の社長就任と同時に日産ディーゼルの社長に出された。川合氏が日産に居れば次の社長の最有力候補だったが、労組役員経験者にそれは許さないということだ。

この本には、日産労組幹部の人脈が「企業研究会」というものを中心に広がっているようにしつこく書かれており、私もその会員として扱われているが、私は企業研究会なるものを知らない。私の入社以前にそういう「研究会」があったらしいが、これは石原氏の一つ覚えから始まっているようだ。だから、石原氏が接触した高杉良の小説にも、そして何故か東大社研教授の本にも出てくる。

石原氏は日産争議中、洞ヶ峠を決め込んで渦中から逃げていたから、民主化グループの実態をまるで知らない。

2　学術書の悪用　東大社研自動車研究班三人の著書が石原氏を支援

「日産共栄圏の危機」の出版の翌年、昭和五十六（一九八一）年二月中旬の経営会議（社長、副社長、専務の十人）で、石原社長は『転換期における労使関係の実態』（労使関係調査会編著、東京大学出版会、一九八一年）を示し、「これを読んで組合対策を研究しろ」と、部長以上への配付を指示した。石原氏が組合攻撃を表面化させたのは五十六年からで、この本の出版が契機になっている。

本の第一編が、自動車産業の労資関係―A自動車における「相互信頼的」労資関係で、日産自動車の労使関係を分析・批判したもの。執筆は東大社研の山本潔教授と上井喜彦、嵯峨一郎の三氏である。

この本は、事実誤認と思われる箇所があまりにも多い。情報提供者に可成りの片寄りがあり、山本氏の認識に基本的な誤りがある。そこで、その一部を◆印を付けて紹介し、◇印に私の所見を述べる。

第一章「労資関係の主体」、第一節「問題の所在」

◆A社取締役陣のなかには、A労組および上部団体たるA自動車労連の最高幹部クラスの経歴を有する者が目立つ。A労組は一九五三年大争議のさなか、一部学卒者を中心として結成されたものであった。しかもその目的は、労資の『相互信頼』的関係を作り出すことにあった。A労組・自動車労連の幹部は『再建闘争』をも展開し、A社再建の功労者として社内に隠然たる勢力を築き、組合専従を終えて会社に復帰するや、重役コースを歩んでいったのであった。なかでも、労働組合との折衝に当たる人事担当重役が、自動車労連書記長の経歴を有することは注目に値する。これをA労組の側からみれば、団体交渉・経営協議会に先立つ情報収集〝すりあわせ〟に当たって、かつての組合における〝同志〟という関係が、役立っていると考えられるからである」

◇日産の労使関係は、日産労組創立十周年記念総会（昭和三八年）を契機に、基本的に転換した。（第一部、第二章、第五節「自動車労連会長交代」参照）。山本氏はこの史実を全く知らないようだ。この基本認識の重大な誤りが、「労働組合の会社人事への介入」を始め、この本に縷々述べられている日産労組・自動車労連非難に大きく影響しているように思われる。

◇自動車労連事務局長（書記長ではない）経験者が職場復帰し、暫くして人事課長になリ、後に人事担当重役になったのは事実だが、彼は争議中に民主化グループで活躍していた頃、既に職場で次期課長の呼び声が高かった。会社再建の功労者としてではない。大争議中、そういう人達が職場を守るために立ち上がったのである。組合専従経験の故に重役になれた訳ではない。更に、「組合における同志の関係が、団交や経協の情報収集〝すりあわせ〟に役立っている」という推論も当たらない。

われわれは、階級闘争で荒廃した企業を再建し、将来の発展を図るために、労使の秩序ある関係の確立を目指して、日産労組を結成したのである。単なる労使協調ではない。

この論調は、将来経営陣に入る者は、会社が一旦緩急ある場合でも労働組合に関わってはならない、と言わんばかりだが、会社の危機に身体を張れないような者が経営者になってはならない、と私は思う。

第二節、「ミドル・マネジメント」

◆A自動車の人事担当重役・部課長とA労組役員（キャリアー）とA社人事課員は、同一の人脈のなかにあり、相互に情報が交換され、組合の要求が作成され、会社の回答が作成されていくわけである。つまりA社は、労組内のA社人事担当部署出身者を通して、A労組を操縦しているとも言えるのである。

◇日産労組は創立十周年総会の後、第十一回定期大会で「運動の基本原則」（第一部、第二章、第五節）を採択し、私はその「七原則」を川又社長に説明した。その三ヶ月後、川又氏は極秘裏に、プリンスとの合併について私の意見を訊かれた（第二部、第一章、第一節「合併覚書調印」参照）。この時私は、〝十年の曲折を経て、ようやく本当の相互信頼関係が築けるかも知れない〟と思った。

互いに信頼に値する相互の体制作りに努めてきた労使には、山本氏が憶測するような、不信を前提にした愚劣な策は、思いもよらない事だ。それに、〝御用組合にはしない〟、が日産労組結成時から私が貫いてきた運動の基本である（第一部、第一章、第一節「宮家氏との出会い」参照）。

第三節「A自動車労働組合」、「役員の構成要素」

◆『ノンキャリアー』役員の上層は、一九五三年争議において、新組合で活動した同志達を中心として構成されている。それは、SI氏を頂点とする人脈を通じて、A自動車労連・A労組を統轄している。ただし、その統轄機構は必ずしも労働組合の組織機構と同一ではない。インフォーマルな非公式組織として、『SI氏スタッフ』といわれる、SI氏直属の数名の古参・有力係長により構成される組織があるといわれている。（註 SI＝塩路）

◆スタッフは、『SI氏スタッフ』組織と係長・組長会を統轄し、現場『技能員』層の頂点に立つ古参係長である。彼は組織上は組合役員ではないが、実質上A労組の背骨をなしている。所属職場の人事権を握り、不抜の人脈を維持しているばかりでなく、全A労組規模の発言力を確保しており、参議院議員選挙から市議会議員選挙に至るA労組出身民社党議員候補者の決定等、事実上の民社党フラクションとしての機能をも果たしている。

◆『スタッフ』の構成メンバーは、大係長として『現場に君臨』し、組合に対しても発言力を持ち、役付工の任命も、組合内部における昇進も、『スタッフ』の発言権のもとにある。それは、B工場エンジン製造部SA係長、同鋳鍛造TA係長、同圧造課WA係長、F工場XY係長等である。

◇事実誤認や捏造話の連続だ。『SI氏スタッフ』といわれる、塩路直属の古参係長による非公式組織など存在しない。日産労組が結成大会で掲げたスローガンの一つは「明るい組合、明るい生活」であった。全自日産分会時代を反面教師として、結成時から、明るい組合作りを心掛けてきた私の労組組織論に、二重組織を意味する、インフォーマルな『ＳＩスタッフ』という発想はない。現実には存在しない『スタッフ』組織をでっち上げ、架空の古参係長の名をローマ字のイニシャルで挙げているが、係長の中にこんな不誠実な者は一人もいない。

◇「全Ａ労組規模の発言力を確保している」というのも虚構である。全日産労組（日産自・日産ディーゼル・日産車体・厚木部品）規模の発言力は、係長には持ち得ない。また議員候補者は、国会議員は労連会長が、地方議員は執行部が決める。それは組合員に対する責任が伴う。係長には不可能なことだ。

◇「組合内部における昇進も『スタッフ』の発言権のもとにある」とは、「日産労組は古参係長の言いなり」と言いたいようだが、この本には、偏見による妄想をたくましくして架空の筋書きを作り、思いっく非難を並べている箇所が散見される。権力欲の亡者のような係長が書かれているが、そのような恐怖政治では、安定した工場の生産体制は作れない。職場の良き人間関係を支えているのは、組合の強固な組織体制であり、それは組合員の誠実さと仲間意識によって築かれているものだからだ。

四「役員選挙」第四節「小括」

◆Ａ労組の役員選出の過程においては、民主的手続が守られているとは言い難い。常任委員・執行委員立候補者の得票率は九八～一〇〇％であって、対立候補者はなく、立候補者＝当選者である。候補者の決定過程が一般組合員には不明であるばかりでなく、投票の秘密が守られていない。翼賛選挙なのだ。Ａ労組は、反対派の立候補を認めるか、投票の秘密を守るか、を厳しく迫られることになろう。ブルジョア民主主義の最低条件にＡ労組が反対し続けることは、オイルショック後の社会・労働情勢のもとでは、著しく困難なことであろう。

◇私は日産労組の組合長になった時に、組合員から信頼される執行部の体制を作りたいと思った。労使対等の強固な組合にするためだ。そこで常任委員・執行委員候補には、①職場で仕事上の評価が高く、②人望がある人、③大卒の場合は、次期課長の有力候補と目されている人、を職場から推薦してもらうようにした。従って対立候補は無いから、組合員の団結力を経営側に示す意味でも支持率が重要になる。そうして築かれた組合体制だから、石油ショックなどの経済的背景の変動にもビクともするものではない。社研教授は「反対派（共）の立候補を認めろ」と言うが、彼らは地下に潜っていて表には出てこない。探し出してムリに立候補させたとしても、意味のないことだ。

第二章「人事」第一節「提案折衝の特質」

◆人事に関する『提案』の特質は、まず第一に、この制度の存在そのものが一般組合員に秘匿されていることにある。このような『提案』制度の非公開性、秘密性に、まずもって注目しなければならない。

第二に特徴的なことは、かかる秘密性と表裏一体をなすものとして、A労組の行動基準のセクト的性格である。①会社側の人事管理の基準は「職務評価と能力評価」によるが、②組合側が人事管理に介入していく場合の基準は、一つは、「組合歴と組合内序列」に基づいて行うなど、恣意的要素の入り込む余地の大きい基準にとどまっている。③二つには、㊡（民青・共産党）と創（創価学会員）を排除していくということである。

㊡の排除は、「真赤の」「極左の」全自A自動車分会から分裂してA労組が結成されたという、A労組

本来の性格に基づくものであった。この点は、第一一回定期大会（一九六三）決定の『運動の基本原則』が第一項に「立党の精神を忘れぬこと」と謳っている如く、A労組において、常ひごろ反芻されているところである。また㊝の排除は、創価学会の布教活動および公明党の選挙活動によって、組織内に自らとは異種の組織と選挙活動が形成され拡大することによって、自らの「組織を分断される」ことへの警戒心によるものであるという。

第三に特徴的なことは、人事に関する「提案」における秘密性とセクト性が、組合による労働者支配の根幹になっているという点である。

◇何のことを言っているのか解らないが、察するところ、現業部門の係長・組長の任命問題のようだ。だとすれば、事実誤認も甚だしい。係長・組長の人事に関する「提案制度」そのものが存在しないからだ。「『組合歴・組合内序列』に基づく人事への介入」と言うが、あり得ないことだ。実力がなければ生産現場の中間管理職は務まらない。機械故障など、生産上何か問題が起きたときに、即座に対策・処置ができるのは係長であり、組長であって、課長ではないのだ。

◇日産労組の結成は、階級闘争を叫ぶ㊓との闘いの帰結だから、日産労組が㊓の思想と行動を排除するのは当然のことだが、『運動の基本原則』第一項に、指摘されるような意味はない。第一項には、「組合の使命は、組合員の雇用を守り、賃金・労働条件を向上し、生活を向上していくことである。そのために決定した基本綱領と組合規約は、常にわれわれの行動の鑑でなければならない」と、立党の精神が書き添えてある（第一部、第二章、第五節の三「運動の基本原則」参照）。

このように、書かれている日産労組非難には、故意と思われる、資料の誤った引用が多い。調査の姿勢に偏ったフィルターが掛かっているからだろう。

◇日産労組に「セクト的性格」と言われるような行動基準は無い。従って、「㊊の排除」も無い。

昭和四二年六月の参議院選挙の時の出来事を契機に、自動車労連・日産労組と公明党は親密な協力関係を続けてきた。衆議院選挙で公民（公明・民社）共闘も実現した。私は創価学会員ではないが、北条会長に招かれて、富士の本山を案内されたこともある（第二部、第二章、第二節「参議院議員選挙」参照）。

第二章「人事提案折衝」第四節「小括」

◆組合役職者の中には「職場における作業に熱心でなく」、また「職場の人望に欠ける」者も間々ある。このような場合、会社は組合の意向に従って、「組合歴・組合内序列の上である労働者」を昇進させることが『まれではない』。従って、『組合歴・組合内序列』が上でなければ役付工にはなれない。また『組合からニラマレては絶対役付工にはなれない』「課長クラスでも組合からニラマレルとそのポストを維持することは出来ない』という。（N氏およびD氏よりの聴取り調査結果）

◆「提案」折衝によって、A労組は、反対派を双葉のうちに摘み取り、また組合役員経験者を、経営内で昇進せしめていく。従って、組合役員でなければ役付工になれないから、その結果として癒着しているのである。この、役付工への昇進に組合が実質上の拒否権を持っていることが、A労組の職場労働者統括の一つの梃子となっている。組合は「組合に刃向かったら冷飯を食わすぞ」ということで組織を強化している面が強い。現場では、いやでも組合役員をやるのは、「やらないと偉くなれない」からであり、表立って反抗しないのは、反抗したら「ひや飯を食わされる」からである。A労組は、明確にこのことを意識し、この路線を貫いている。

◇それぞれがデマ情報をもとにした悪意の中傷だ。先に述べたように、私の方針として「執行部には仕事の出来る人、人望のある人」が選ばれている。職場から信頼される執行部にするためだ。だから、常任が職場に戻ると職制（役付工）に任命される可能性は高い。そういう人材が常任に選ばれているからだ。

◇「反対派を双葉のうちにつみ取り、………」「組合に刃向かったら冷飯を食わすぞ」など、書かれているような恐怖政治が敷かれていたとしたら、組合員の強固な連帯は生まれない。石原氏の執拗な攻撃に十年間耐えた、自動車労連・日産労組は存在しなかったろう。

また、日産労組に「組合歴」とか「組合内序列」という言葉はない。そういう意識も発想もない。

第三章、生産＝「経営協議」第四節「経営協議」の実態

◆中央経協には、さまざまな問題が付議事項になっている。例えば、国会・地方議会議員選挙への組合組織内候補（民社党）の支援体制である。選挙については、普通、臨時の中央経経で要請・総括される。結果が悪い場合、組合が会社に文句を言う。それは直接的な場合の他に、形を変えてやる場合がある。部労の副組合長が神奈川区から立候補して落選した時（一九七五）、神奈川区にある学卒者の寮が余り協力的でなかった。そこで組合は、寮の管理体制について聞きたいという形で会社を追求した。定例の時も、大抵こういう話しになる（A社員N氏談）。

◇中央経協は経営の基本政策を協議するために設置されたものだ。国会・地方議会議員選挙という組合の活動を論ずる場ではない。従って、中央経協の付議事項にはならない。部労の副組合長が神奈川区で

立候補し落選した、という史実は無い。選挙に限らず、臨時の中央経協を開いたことなどない。

◆付議事項の処理に関しては、以下のごとき重大な問題が明らかになる。即ち、

重要問題について、労連会長S氏ないし組合三役と会社トップとの間で事前に折衝が行われ、しかる後に初めて中央経協が開催される場合がある。つまり、最も重要な公式機関たる中央経協よりも、密室におけるS個人・A労組三役と会社とのインフォーマルな折衝の方が重視される訳である。これでは中央経協のセレモニー機関化は避けられないだろう。実際、「新K工場展開の際には、事前にインフォーマルな形で組合との話が進められていたから、定例の場では担当部長が全体の概要を説明するだけですんだ」(A社員N氏談)と伝えられるのである。

◇「N氏談」などとして理屈をこねているが、いずれも悪質なでっちあげである。中央経協開催の前に、インフォーマルな事前折衝など行ったことはないし、その必要もない。山本氏は、こんなデマ情報を真に受けて書くほど、日産労組の真の姿を知らない。経営協議会でどんな議論が行われているのかも調べていないようだ。

第四節「経営協議」の実態

◆注目すべきは、経営協議機構に労働条件に関する問題も付議されていること、しかも工場レベルでの生産体制事務折衝では、労働時間、ラインスピード、人員・移動が付議され、団体交渉的性格をおびていたことである。〝経営権〟を前提とする〝意見交換〟の枠からはみ出し、強力な発言権を行使している

訳だ。また、「職場に密着した経協活動の推進」を提唱しながら、経営協議の内容を職場労働者に秘密にする。そして労働者の不満を押さえつけ、生産性向上に向け彼らを動員してきたのである。

◇山本氏の認識の重大な誤りは、「生産体制事務折衝」を「経営協議」の一部と位置づけていることだ。労働条件に関する問題は、経営協議会では絶対に扱わない。切り離さないと、議題によっては経営政策論議からずれて、団体交渉になってしまうからだ。だから別に工場に「生産体制事務折衝」があるのだ。

◇「経営協議の内容を組合員に秘密にする」のは、社外に漏れてはならない企業機密だからだ。これについては、経営協議会を創設する時に、「機密保持の見地から職場には報告しない」ことを組合員に諮り、決定している。（第一部、第二章、第二節「経営協議会制度」の「経営権の確立を」参照）

◇経営協議会に関する論調を見ると、中央経協で行われている論議を知ろうともしないで、見当違いの愚論を展開している。具体的な論争は、第三部、第二章「日産迷走経営の真実」を参照。

◇「労働者の不満を押さえつけ、生産性向上に向け彼らを動員してきたのである」と書いているのを見ると、『生産性』を単なる『能率』（効率）と履き違えているようだ。だから、「経営協議会」も理解できない。われわれは「生産性の向上」を職場に提起した当初から、

「『生産性の向上』とは『精神の状態』（State of Mind）を言う（ジャン・フラスティエの言葉、仏人哲学者）。それは、『今日は昨日よりも、明日は今日よりも、良くなるという確信である』」

と説明してきた。だから、教授の言う「生産性向上」即ち、能率向上に組合員を動員したことは無い。

第五節「石油ショック後の変化」、「P３運動の内実」

◆P3運動を職場で担う組織として、「労働者参加」、労働者の「自発的」な「小集団活動」という触れ込みの下、A労組の働きかけで「係長及び組長の強力なリーダーシップ」により、「『生産性向上』『活力ある職場』を目指してスーパー・ダイナミック・P3を全員の力を結集して成功させよう」というようなスローガンを掲げたP3運動推進グループが、部・課・係内で組ごとに、あるいは問題別に五～一〇名規模で編成された（A自動車社社内報『A自動車ニュース』三〇四号より、七八年八月）。

かかる「小集団」編成はA労組の働きかけで進められたが、それは一般の会社サイドからする「小集団」管理と何ら異ならない。そして、かかる参加形態のもとでの「自主管理」「目標管理」が、労働者を「自発的」に労働強化へと追い込んでいるのである。

◇「A労組の働きかけで、……」などと、とんでもない濡れ衣だ。石原氏は社長就任と同時に経営協議会を否定する動きを始めた。その一つがP3運動を潰すことだ。そのために、「P3推進事務局」の名を騙って、組合には内緒で、「私たちのP3運動」というパンフレットを作り、如何にも組合が了解しているかのように工場に配付し、係長に命じて小集団活動を開始したのである。『A自動車ニュース』三〇四号にそれが載っている。

われわれは、現業部門が会社の動きによって労働強化になっているのを止めるために、八二年の自動車労連定期大会で「P3停止」を決定した。石原氏は「組合が生産性向上を妨害している」と騒いでいた。

◆A労組はP三運動として、具体的にどのような活動を行ってきたか。この間最も力を注いだのは、統一地方選挙・国会議員選挙であった。選挙は政治参加であり、これもP3運動だと組合員に説いてきたのである（社員O氏談）。

◇P3運動は、メーカー・販売・部品の労使が三位一体となった生産性運動として提起したものだ。選挙活動とは全く関係がない。「社員O氏談」は、山本氏にとって耳触りがいい情報のようだが、教授たる者、少しは冷静に判断してみては如何だろうか。

第四章　賃金「団体交渉」第二節「交渉の主体」

◆会社首脳と自動車労連・A労組首脳の団体交渉の舞台回しを行なっているのは、会社側・組合側とも、同一人脈である労務関係の〝キャリアー〟達である。すでに繰り返して述べてきたように、組合側要求作成の任に当たるA労組労務部常任も、A自動車労連企画局長も労連事務局長も、すべてA自動車本社労務関係部署の出身者である。そしてまた、会社側の労務担当部署の課長・主任クラスも、会社労務→組合専従→会社労務課長という経歴の持ち主であり、さらに、団体交渉担当部署の最高責任者たる労務担当重役もまた自動車労連書記長→会社人事課長→労務担当重役という経歴の持ち主である。

つまり、団体交渉の影の主役は、会社および組合の労務関係〝キャリアー〟の先輩・後輩達であって、彼らの書いたシナリオに従って団交が進められていく、と言っても過言ではない。

◇ここでもあらぬ憶測を繰り返しているが、これも先に述べたように、全くの事実誤認である。日産労組労務部は、労働条件の実態調査と分析を担当しており、組合要求の作成には関わらない。日産労組の要求は、組合長と書記長が職場組織を通して、組合員の意見をまとめて作成する。自動車労連企画室（局ではない）は、会長の直轄で特命事項を扱い、人事・労務関係出身者を配置したことはない。

会社の労務担当部署には、組合専従経験者が何人もいるような解説だが、常任経験者で本社人事部の課長になった者は、労務担当重役の他に一人しかいない。主任クラスに常任経験者はいない。従って、山本氏が憶測する影の主役の駒は揃わない。川又・岩越時代の労使相互信頼関係とは、互いに信頼に応えるために自らへの厳しさが求められる。労務関係キャリアーが団交の舞台回しをするなど、あり得ないことだ。

第三節「団体交渉過程」

◆団体交渉における議論は、一応『チョウチョウハッシ』とやられる。だが、その内容は双方とも前もって大体解っている。組合側の賃金担当者（キャリアー）は会社人事部調査課の人間と密接に情報を交換しているし、また労連SI会長じしんA自動車KW会長はじめ関係取締役に直接会って、情報を集めたりしているからである。かくしてA労組による団体交渉は、大衆的圧力を背景とした実質的な交渉の場というよりは、組合役員を大挙動員しての一種のセレモニーの性格が強いと言わざるを得ない。

◇川又会長まで引き合いに出しているが、川又氏は社長を岩越氏に譲られた時に、組合との交渉および時に必要なトップ会談も、すべて新社長に任された。岩越社長になってからの団体交渉や経営協議会に、川又会長は如何なる形でも組合と直接関わったことはなかった。

◇「議論は一応『チョウチョウハッシ』とやられる」「塩路自身が関係取締役に会って情報を集めている」などと見てきたような虚言を並べられると、〝何故私に一言も確かめもせずに〟と、心底から憤りを覚える。東大社研から「日・英自動車産業の比較をしたいので」との申しれがあり、教授達が座間工場の職場に自由に入れるように、受け入れを日産労組に指示したのは私だからだ。

〝社研の教授だから、公正な目で見て貰える〟と思ったのが、三人については間違いだった。こんなにデタラメを書かれて、組合員に対して、懸命に活動している組合幹部に対して〝申し訳ない事をした〟と思った。

しかも石原氏がこれに刺激され、この本を活用して組合攻撃を過激化したのだから尚更だ。

次の賃金闘争の解説、職場討議の記述も同様に、虚偽の報告と偏見が綴られている。


第四節「賃闘」—賃金水準—

◆一九七七年賃闘を、「職場労働者聴取り調査」と「賃闘職場日誌（一九七七）」により分析しよう。
まず、賃上げ妥結額一万三一〇〇円（定昇込み）について、積極的に「高い」と評価する声が一つもない。むしろ「低すぎる」との不満の方が圧倒的だ。この場合、何を基準にして「低い」と言っているのか。

要求と妥結の比較

◆第一点は、要求額と妥結額の開きが大き過ぎるということである。B職場のブロック討議でT氏（五〇代）が、「われわれの主張を最大限に考慮させた賃上げを実現することが出来た、という執行部判断だが、一五％要求に対して九・九％と大きな隔たりがある」と強く主張している。

他社との比較

◆A自動車の労働者が比較の対象としている「他社」とは、B自動車である。B自動車では、賃上げ一万三三四五（一〇・〇九％）と、A自動車を二四五円（〇・一％）上回っているばかりではなく、さらに

「一時金」として一万二〇〇〇円が支給されることになった。このことが、A自動車の内部では、「プラスα」を強く求める労働者の声となって、組合役員にぶつけられた。（註　B自動車＝トヨタ自動車）

ここで注目すべきは、職場レベルの組合役員に、執行部の方針が知らされていなかったため、「プラスα」を求める労働者の声に対して明確な返答を避けたり、あるいは自らも「プラスα」の出る可能性を語ったりしさえした。そのことが、「プラスα」への期待感を一層高める結果となったが故に、その期待が裏切られたと解ったとき、労働者の不満は頂点に達したのであった。これをB職場の例でみてみよう。

K「何だ、プラスαはないのか、誰だ、あるなんて言ったのは」

S「一万三一〇〇円なんて低額が、社会水準の上限だなんてふざけてやがる」

K「A労組はダメさ。執行部やった奴等が帰って来たら係長になるなんて、あれじゃ会社側じゃんか」

こうして組合執行部への労働者の不信がつのり始める訳だが、最終的に「プラスα」が出ないことが判明したとき、労働者達の会話は憤懣やるかたなしというものにエスカレートする。また、当事A労組が全組織をあげて取り組んでいた参院選にも不満をぶつけて、「あれ、なんて言ったっけ。あんな奴落選すればいいんだ」と述べ、その場にいた労働者達もみんな「落ちるさ」と同調した。

以上、A自動車の労働者の「プラスα」に対する強い期待の声は、七七年賃闘妥結時における職場討議のなかで、最も広範かつ中心的なテーマとなったのである。そうした期待が裏切られた時には、それは極めて強い執行部不信を、さらには当事A労組が総がかりで展開していた選挙への非協力的雰囲気をも作り出していったのである。

◇七七賃闘の解説とK・Sの対話は、「職場労働者聴取り調査」「賃闘職場日誌」と称する、㊍系からと思われる情報をもとにした〝悪意の作り話〟である。日産労組には「賃闘職場日誌」なるものは存在しない。社研教授用に作られたものだろう。

◇「トヨタの賃上げが日産よりも高い」との断定も史実と異なる。日産の賃上げ実額は、一万三一〇〇円に資格任用分三八〇円をプラスした、一万三四八〇円である。だから、トヨタの一万三三四五円よりも一三五円高いのだ。これについて、一三五ページに記載の「表1－29A自動車における一九七七年の賃闘の配分内容」に、「資格任用分（別枠）三八〇円」と書いてあるが、この別枠の意味を教授は知らないようだ。資格任用分を賃上げの公表額から外したのは、次の経緯があったからだ。

トヨタが日産の妥結後に、日産の回答額を人事から聞いて、数百円上積みして回答するようになったからだ。日産労組は総連の会長組合だから、常に先頭を切って決めなければならない。このままでは二～三年で千円くらいの差を付けられてしまう。そこで、トヨタより低くなるのを防ぐため、七五年の賃闘時にこの苦肉の策を会社に提案した。爾来、日産はこの回答方式を続けている。組合員には実額と内訳をありのままに報告してあるから、不満など出るはずがないし、出ていない。

◇「ここで注目すべきは、職場レベルの組合役員に、執行部の方針が知らされていなかったため、『プラスα』を求める労働者の声に対して明確な返答を避けたり、……」とは事実無根の非難だ。日産労組では、〝職場長が執行部の方針を知らない〟という事は、絶対に起こらない。われわれは、重要な報告事項が全組合員に異口同音に伝えられるように、「必ずメモを取ること」を組合役員に義務付けてきた。

「プラスα」の一時金は、要求書に載っていない。トヨタが特有の事情で出したからといって、日産労組がその一時金を要求するのは、筋が通らないことだ。

この執行部見解を職場長会議で説明し、職場長から組合員に伝えられ、職場での確認を得ているから、執行部不信の声は出ていない。だから参議院選挙に支障を来すどころか、組合員の活動によって、栗林候補は九十六万九千八百五票を獲得、全国区で第十位の高位当選を果たした。

他産業との比較

◆A自動車の場合、多くの労働者が「そもそもA自動車の賃金水準は社会的に低い」と考えている。その根拠は、さしあたり次の三点である。

第一は、金属四産業の所定内平均賃金を比較しても、A自動車は最下位レベルにランクされる。

第二は、A自動車の場合、「基本給の比率を上げろ」「残業、夜勤、休出をやらないと食えない」という労働者の切実な声が表明されている。A自動車、B自動車、新日鐵の三社について、賃金総額に占める基本給、所定外賃金の比率を見ると、歴然たる差が認められる。A自動車の賃金総額に占める基本給の割合はわずか一一％弱で、B自動車の三三・七％、新日鐵の四三・〇％、と際立った格差がある。このことは、「退職金」へのはね返りが、これまた著しく低いものとなっている。

◇「日産自動車の賃金水準は金属四産業の中で最下位」とは、根拠のない悪質の中傷だ。同業他社との比較では、所定内賃金のみならず退職金も、トヨタと比肩しうる水準を確保していた。

「『退職金』へのはね返りが著しく低い」と非難するが、『退職金規程』を見ての批判なのか。「賃金総額に占める基本給の比率が低いから、退職金も低い」との断定は、賃金制度を知らない者の独断である。『退職金規程』には勤続年数別に、基本給にかける係数が載っている。この係数を大きくすれば、退職金はいくらでも高くなる。だから、組合員から「所定内賃金に占める基本給の比率を上げろ」という声は出たことがない。退職金を増額するには、この係数増を会社と交渉すればいいのだ。重要なことは基本給の序列である。

◇新日鉄も引き合いに出して「日産の賃金は低い」と蔑んだ批判をしているが、自動車労連（日産労組）はＪＣ四単産の集中決戦でも、総連の会長組合として、他の三単産と共に重要な役割を果たしていた。

賃金決定主役の交代

ＩＭＦ・ＪＣの金属四単産（鉄鋼・造船・電機・自動車）は、昭和五十一（一九七六）年の賃金闘争で、同日（四月十四日）同時に決着の方向を決め、画期的な賃金決定を行なった。即ち、

(1) 四単産への回答が賃闘相場を形成し、二十一年続いた官公労主導の賃金決定が民間主導に転換した。

(2) それまでのスケジュール闘争（要求時にストライキ日程を決める）方式が、団体交渉重視に変わった。

(3) 「名目賃金」の引き上げから「実質賃金」（賃上げプラス政府に政策制度改善要求）重視に変わった。

(4) 労働戦線統一の議論が、「官民一体論」から「民間先行論」に変わった。

◇山本氏が殊更に取り上げている七七年賃金闘争はこの翌年で、民間主導の相場形成を定着させるべく、引き続き四単産が取り組んだＪＣ集中決戦の二年目に当たる。その時の戦術会議における四単産代表の討議内容を、全く知り得ない日産の労務関係キャリアーが、七七年団交のシナリオを書くことは不可能だ。

鉄との比較も問題にされているので、続く七八年のＪＣ共闘についても一言触れておきたい。

「鉄を越えたら薄板値上げだ」


ＪＣの金属四単産が集中決戦（同日同時決着）の賃金交渉を始めて三年目、昭和五十三（一九七八）年の要求を決めるＪＣ三役会（戦術委員会）で、議長の宮田氏（新日鐵出身）から、

「今年もインフレ抑制を念頭に、四単産の集中決戦をやりたい」との提案が出された。私が、

「インフレ抑制は賛成だが、自動車は輸出が好調で景気がいい。そこで公正貿易の視点から、欧米との格差を縮めるために、今年は少し高めの賃上げをやりたい」と言うと、

「鉄を越えたら、薄板値上げだ」と言われた。そこで、彼の「インフレ抑制のための賃上げ自粛論」と私の「公正貿易の視点からの賃金引き上げ論」の論争となり、議論は対立のまま物別れに終わった。

その数日後、団交日程の打ち合わせで浦川人事部長に電話したところ、

「昨日の八社懇談会で、新日鐵の労務担当重役から自動車と電機に、『賃上げが鉄鋼を越えたら薄板を値上げする』と言われた」という話があった。

「八社懇談会」は、五十一年、ＪＣ四単産の集中決戦に対応して、経営側が作った労務担当重役の会。鉄鋼（新日鐵、日本鋼管）、造船（日立、三菱）、電機（東芝、日立）、自動車（トヨタ、日産）

私は早速、宮田ＪＣ議長に「新日鐵の労務担当を紹介して欲しい」と依頼。新日鐵本社に赴いて、渡辺恒雄労務担当常務にお会いした。

「八社懇で『鉄鋼以上の賃上げをしたら薄板を値上げする』と仰しゃったそうですが」と訊ねると、

「いえ、そんなことは言っておりません」との答え。私は、

「仰しゃってもいいんですよ。ただ、その御存念をお伺いしたいのです」と言ったが、渡辺氏の答えは、

「言っておりませんので……」

「それでは、何も仰ってないということを前提に、今年の賃上げをやらせて頂きますが、よろしいですね」

と念を押して、私の持論である〝公正貿易のための賃上げ〟と〝鉄と自動車の賃金格差〟を説明し、会談を終えた。それまで、鉄鋼と造船の賃金水準は自動車と電機をかなsり上回っていた。当事は〝鉄は国家だ〟という感じだった。宮田氏が「鉄を超えたら……」と言うのは、「鉄の基本給昇給分を自動車・電機の全昇給分（基本給＋諸手当）が越えてはならない」という意味だ。私は〝これでは鉄との格差は永久に埋まらないし、賃金の国際的格差も縮められない〟と思った。

輸出産業の賃金水準は国際比較が重要であり、ＩＬＯが言う「公正貿易」の視点が不可欠の要素だ。日本は企業の持つ国際競争力に相応しい賃金にしなければならない。私は、それまでの状態を変えたいと思い、次のＪＣ三役会でこう発言した。

「産業には常に照る日曇る日がある。だから、陽の下にいるものが雲の下にいる仲間を配慮しながら、照るところが応分のドリフトを考える、ということは労働運動として大事なことではないか。ドリフトは欧米の労働運動では常識だ。例えばＵＳＷ（全米鉄鋼労組）がＵＡＷ（全米自動車労組）より少し多く取ってＵＡＷを引っぱったり、ＵＡＷがＵＳＷを引っぱったりしている。今年は景気のいい自動車が前に出て、雲の下の鉄や船を引っ張るようにしたい」

昭和五一年、五二年のJC共闘は岩越社長の時だったが、五三年三月の交渉相手は石原社長になった。石原氏は社長就任（五二年六月）と同時に社長室を新設して労組対策が始まり、労使関係は対話のない対立状態を余儀なくされていた。私はいろいろ悩んだ末に、自動車と同様、「鉄を超えたら薄板値上げ」と言われた電機と共闘を組もうと考えた。そして、迷惑をかける事になるかも知れないがと思いながら、東芝電機の高瀬労務担当常務に電話を入れた。翌日、帝国ホテルで昼食を摂りながら、新日鐵渡辺常務とお会いした経過及び私と宮田氏の論争点を説明し、賃上げについての相談をお願いした。

高瀬常務は「八社懇談会」のメンバーで、電機の賃金を決める立場にある。私がILO理事の時に経営者代表としてILO総会に来られ、食事を共にしながら、ILO活動の説明をするなどで面識があった。

集中決戦は四単産の同時決着だから、他を見てから決めるという訳にはいかない。その後数回お会いして、鉄の回答を推し量りながら自動車と電機をどうするか、マスコミ情報も参考にしながら助言を頂いた。

七八年の賃金交渉は、好況の自動車を上限とする三段階の回答で妥結した。自動車は九社平均一万一二九九円（定昇込み七・七九％）。電機は総合三社平均九一八〇円（定昇込み六・五％）、家電三社平均一万六七〇〇円（定昇込み六・三％）。鉄鋼は大手五社七〇〇〇円（定昇四・二％）。造船は大手六社七二〇〇円（定昇四・三％）。（鉄鋼と造船は別に諸手当の改定分があるが、公表していない）

◇この本の初版は八一年二月である。しかし、この七八年（三年前）の賃上げについては一言も触れていない。石原氏はこの本を見て、〝わが意を得たり〟と「これを部長以上に配って組合対策を研究しろ」

と経営会議で下知し、自らも「次・課長懇談会」の社長講話で組合批判を開始した。東大社研教授たちの著書が会社の不当労働行為に火を付けた、とも言える。（第三部第三章第二節「次課長懇談会」参照）

三教授はそれぞれ、山本氏が昭和五十六年に『自動車産業の労資関係』を、嵯峨氏は五十九年に『日産自動車労使論』を、上井氏は平成六年に『労働組合の職場規制』を出版したが、いずれも、会社が十年にわたって続けた不当労働行為の指摘はなく、むしろそれらを擁護する論調だ。ここでは嵯峨氏と上井氏の二冊について、私の読後感を一言述べておきたい。

3 常務会で『企業と労働組合――日産自動車労使論』（嵯峨一郎著、田畑書店、一九八四年）を推奨

一九八四年九月十九日の常務会で、石原社長はあらためて『転換期における労使関係の実態』を推奨した後、『企業と労働組合――日産自動車労使論』（嵯峨一郎著）を、「これも参考になるのでみんなに読ませて貰いたい」と付け加えた。

この本の論調も石原社長礼賛、塩路批判で貫かれている。例えば、「第一部　日産自動車の労使関係」、Ⅳ『転機を迎える経営と労働』の〈石原体制〉の項に、

「注目すべきは、経営問題に関して合理主義者である石原社長は日産労組との関係も『合理的』にしたいと考えたことである。社長就任時に石原が『人事政策に手をつけたい』と語っているのは、そのことを示唆している。そして就任早々にして、ある『行動』を起こしたのである。

彼は七七年八月下旬から全工場を精力的に訪問し、全従業員を集めて五〇分にわたる訓辞を行った。

こうした社長訓辞は二重の意味で異例である。第一には、社長みずから陣頭にたって従業員にアピールすることじたい、異例である。第二には、日産では慣例として、工場の全従業員が一堂に会するのは日産労組各支部の主催する『全員大会』のみであった。したがって、石原のこうしたやり方は、事実上、過去の慣例を無視するものであった。これが日産労組に不安を抱かせたであろうことは、想像にかたくない」

と書いている。私はこれを昭和五十九（一九八四）年秋に読んだときに、「日産労組が不安を抱いた」という事実はないし、「二重の意味で異例である」と説明している内容も、左翼教授の穿《うが》ちすぎる分析だと思ってあまり気にしなかった。

ところが、それから十年後（一九九四年）、日経に載った石原氏の『私の履歴書』〈全国行脚〉の項を見たときに、〝どこかで読んだような気がするな〟と嵯峨氏の本にあったことを思い出した。石原氏は十年前に、同じことを彼にも話していたようだ。また、「社長就任時に石原が『人事政策に手をつけたい』と語っている」など、当時私たちが知り得なかった石原氏の胸中を的確に書いている。

嵯峨氏はさらに対米工場進出問題に関して、

「塩路会長の真意は実に明快となる。世界戦略といい対米進出といい、そのこと自体が目的なのではなく、結論は第二義的なものでしかない。鳴り物入りの対米進出論も、つまるところ日産経営者を相手に、個人として打ち上げた政策的アドバルーン以上のものでは決してないのである。それは賃上げにおける低額回答の定着化、そして参加の挫折というように、石原体制によって押しまくられており、一般組合員からも浮き上がる傾向にさえある。労働組合としての存在意義が陰に陽に問われはじめているわけである。

だからこそ彼は『対米進出』という経営政策をめぐる論議を新たにまきおこすことによって、組合として介入を再び強化しようとしているのである」

と、私の対米乗用車工場進出論に対して、あまりにも低次元の批判をこね回している。

米国問題は、第三部第二章第二節の１「日産の衰退を決定づけた米国小型トラック工場進出」に述べたが、アドバルーンどころか、日産が生き残るための根幹に関わる問題だ。

賃上げについても、日産労組は自動車総連の会長組合として常にリード役を務めてきた。低額回答の定着化などあり得ないことだ。

嵯峨氏は第一部『日産自動車の労使関係』の最後に、

「本章をしめくくるにあたって実に興味深い文書をご紹介しておこう。これは会社が最終的に結着をつけようとしていることを物語っている。この資料は一つの〝歴史的文書〟であろう」

と述べて、会社が昭和五十八年九月に全工場の寮・社宅にばらまいた『怪文書』の全文を載せている。まるで『怪文書』の宣伝をしているようだ。これなら石原氏が常務会で「みんなに読ませろ」と言うはずだ。

4　**『労働組合の職場規制——日本自動車産業の事例研究』**（上井喜彦著、東京大学出版会、一九九四年）

出版は平成六年二月十八日。無謀な英国進出のツケが回って、日産が遂に座間工場の閉鎖を発表（一九九三年二月二十三日）した翌年である。まず序論一、「問題関心」の（一）を見ると、

「Ａ社では経営側と組合は『相互信頼』に基づく安定的で協調的な関係を築いてきたが、一九七〇年

代後半に『経営の効率化』を掲げる社長が登場してから労使間に亀裂が入り、八〇年代前半には事ある毎に対立するに至った。その際、強力すぎる工場・職場レベルの組合規制のあり方が労使紛争の一つの焦点となっていたのであり、八〇年代後半には組合のトップ・リーダーの交替を含む、労使関係の転換へと進んだのである」

「A社の労働組合が職場規制を強め、経営側に抵抗したのは、『トヨタ方式』が強引に持ち込まれようとしたからである。そしてこの紛争に敗北し、職場規制を手放すのである」

と、石原氏の立場に立って、その組合攻略を解説している。

石原氏は社長になると、「組合は、トヨタ労組のように賃上げ要求だけしていればいいのだ」と言って、それまで二十四年間続けて来た『経営協議会』を否定し、労使関係を「協力」から「対立」に転換したのだ。

第二章「一九五三年争議」、第四節「組合分裂の1」〈分裂の経緯〉を見ると、

「分裂にいたる過程で、総評から脱退した民労連や三田村四郎を中心とする『職場防衛』組織が関わっていただけに、……」

とある。しかし、組合分裂の経緯に民労連や三田村四郎が関わったことはない。

さらに2〈A労組結成大会〉には、

「A労組にとっては、Z以下の懲戒をも含め、争議における会社の強硬な態度は賞賛さるべきものだったのである。結成大会のスローガンも、現場の平労働者を惹きつける要素は、少なくともこの段階ではない。現場部門の労働者を吸収するためには、会社の手を借りなければならないのである。会社は課長を使ってA労組の組織化をバック・アップし、五三年十一月には一四一名の追加処分まで断行、かくてA労

組は現場関係でも多数派を制するに至るのである」〔注〕A労組（日産労組）、Z（益田全自組合長）と勝手な筋書きを捏造しているが、当時の職場の実態は、課長が日産労組の組織化をバック・アップする、つまり日産分会員をオルグすることなど全く不可能な状態であった。

全自動車日産分会は総評傘下で最も戦闘的な組合と言われ、職場闘争の名で知られていた。〝職場闘争〟とは文字通り職場における闘争方式で、またの名を〝すり鉢戦術〟とも言われた〝吊し上げ〟が、部・課長に対して日常茶飯のように行われていたのである（第一部第一章第一節「労働争議」参照）。

その職場秩序の乱れは争議が終わり生産を再開した後も続いて、日産分会員は工場に来ると赤鉢巻を締め、職制と新組合員に圧力をかけていた。課長が分会員をオルグしたとなれば、直ちにその課長は吊し上げられ、生産は止まるのだ。

この本は上井氏の作り話が多すぎる。結成時（八月三十日）五〇六名だった日産労組は、十月二十七日には四〇〇〇名を突破して現業部門の各職場で過半数を超えていた。日産労組が職場を制したから、会社は十一月に分会員の追加処分を発表できたのである。

第二部では、川又社長時代の労使関係を癒着と結論づけるために、私の総会挨拶や運動方針などから言葉の一部を切り取り、石原氏の妄想に沿った曲解を並べている。

「合意手続の存在は中央経協等にも見て取れる。あらゆる問題で会社に対する影響力を拡大するために、組合が意識的に追求してきた結果と言うべきであった。そこには、従来の経営権の解釈を変更して経営を労使共同決定に切り替え、経営権を分有していこうとする志向が見て取れるのである。A労組は、通常は経営権に属すると考えられている領域にまで発言範囲を拡大していった。その典型が、平工→指導作業員→組長→係長というブルーカラーの役職昇進、応援・配転の人選等の個別人事である」

「また七〇年代には、大卒の労務担当者がA労組・A労連に出、十数年の専従役員を歴任して職場復帰し、工場人事課長、本社人事課長へと昇進するコースが形成される。かくては、『労務管理機構の担い手と組合役員の癒着』がX会長下で構造化した。組合が経営・生産問題に深く立ち入って発言機能を発揮していこうとした結果、こうした癒着構造が生まれたのであった。

右のような癒着構造をもって組合の会社への一方的な従属と考えられてはならない。組合の方がマネジメントの人事権を奪い、経営に対して支配的な影響力を持つ機関になる可能性が存在する、という側面にも注意を払うべきである」

と述べ、「かくては、労務管理機構の担い手と組合役員の癒着が、X会長下で構造化した」と、石原氏の組合攻略の主張を裏付けるような論調である。

特に彼は「合意手続」とか「事前協議と合意」などと、やたら〝合意〟を枕ことばに置いて「塩路は経営権を侵した」とする批判を書き散らしているが、私は労使間の交渉で〝合意〟という言葉を使ったことはない。「合意」は英語でコンセンサス（Consensus）、語源はラテン語で「共に思う」という意味である。私は言葉を厳密に使い分けていた。だから賃金労働条件の交渉では「労組の〝同意〟を要する」と言い、〝合意〟とは言わない。

また、中央経協は組合が意見を述べる場であり、決定権は経営者にある。合意手続などあろうはずがない。経営協議会をより実りあるものにするには、労使それぞれがお互いの分を弁えることが肝要であり、癒着したり相手の固有の権限を侵したりしてはならない。

上井氏は、組合が経営権に介入した典型として、「ブルーカラーの役職昇進、応援・配転の人選」を挙げているが、彼は労働組合の役割を一体何と心得ているのか。「労働者は職制の言いなりになれ」と言わんばかりだが、ブルーカラーの役職昇進、応援・配転等は労働条件の変更であり、これに意見を言うのは、組合員を守り公正な扱いをさせるために労組が果たすべき義務である。

上井氏はこの項を次のように結んでいる。

「会社はかように強大な組合の発言権をなぜ承認していったのか。会社側には次のような事情が存在した。第一に、会社の従業員掌握力はなお極めて弱かった。第二に、当時の社長は、五三年争議の解決に果たした役割を認められて専務から昇格したKであったが、興銀出身で、A社生え抜きでないK社長の社内における権力基盤は脆弱であった。そして六五年、P自工を吸収合併した際、その最大の障害となっていた総評全金傘下のP自工の組合の切り崩しをX会長が陣頭指揮して達成したことから、K社長は自らの体制を支え、また従業員の統合を委ねる相手として、組合への信頼を一層厚くする。こうして、従業員統合機能を期待する間接管理のいわばコストとして、強大な発言権を承認していったのである」〔注〕X（塩路）、A（日産）、K（川又）、P（プリンス）。

私はこれを読みながら、「講釈師見てきたようなウソをつき」という言葉が頭に浮かんだ。これはれっきとした学術書である。戦後の産業復興に重要な役割を果たした日産の労使関係について、このように歪曲した論評を書くのは許せない、と思った。

私は組合員の代表だから、社長に発言権を承認してもらう必要は全くないし、この川又社長評にも基本的な認識の誤りがある。

民間企業においては銀行のバックは強大だ。銀行を頂点に縦に並んでいる日本の産業構造やサラリーマン社会を知らないにも程がある。社長というのは、なった途端に絶大な権限を持つ。いわんや川又氏は専務のときに、重役・部課長が怖れをなしていた益田組合長率いる全自日産分会と対決し、百日争議を解決した会社の旗頭である。昭和三十年に石原氏が仕組んだ〝専務追い出しクーデター〟をしのいだ時点で、川又氏は〝天皇〟になった。だから、社長になった川又氏は組合の力を利用する必要など全くなかった。


私は「交渉力」を実力で勝ち取ったと思っている。単なる「発言権」ではない。実力とは、知恵と力だ。知恵とは、豊富な情報の収拾力とそれを選択する能力、人の一歩前に出るアイディア（創造力）、人脈（友人）、不断の勉強・研究などによって、政策で経営側に負けない能力を持つことである。力とは、組合民主主義を基本に組合の組織力を強化し、労働条件の改善等で組合員から支持され信頼される実績を積むことだ。そのために、長年どんなに悩み仲間と共に苦労したことか。その歴史を全く知ろうともせずに安易な独断をするのは、学究の徒とは言い難い。

自動車労連は組織の単一化を進め、やがて強力な組織体制を築くが、それは私と多くの歴代組合役員と組合員の協力と連帯による、長年にわたっての努力の積み重ねがあったからだと思っている。

そういう仲間たちの努力と協力によって苦労の末に手にした組合の交渉力を、「間接管理のコストとして会社が付与した権限だ」とは偏見も甚だしい。

私は組合員のための労働運動をやってきたつもりだ。ところが相手の石原社長は個人的な怨念から、労働組合を否定し信頼の人間関係を破壊して、それが会社を衰退させているのに、どうしてそういう経営者に味方するような論旨になるのか、なぜ労使関係専門の学者が経営者の卑劣な策謀や度を超えた不当労働行為を指摘できないのか。

この本に書かれていることは、会社が意図的に流した情報や資料及び全自日産分会の資料を基に創られたもので、史実ではない。その例をもう一つ挙げておこう。第三章第一節に、

「八三年九月には係長会・組長会有志を名乗る怪文書（「A社の働く仲間に訴える」）が、また八五年四月には従業員有志名による怪文書（「X会長への公開質問状」）が従業員宅へ郵送され、企業業績への不安と組合のトップ・リーダーへの不信を掻き立てた。

こうしたなか、本社のホワイトカラー職場から執行部批判の狼煙があがった。八四年九月の労連全国大会において、保留票が本社の代議員によって投じられたのである。

内部批判の仕上げをリードしたのは、係長会、組長会、安全主任会という、いわゆる『三会』であった。これらは会社からも組合からも独立した組織であり、従来は労使対立に中立の立場を保持してきた。しかし、『三会』はそうした立場を放棄し、八六年二月のA労組代議員会にX会長の退陣を求める申し入れを提起したのである。結局、代議員会は三会の申し入れを承認する」

と書かれているが、これらは日産労組内部からの民主化の動きとは似て非なるもので、会社が画策した一連の不当労働行為によるものである。これらについては、後の第五節「会社が関与し広く社員に流布された『怪文書』、第六節「組合活動の妨害」、第七節「三会を扇動した塩路会長降ろし工作」に詳しく述べるが、上井氏の論旨は、石原氏が後に上梓した『私と日産自動車』の内容にも極めて類似しており、石

原氏の独裁経営を擁護する〝御用学者〟のようだ。

5　経済誌『週刊ダイヤモンド』『経済界』の悪用

『週刊ダイヤモンド』による攻撃

英国工場進出の決定をマスコミに発表（昭和五十九年二月二日）すると、〝これさえ決めてしまえば後は俺のものだ〟と言わんばかりの石原氏の攻撃が始まった。二週間後に発売された『週刊ダイヤモンド』に、「日産自動車・現場の荒廃、それは経営権奪回への闘争で始まった！」という見出しで六ページに亘る記事が掲載されたのである。そこには〝会社が塩路攻撃・組合潰しをやるのはやむを得ない〟と思わせるような文章が綴られていた。

『週刊ダイヤモンド』のみならず、『週刊東洋経済』『財界』『経済界』などの経済誌を順次使って、〝塩路の横暴に耐えて経営権の奪回に苦闘する石原〟というキャンペーンを張ったのである。これらの報道を見て気付いたことは、〝経済誌だから真面目な取材記事が載っている〟と思うのは大変な誤解で、普通の週刊誌よりも経営側の言いなりに酷い記事を書く、ということだった。

組合が『週刊ダイヤモンド』の件で会社に抗議を申し入れると、五十九年三月十六日付けで「秘密管理の徹底について」という文書が、総務部長・労務部長名で社内に通達された。社内の機密事項を外部に漏らしてはならないという内容だが、実は、会社がマスコミに情報を流して書かせるための隠れ蓑にするためで、〝マスコミにいろいろ書かれているが会社は関与していない〟と言うための布石を打ったわけだ。そうやってあれこれ書かれた一例として、まず『週刊ダイヤモンド』の問題を説明する。

これが出たときに、組合は早速、中央経協を申し入れた。その議事録の一部を抜粋すると、

組合「『週刊ダイヤモンド』について社長の見解を伺いたい」

石原「興味本位に書かれており、全く困る。労使が忌憚のない話し合いを行い、外からいろいろ書かれない状態を作ることが大切だ」

組合「社長は興味本位に書かれて困ると言うが、会社に組合を攻撃しようという意図と行動がなければ、あそこまでのものは書けないと思う」

細川「ダイヤモンド社に問い合わせたら、『かなり多くの実名入りの投書が来て、それを使ったものだ』と開き直っている」

組合「『実名入りの投書』というのはおかしなことだ。会社が『実名入りで出せ』と職制に指示したのではないのか。職制は、後で会社のチェックが入ると思い、実名で投書した」

会社「……」

組合「工場長が特定の数人に渡した資料が使われている。『追浜や吉原では工場長が組合に詫び状を書かされた』とか、『組合が職制に自己批判書を書かせた』とか、事実無根のことがいろいろ書かれている」

細川「本当のことも嘘のこともあると思う。それをあげつらうと、また外部のマスコミのエサになりかねない。ここのところはお互いに我慢するしかない」

組合「『お互いに我慢するしかない』とは受け取りかねる発言だ。組合は、会社が職制にやらせたと判断している。社長はこの前の経協で『そういうことはなくしたい』と答えたが、またこういうものが出

るのでは、事態はちっとも変わっていない」
社長「何でマスコミは、われわれの触れられたくない問題、あるいは間違った報道を殊更ストーリーにまとめるのか、全く困っている。しかし、記事の出所を明らかにしろと迫ったりすると、さらにマスコミに追っかけられる。だから、話を大きくしないようにしたらどうか」
組合「記事の出所を明らかにしたら、困るのは会社ではないのか。問題は職制から情報が出ている点だ。社長の指示で止まることだ」
社長「組合の指摘する点を窓口に言ってくれ。なるほどおかしいと思ったら、私から職制に言うつもりだ」
組合「職制の中でもごく一部しか知らない情報が事細かに出ている。例えば、五十八年上期にロボットを二五〇～二六〇台入れるとか、シルビアの生産二千台の計画が一千台の生産に終わったとか、会社が作った九州工場の労使折衝の議事録の一部が、一字一句違わず出ている」
社長「私も読み直して問題点を調査してみる」
組合「会社は全職制に『ダイヤモンド』を配って読ませているが、どういう意図からか」
社長「配ったのはいつ頃なのか、最近の話か」
組合「会社にとって大事な話なのに、社長が『先ほど記事を読んだばかり』というのは納得できない。十二月の中央経協の時に文書で出された社長見解は、『広報の企業イメージ作りに当たっては、労使関係の重要性を踏まえて、労使を包含した高い次元でとらえて行くように努力していきたい』と述べていたが」

社長「その前提になっている労使関係の修復が優先すると考えている。英国問題が終わったばかりなので、これからやる問題だ」。
組合「二月十六日の職制変更は、昨年末の社長答弁と関係があってしかるべきだ」
社長「一部職制の異動よりも、会社と組合の関係の調整にウエイトを置いて考えたい。労使関係がせめて他社並みになることが一番大事なことだ」

以上から解るように、『週刊ダイヤモンド』の記事は会社のやらせなのだ。

この問答の中で社長発言は重大だ。一つは、「外からいろいろ書かれない状態を作ることが大切だ」「労使関係の修復が最優先する」「労使関係が他社並みになる事が一番大事」と言うのは、「組合が会社の言いなりになることが先だ」「それまでは組合攻撃は止めない」という意味である。

もう一つ、組合が「昨年末の社長答弁と関係があってしかるべきだ」と指摘したのは、「社長は『川勝（盗撮のカメラマンを誘導した）を広報室から他部署に移す』と約束したのに、何故異動しないのか」という意味だが、これに対して「川勝の異動よりも、組合が他社並みに変わることを重視する」と応じている。

石原氏はこの後も川勝を広報に置いて、組合に対する悪さ（マスコミ工作）を続けさせた。

一年にわたる『経済界』の記事

『経済界』に一年にわたって掲載された記事は、いずれも組合の分断を意図して、経営側を持ち上げ塩路と組合を誹謗中傷しており、事実を歪曲し捏造した内容が綴られている。

会社は昭和五十八年末の中央経協のときに、「今後、広報の企業イメージづくりに当たっては、安定した労使関係の重要性を踏まえて、労使を包含した高い次元でとらえていくよう努力をしていきたい」と社長名の文書で約束したが、実は、会社はこれを隠れ蓑にして、雑誌社を選び、広報が連携してシナリオと材料を提供していた。『経済界』に掲載されたものを列記すると、

①（昭和五十九年六月二十六日号）「翳りが見え始めた塩路一郎の権力の座」
②（昭和五十九年十月二十三日号）「留任を目論む塩路一郎の凄まじい権力欲」
③（昭和五十九年十一月十三日号）「塩路王国崩壊の序曲」
④（昭和六十年、新春特大号）「遂に来た塩路王国崩壊の日」
⑤（昭和六十年三月二十六日号）「石原俊の苦悩」
⑥（昭和六十年五月十四日号）「日産の首領《ドン》塩路一郎自動車労連会長退陣のXデー」

◇①の記事が載る前にこんなことがあった。五十九年五月初めに、一面識もない『経済界』の佐藤正忠主幹からの電話で、「芝にある精進料理の店『醍醐』で一緒に昼食を摂りたい」と誘われた。『醍醐』に行くとカメラマンがいるので、「何かあるのですか」と訊くと、「石原社長との仲を仲裁したい」と言われ、「写真を撮るなら私は帰る」と言ってるところに石原氏が来た。昼食の後、無理やり手打ちの握手をさせられたが、石原氏は常務時代に長く広報を担当してマスコミ・出版界の表も裏も知り尽くしている。私は〝これで、『経済界』に石原氏の手が入るだろう〟と思っていたら、その翌月この記事が載った。

②③は、東京支部（日産本社）で、社長の指示により自動車労連の運動方針に反対する騒ぎが起きた時の話だ。

④⑤は、一月に社長室を企画室に改名し、室長に塙（後に社長）を据えて組合攻略を命じた後、久米副社長に組合への徹底攻撃を誓わせて、後任社長に決めた時である。

⑥は、ホテル・ニューオータニにマスコミを集めて久米新社長の披露パーティーを開き、石原新会長が「間もなく労使関係の問題は解決する。日産の将来は明るい」という挨拶をする直前の掲載だ。この間に職場では、会社が作った怪文書の流布、係長販売出向問題、常任OB会潰しなどが行われていた。

6　藤原弘達・塩路一郎対談の波紋

昭和五十八年三月、週刊現代の編集部から、「藤原弘達さんとの対談をやらないか」との申し入れがあった。藤原氏は私が昭和二十年代半ばに明大に通っていた頃、法学部で政治学の教授をしておられたことを思い出し、思い切って受けることにした。雑誌記者には何を話しても違うことを書かれるので、記者不信に陥っていた頃だった。

四月に発売された『週刊現代』に、「藤原弘達大激突塩路一郎」の見出しで一〇ページに及ぶ記事が載った。対談記事の前の書き出しには、

「『彗星の如く現れた戦後派リーダーの旗手』と期待されたはずなのに、小説とはいえ、『偶像本部』では殺人まで犯す黒幕に擬せられるやら、『偽装労連―日産S組織の秘密』では陰謀の親玉みたいに扱われるやら、このヒトの身辺、まことに多事多難のようである。ご本人、恬淡と『すべて私をおとしいれる謀略』と断ずる。石原社長との確執が伝えられる中で、労使協調路線をかかげ、労働戦線統一に賭ける男

の過去と未来は……」

とある。対談の終わりに、昔の師弟関係を思い出すような言葉があった。

「まあ、あなたも、自分の人生を賭けた正念場みたいなところに来ている感じがする。そういうときには、己れに誠実であろうとするところに腰を据えないと戦えないんだ。己れとの戦いに勝てないから」

と言われ、「有難うございます。私もそう思います」と応えた。

対談記事の後の《弘達一言あり》には、

「会って話してみて、大いに認識を新たにするケースと、いささかガッカリするケースとがある。マスコミや世評のうえで不当にモテモテな人間には、とかく後者のケースが多いが、塩路君のケースは断固として前者だったことを痛感する。

私自身、この種の『労働運動成り上がり者タイプ』に若干の偏見と誤解があったと反省さえしている。それに、『第二組合』というものに覚え続けた『資本家の犬』の曲解も、彼に関する限り、なかったとは言えない。ハーバードのビジネス・スクールで勉強したものを一番よい意味で日本で生かした戦後的逸材の一人は、必ずしも経営者、ことにJCの青二才たちではなく、彼のようなタイプではないのかという気さえしたものである。

その彼が現在受けつつある、かなりニガニガしい経験の中には、自由社会における日本の役割と責任について、好むと好まざるとを問わず、克服しなくてはならない課題が伏在しているように思えた。

経済大国ニッポンを僥倖的繁栄の自惚れから覚醒させ、真の働く者の連帯と人間そのものの連帯にフィットさせるうえに、日本の労働運動の果たす役割は、今後大きくなることはあっても小さくなることはあり得まい。塩路君は、そういう役割を果たしていくうえに、やはり貴重な人材に違いないと思った。日本の労働運動が当面しているさまざまな問題を、大きく日本の未来との関連の中で克服していくうえに、この男、まだまだ〝使える男〟であることは保証しておこう。そういう〝使える男〟は、経済が繁栄している割に、今の日本に、そうそういないことも、財界のおエラ方、ユメユメお忘れなきように」

当時、マスコミ界で四面楚歌だった私には、極めて貴重な理解者を得たような気がして、大変有難く、嬉しく思ったことを覚えている。

この『週刊現代』が書店に並んで一週間ほど経ったときに、藤原氏から、

「石原が、『私とも対談して欲しい』と申し込んできた。どうするか、君の意見で決める」との電話があった。

「受けたらいかがでしょうか」と答えた三日後に、また藤原氏から電話がかかって来て、

「石原が断ってきた。何か思惑があるようだよ」と言われた。

しばらくして、「日産が講談社への出稿料（広告掲載料）を極端に増やしたらしい」という噂話が私の耳に入ってきた。そのためかどうか解らないが、この年（五十八年）の秋から、講談社（『週刊現代』、『月刊現代』、単行本など）は挙げて、石原サイドで記事を書くようになった。それらは、日産が情報を提供して書かれた高杉良の『覇権への疾走』に始まって、最後に止めを刺された『フライデー』（六十一年二月）まで続いた。

藤原氏はその後、平塚富士見カントリーで行われていた人気番組、「弘達ゴルフ対談」にも私を呼んで

激励してくれたが、私の失脚で期待に応えることができず、いまでも申し訳ないと思っている。

第四節　マスコミを悪用したスキャンダルの捏造

昭和五十八年五月末、石原氏は浦川（浩）人事担当常務を日産車体に、山内人事部次長を愛知機械に出して、腹心の細川（泰嗣）常務を購買部から人事担当に据え、本社人事部の職制を総入れ替えして組合攻略の陣容を整えた。

石原氏が佐島マリーナで、新聞記者に「小牧、本田、浦川と三人の歴代人事部長を外に出した。これで塩路は手も足も出ない」と得意げに語ったのはこの翌月のことだ。

私のスキャンダルは、経営政策論争を権力闘争にすり替えるために、この頃から会社が仕組んだものである。なかでも写真週刊誌による最初の攻撃、『フォーカス』の記事に関係した一連の会社側の謀略は、私へのスキャンダル攻撃の中で非常に象徴的な意味合いを持っている。そこで、この事件の顚末にあえて触れることで、私の名誉回復をはかりたい。それは私の「証言」のクレディビリティーに係わる問題と思うからだ。

佐島マリーナ事件の真相

『フォーカス』に掲載された写真が撮られたのは昭和五十八年十月三十日のことである。写真は、私が所有するヨット「ソルタスⅢ世号」を係留しようとしているところで、背後に若い女性とクルーの二人が写っている。勿論その他にお客さんやクルーたちが大勢乗っていたのだが、写真はわれわれ二人が目立つように巧くトリミングされている。

解説は、その女性をあたかも私の愛人であるかのごとく書き散らしたが、そういう関係は全くない。銀座のクラブでピアニストをしていた彼女は、この日、店の同僚やその他の人々と一緒に乗っていたにすぎない。彼女が私のヨットに乗った経緯については後で詳しく述べるとして、この日もカメラが私を狙っているということを意識してはいた。

実は数カ月前から、なぜか私の出入りするところにカメラが多いということが気になっていた。バーに行っても、カラオケ・スナックに行っても、はては食事をしているレストランでも、私の周囲で記念撮影をしているグループがいる。私の行く先々のバーやレストランで、いつも誰かが記念撮影をしているなんてことがあり得るだろうか。

彼らが角度を変えて何枚も撮影している中で、レンズが私の方に向く。フラッシュが眩しくて定かではないが、盗撮されているのかなと思うこともあった。しかし、証拠もないので黙っていた。

そして問題の十月三十日。この日ははっきりと隠しカメラを持ったカメラマンが佐島マリーナのロビーをウロウロしているのを目撃した。その隠しカメラだが、ショルダーバックの正面に穴をあけて、そこからレンズが覗いているというちゃちなもの。そのバックを首からぶら下げているのだから、見つけて下さいと言わんばかりだ。同行したクルーもカメラマンを確認して、「会長、カメラが来てるから気をつけて下さい」と注意してくれたが、この時は、まさか会社が仕組んでいるとは思わなかった。そんなことで、係留中を盗撮されたことにも気づかず、三十日は過ぎた。

翌々週十一月十二日の早朝、私は再び佐島マリーナに出かけた。フロントの職員から、「今日は本社広報の川勝（宣昭）課長さんが来られますよ」と声をかけられたが、マリーナは日産が経営しており、たまに接待などで本社広報が使用することもあるだろう。しかし急に広報の課長が何故、と不審に思って、「えっ、なんで」と聞き返したら、「知りませんが、草野（忠男）広報室長も来られました」と教えてくれた。

〝室長と課長がそろって来るとなると相当重要な接待なのか、しかしそんな話は聞いていないな〟とますます不信が募った。

そしてこの日の夕方、ヨットを係留中に、今度はマリーナの屋上からこちらを狙っているカメラを発見することになる。

佐島マリーナは三階が駐車場になっているが、そこに三脚を据えて、望遠レンズを付けたカメラが私のヨットを狙っているのをクルーの一人が発見した。

後でわかったことだが、佐島マリーナのホテル部分には日産が役員用にキープしているマリーナに面した部屋があり、その一つ五一六号室の中では、ある男が望遠鏡で私のヨットを覗いていた。

尾行してきた車

私は係留がすむと、クルーの一人を駐車場に走らせカメラとカメラマンの姿を確認させた。さらに、カメラマンを含めて三人のグループが二台の車でやってきたことを確認し、その車のナンバーをメモした。

これが後から生きてくる。

またこの日は朝から朝日新聞と日本経済新聞の自動車担当記者が突然やってきて、無理やり私に取材をしていった。

広報室長と課長がやってきて、そこに新聞記者が二人も同時に来る。さらにその日も盗撮が行われるとは、この時点でさすがに私も何やらキナ臭さを感じた。

食事に出たところをまた盗撮されたり、新聞記者の取材を受けたりするのはかなわないと思って、取り敢えずみんな私の部屋に集まり、雑談をして時間つぶしをすることにした。

午後八時過ぎになって、駐車場を見ていたクルーが、

「会長、どうやらカメラマンたちの車がいなくなりました」

というので、われわれ八人は三台の車に分乗して食事に出かけた。ところが、途中で待ち伏せしていた二台の車が、三台の最後尾にいた私の車の後ろについた。私の車を運転していたクルーがそれをバックミラー越しに見て、

「会長、後ろについた車、あのカメラマンの車です」

そういうこともあろうかと、われわれ三台が予め打ち合わせた通りに次の三叉路で二手に分かれると、彼らは戸惑ったのか、尾行を取り止めて引き揚げた。

その後私は、この尾行は会社の誘導のもとに行われていたという証拠を入手する。会社がカメラマンを誘導して労組幹部のプライベートの写真を撮らせているというのは、そのこと自体、大スキャンダルである。

英国進出問題は本来、純然たる経営政策についての論争であった。しかしこの数カ月間、マスコミに

は、それは権力闘争であるという主旨の記事が頻出していた。特に『月刊現代』に連載されていた高杉良氏の『覇権への疾走』はその最右翼で、これには会社幹部が資料を提供しない限り、わかり得ない事実がいくつも書かれていた。

これも後で知ったことだが、この時期、会社は私に関するスキャンダルを取り上げてくれるよう、盛んにいくつかの出版社に働きかけていたという。

私はそこに、無謀な海外プロジェクトの推進を労使間の経営政策論争の場に出したくない、卑俗な権力闘争ということで片付けてしまいたい、という会社の意図を感じ取った。このような姿勢を会社がとり続けるならば、まともな協議などできようはずがない。

そこで、五十八年十一月十四日の第六回中央経協以降、私はこの問題についてのきちんとした説明を求め続けたのである。

会社の謀略の証拠

十一月十八日の第七回中央経協で、細川（泰嗣）常務による「佐島マリーナ事件」についての会社側の説明は、当日、川勝広報課長が佐島マリーナにいたことは認めた。さらにご丁寧にも、友人と称する人物と一緒にいたことも。それは川勝課長のプライベートな友人であり、しかも目的は〝バード・ウォッチング〟だったと言うから呆れてしまった。

佐島でバード・ウォッチングしてもカモメが見えるだけである。そんな酔狂な友人がいるものか。

私はカーテンが引かれていたので気が付かなかったが、あの日、佐島マリーナのホテルにある日産の部屋では、男が双眼鏡でこちらを覗いていたらしい。それを私に見られていると勘違いした会社が、この男の存在に何とか理屈をつけようとして、その結果が〝バード・ウォッチングの好きな友人〟という設定になってしまったらしい。

さすがにこれではリアリティがないと思ったのか、十二月六日の第八回中央経協では、「黒鯛を釣りにきた藤沢市在住の大学時代の友人だった」と前言を翻した。「双眼鏡で波の様子を見ていた」と。

もちろん、盗撮に会社が関与していることについては、知らぬ存ぜぬ、あり得ないの一点張りだ。いかに誠意のない言辞を弄していたか、第八回中央経協のテープから引用してみる。

細川「佐島の件ですが、これはもう前回、事実関係についてご説明申し上げた通りで、佐島に朝日、日経の記者が行ったのは全くの偶然でございまして、私どもの立場としましても、複数の新聞記者を意図的に同一の場所に誘導するということは、常識的にも考えられません。これは偶然だということは、是非ご理解願いたい」

「それからもう一つ偶然が重なったんですけれど、川勝課長が佐島に行ったのも偶然でして、友人との釣りのためであり、記者が佐島に行ったことと全く無関係です。そういうふうに、あのう、是非、信用していただきたいと思います」

会社が正直に調査結果を報告すれば、それで終わりにしてもいいと思い、忍耐強く再調査を依頼してきたが、すべてを偶然のひと言で片付けられるのではラチが開かない。そこで私は、会社が関与していた証拠を提出することにした。

塩路「細川さんに伺いますけど、佐島には、川勝課長は車で来たそうですね」
細川「はい、車で行きました」
塩路「自分の車で来たと言ってるそうですね。それはどんな車か、おわかりですね」
細川「どんな車とは、どういう意味ですか」
塩路「自分の車なのか、他人の車なのか」
細川「えーと」
塩路「私が過去三年来、いろいろマスコミにやられていることについて、会社の一部に疑いを持っているということを、中央経協で何回か申しあげていますが、証拠がなくて言ってるわけじゃないんですよ。そこでいくつもある証拠をここで洗いざらいどうだこうだやる気はありませんが、一つだけ、最近の例を出します。それを出す上で、川勝課長がいったいどんな車で来たかを伺いたいんです」
細川「……」
塩路「本当に個人所有の車なのか、友人の車なのか」
細川「友人とは別個に落ち合ったんですね、個人の車で。それで帰りは近くのレストランでビールを少し飲んじゃって、寝て、九時半頃あそこを出ているんです」
塩路「九時半とか、十時とかいう数字が、いろいろあるようですね」
細川「えー、十時頃です」
塩路「彼の車の番号は?、何番の車に乗っていたんですか?」
細川「それは……」

塩路「答えられないですか?、そこの電話で訊けばいいじゃないですか」
細川「いや、あの、後で調べます。中央経協の場ですので、あんまり……」
塩路「中央経協では何でも言えなければ困るんです。私はウソをつかれていることを承知で、さっきからの話を聞いているんですよ。会社は組合に対して何も悪さをやっていない、というような話ばかりですから、そうではありませんと申し上げているんですよ」
細川「……」

これは広報所管の車です

塩路「私はいま大事なことを訊いているのですが、それは中央経協の場だから言えないとか、調べられないとかね。こういう労使関係はおかしいと思いませんか?。まあ、ここでどうしても調べろと言うと、ことを荒立てるみたいだから、私はそれも我慢します。そこで、会社をあんまり追い詰めないために言いますとね、当日の佐島マリーナにはですね。品川ナンバー〝59-な-5009〟というのがあったんです。このナンバーをメモしたときは、これでカメラマンの正体がつかめると思ったのですが、その調査結果は、私が想像もできないものでした」

「これが車検登録証明の原紙です。これのコピーをそちらに三枚差し上げます。

所有者の氏名または名称、日産自動車株式会社。所有者の住所、神奈川県横浜市神奈川区宝町二。使用の本拠の位置、東京都品川区東大井。……会社の車ですよ。本拠が品川区大井ということは、広報所管の車です。これでも広報は関係ないと言われますか? そして当日、川勝課長が五一六の部屋

（マリーナを見下ろせる）を使っていたことは偶然だと言われますか？」
「川勝課長の友人というのが誰かは、常務はお調べになっていないようですが」
細川「藤沢在住の大学時代の同級生ですよ」
塩路「全くの偶然でしょうかね。前回の説明ではバード・ウォッチングの友人、今日は釣りの好きな友人になって、それが双眼鏡で五一六の部屋から海を見ていた。五一六は海側よりも、マリーナを見下ろせる格好の部屋です。私のヨットを見ていたのではありませんか」
細川「……」

十二日にカメラマンの車のナンバーをメモしておいたことが、会社が盗撮を誘導していたことの動かぬ証拠になった。

私が最も知りたかったのは、川勝課長と行動を共にしていた〝バード・ウォッチングが趣味〟とか〝釣りが好きな大学時代の同級生〟と会社が説明している男の正体である。会社側に何度も川勝の事情聴取を要求したが、「訊いても本人が言わないから、わからない」の繰り返しだ。そこで私は、中央経協と平行して幾つかの調査を試みていた。その結果、さらなる驚くべき事実に突き当たった。

私は昔（昭和三十年）、一緒に青年部の結成で苦労した田村泰三人事部長に川勝課長の事情聴取を依頼した。十二月初旬に田村部長から電話があり、「今日、川勝から話を聞きました」と前おきして、その男を、

「（塩路）会長も大変よくご存じの大物政治家の秘書で、この秘書とも会長は大変親しいそうです。そ

う言えば会長はすぐお解りでしょう」と言った。私が政治家本人、秘書ともに深い親交のある人物と言えば、どう考えても中曽根康弘総理大臣（当時）とその第一秘書、筑比地《ツイヒジ》康夫氏の他にいない。

私と中曽根氏は、昭和四十九年、石原慎太郎氏が出馬した都知事選の時に親しい間柄になった。そして、私は『つるよし会』という〝中曽根氏を総理大臣にする会〟のメンバーにもなっていた。四谷の料亭を会場に、ウシオ電機の牛尾治朗会長、劇団四季の浅利慶太氏、政治評論家の飯島清氏、そして私の四人は、月に一度はそのためにいろいろ相談し合った仲である。そういうわけで、当然、中曽根氏の秘書とも親しい関係にあった。

田村氏の言葉を聞いたときに、私は信じられないという思いがある一方、あるいはという気もしていた。『フォーカスV』に掲載された写真の女性は銀座のクラブでピアニストをしていたと前述したが、そのクラブ『蓉屋』を私に紹介してくれたのは誰あろう中曽根氏の秘書に他ならない。

『蓉屋』のママは当時、その秘書と親しい関係にあったと聞いていたが、私はそのママから、店の女の子たちを是非ヨットに乗せてあげて欲しいと何度も頼まれ、それであの日も含めて数回、彼女たちをクルージングに招待したのである。

それらを考え合わせると、筑比地氏があの場にいたのはうなずける。あれ程親しかった私と中曽根氏は、五カ月前（六月十三日）に日産の英国進出問題をめぐって、非常に冷めた関係になっていたのだ。

この問題については、第三部第三章第二節の5に詳述したが、日産の英国進出問題は一民間企業の経営活動の枠を越えて、サッチャー首相と中曽根首相による日英の政治プロジェクトの様相をおびていた。

英国進出に反対を唱える私が、中曽根氏にとっても不愉快な存在であったことは想像に難くない。それが、筑比地秘書と日産広報室との行動につながったと想像すると、辻褄が合う。時の首相の側近まで巻き込んだ謀略とすると、会社の行動はあまりに無軌道である、と当時、私は驚きを禁じ得なかった。

その後の中央経協で、川勝課長が一緒にいた男の名前は、何度も論議の対象にされたが、最後まで、「本人が言わないから解らない」の一点張りであった。

石原社長に訊いても、「川勝が黙秘している以上、訊くわけにはいかない」などと言を左右にする。このことを川又会長に申し上げたら、

「社長の質問に答えない社員などいませんよ」と言っておられたが、私もその通りだと思う。

その男が筑比地秘書ならば、それは「わからない」のではなく、「明かせない」ことであったろう。

社長の詫び証文

次々と判明する事実を前に、会社側はどういう弁解を用意するのか、私は十二月十二日に予定されている第九回中央経協を待った。

ところが、当日冒頭、欠席した細川常務に代わって石原社長自ら、一枚の書類を読み上げたのだ。その書類は、後に社印が押された文書になって私の手元に届けられた。

日本自動車産業労働組合連合会

会長　塩路一郎殿

中央経協にあたり

日産自動車株式会社取締役社長　石原　俊

昭和五十八年十二月十二日

最近三回の中央経協において、組合から広報関係を中心とする各種の問題指摘があり、会社としてもそれなりに真剣に受けとめ、調査もし、できる範囲で努力をしてきたつもりであった。しかし、今回の件で指摘されたようなことは私自身は全く知らないことばかりで、内心「まさか」という気持ちがあったことは否めない。

前回の中央経協で組合から新しい事実が示され、私も驚き、あらためて全般にわたる再調査を行ったところ、残念ながら一部指摘されたような事実があったようである。このようなことが労使関係に支障を与えることになるとしたら、本当にきわめて遺憾なことである。

私は、社内のトラブルやスキャンダルめいた話が外部に伝わり、マスコミ等にとり上げられ興味本位に報道されることは、企業イメージという面からも社員の士気という面からも、決して好ましいことではないと考えてきた。しかし、残念ながら英国問題を中心にして、最近、その種の話がマスコミその他でさかんに取り上げられているのも事実である。このような問題を起こさないためには、まず労使関係の実態を正していくことが肝要であると考える。

こうした中にあって、マスコミ対策として広報の対応は非常に重要と考える。

今後、広報の企業イメージづくりに当たっては、安定した労使関係の重要性をふまえて、労使を包含した高い次元でとらえていくよう努力していきたいと思う。

今回の論議を通じて感じることは、労使関係の在り方や再構築についても、今後とも忌憚のない話し合いを続け、お互いに正すべきものは正していくようにしていく必要があると思う。会社としても、組合の意見に虚心に耳を傾けていくつもりであるので、ぜひご協力願いたい。

しかし、労使の問題は今日、明日で話が終わったということになるような性格のものではなく、息長く話し合っていかなければならない。一方英国問題は、これまでも申し上げてきたとおり、ここで一応の結末をつけたいと考えている。年を越してしまうことはタイミングとしてはまずいのではないかという考えもある。

長い間懸案になっていた英国問題に労使が話し合いで合意に達したとなれば、私は労使の問題もまたこれを機に新しいスタートのひとつのきっかけになるのではないかと思う。

労使問題、広報問題については、先に述べたような考え方にたって今後とも組合と話し合っていくことにして、時間が切迫している英国問題について今日、話をしたいと考えている。

以上、この前、組合から出された問題についての会社側の考え方を申し上げる。

以　上

驚いたことに、会社は正式な文書をもって、おおむね事実関係を認めた。

それでも「事実があった」と書かずに、「事実があったようである」などとしているなど、気になる表現が多いので、この日の中央経協では石原社長とかなり突っ込んだやりとりをした。

数日後に川又会長にお会いした時に、「『事実があった』と書かせるつもりです」と申しあげると、会長は、「社長の名前であそこまで書けば、あれで、もう、社長の詫び証文なんですよ。あれが世間に出れば社長のメンツは丸つぶれです。ああいう書き方で我慢して下さい」

と言われる。それで、私はひとまずこの問題を取り下げることにした。

社長が〝詫び証文〟まで入れたのだから、まさか写真を出させるようなことは、いくら何でもしないだろう、という楽観的な気持ちが六、七割あった。それがいかようにも甘かったことを私が思い知るのは一カ月後、日米諮問委員会（日米賢人会議）の最中、宿舎まで『フォーカス』の記者がやってきて、私にあの日のことを取材していった時である。そして数日後、写真が掲載された雑誌が全国で発売された。

その時、この〝詫び証文〟をマスコミに公開して反撃する道はあっただろう。しかし、あえてそれをしなかった理由は冒頭に述べた通りである。

これが『佐島マリーナ事件』の顚末である。自らの恥を晒してまで長々と説明したのは、私がこの本で述べていることを、読者の方々に虚心坦懐に読んでもらいたいから、ということをご理解いただきたい。

第五節　会社が関与し広く社員に流布された『怪文書』（昭和五十五年五月〜昭和六十年四月）

『怪文書』については当時マスコミで大きく取り上げられた。会社が情報を流すからだ。怪文書による攻撃は、昭和五十五年五月に始まり六十年四月まで、五回にわたって流布された。これらの怪文書については、労組では手書きの宛名を筆跡鑑定するなど、徹底的に調査し、その結果、会社が関与しているという証拠をいくつも摑んだ。しかし、それらを公開することは、特定の個人を名指しで非難することになる。恐怖政治の下、社命で宛名書きなどをやらざるを得なかった社員の気持ちを思うとそれはできない、というのが当時の私の思いだった。

そこで誰も傷つかない証拠の一つをあげておこう。

日産の働く仲間に心から訴える

怪文書のうち、体裁でお金がかかっているなと感心した『日産の働く仲間に心から訴える——係長会・組長会有志』は、それまでの怪文書が手書きのガリ版刷りやタイプ文字のゼロックス刷りであるのに対して、横長の紙で三つに折るとB5タテになる特殊な紙を使い、オフセット印刷された、きちんとしたものだった。

「英国進出反対」の記者会見をした翌月、昭和五十八年九月二十四日の未明に、総計四〇〇〇通のこの怪文書が、横浜、鶴見、追浜、座間、吉原、村山、栃木、九州の全工場の寮・社宅に、投げ込みまたは郵送で配付された。ところが栃木、村山、九州では、郵送されたものが日産労組支部にまとめて届けられた（栃木だけで六〇〇通以上）。

郵便局員が「日産の社宅に来た郵便物だが、郵便法違反だから配達できない。戻すにも差出人が書いてないので、考えた末に組合に持って来た」と言う。郵便の場合、宛先に個人名がないと規定で配達できないことになっており、差出人に戻される。怪文書のことだから差出人もない。栃木の場合、宛先は「日産石橋社宅〇棟〇号」とあるだけだった。

それを並べてみると、なぜか部屋番号が抜けているところがある。調べてみると、抜けているところは現在、空き部屋になっていることが判明した。社宅のどこが空き部屋かを正確に把握するには、各工場の人事課にある内部資料を見るしかない。いい加減に番号を全部書いておけば発覚しなかったものを、きちんと空き室を除いて発送したことで馬脚が現れてしまった。

さらに内容と文体からしても現場の人が作ったとは思えない。日産労組結成以来の組合と係長・組長の関係からも、こんなものを書く筈はないと思っていたら、『週刊文春』の十月二十七日号に、次の記事が載った。

「まさに怪文書には違いないのだが、この種の文書にありがちな個人的醜聞のたぐいは一行もなく、しかも煽動の文章に知性と教養もないわけではない。全文の格調を再現できないのは残念だが、これはつまりはクーデター宣言である。

筆者はだれか。塩路氏による英国進出反対の記者会見の後、怪文書登場となった経緯も気になるところではある。経営トップじゃないが平でもない、常務クラス。それも新任の常務が複数関係していると見ていいだろう。確証がないから名前を出さないが、むろん石原氏が知っての上ではないだろうか」

これを見た石原氏周辺は慌てたようだ。その様子を、本社人事の職制の一人が内緒で私に教えてくれた。

「怪文書は『週刊現代』にも持ち込んでいたんです。『週刊文春』の記事を見てあわてた広報室が『週刊現代』の編集部に『まだ書いてなければ止めてくれ』と頼みに行ったら、『てめえがたれ込んでおいて、止めてくれとは何だ』と怒鳴られたそうです」

役員の皆様に訴える

寮・社宅に怪文書が投函された翌月、十月二十八、二十九日に、「役員の皆様に訴える」という文書が会社役員の自宅に郵送された。これも差出人は「係長・組長会有志」だが、文書の中に「増田組合長」と書かれていた。係長・組長なら「益田組合長」を間違える筈がない。日産争議を知らない組合対策グループの若い職制が書いたからだろう。

この役員宛の怪文書について、十月三十一日（月曜）午前十時からの取締役会で、川又会長から次のような発言があった。

川又「おかしな文書が俺のところに来た。こんな変な文書合戦は昔二十八年頃はあったかも知れないが、今どきこんな文書が出るのはおかしなことだ。マスコミのいい餌食になってしまう。こういうものをまともに取り上げるな。各役員は慎重に対処してほしい。最近、ＭＥ協定ができてから設備が止まっているところが多いと聞くが、組合の言い分もあるようだから中央経協などでもっと聞いたらどうか。そして会社の考え方も十分説明すれば、組合も了解して事は進んでいく筈だ」

石原「…………」

この話は田村泰三第一人事部長から私に伝えられた。田村氏は昭和二十七年入社で私の一年先輩だが、一緒に民主化グループや青年部で活動した仲間だった。浦川氏が社外に出された後の細川泰嗣新人事部体制（組合攻撃）で人事部長に任命されたが、心情的には反塩路になりきれず、情報をくれることがあった。

この取締役会の翌日、私は川又会長にお会いした。佐島マリーナで盗撮された（十月三十日）ことと、それに会社が関係しているらしいことを伝えておこうと考えたからだ。そのとき川又会長は、「あれ（怪文書）は係長に出来ることではないね」と言われていた。

怪文書は会社の陰謀だということを推定できる現象を一つ挙げると、昭和六十年十一月に始まった三会工作のときに、会社はこの怪文書を全く利用していないことだ。もし本当に係長・組長有志が作ったものなら、三会員をオルグする際に「あなた方も『日産に働く仲間に心から訴える』で塩路会長を批判したように」と言って使うはずだが、全くそれはなかった。会社職制の作文だからだ。

日産「塩路一郎」ドンに突きつけられた「金と女」の公開質問状

昭和六十年三月から流布された『塩路会長への公開質問状―日産自動車従業員有志』は、『週刊新潮』の同年五月三十日号で、『日産「塩路一郎」ドンに突きつけられた「金と女」の公開質問状』というタイトルで特集された。

怪文書というだけあって、内容はどれも悪意に満ちたデッチ上げであることは言うまでもないが、これは一部のマスコミに書かれた私への罵詈雑言を列挙して、これらの真偽について私に答えよという体裁だが、その文書の一部を紹介すると、

「最近、当社の組合に関するマスコミ報道の中で、塩路会長の金銭関係、女性関係に関する報道が目立っていることは会長ご自身がよくご存じのことと思います。（中略）我々従業員から見れば、くずれた芸能人の評判のように疑惑に満ちたものばかりであります。我々の釈然としない気持ちをご理解いただき、我々の質問に対する回答を速やかにお願いする次第であります」

〔マスコミに書かれていること〕

金銭関係

①三五〇〇万円のヨットは株を売って購入した。多額の株はどこから得たか？（経済界、フォーチュン誌、朝日新聞）

②自民党の議員に組合員の票を渡し、裏で五百万円を受け取った（経済界）。

⑦女性におどされ一二〇〇万円の小切手を労連から支払った（経済界）。

女性関係

①ロサンゼルスのバーの歌手を日本に連れてきて、愛人として麻布のマンションに住まわせ、月一〇万円の家賃を労連から支払わせた（経済界、「破滅への疾走」-高杉良）。

③「フォーカス」に掲載された銀座のクラブの女性とまだ関係を持っている（経済界）。

④神楽坂の芸者Yとか劇団四季の女優数名と関係があった（青木慧、『日産共栄圏の危機』の著者）。

等々、よくまあこれだけデタラメを集めたものだと感心してしまうほどだ。

◇組合が作成した「怪文書に対する組合の対応と調査報告」という資料に、五回にわたる怪文書の調査分析の結果が収録されている。それによると、

「昭和五十五年五月～六月の怪文書は、差出人が『職制有志』となっている葉書と、『労連幹部有志』が差出人の封書の2種類である。両方とも住所録の提供は会社の広報室と人事部である。その後、差出人が『職制有志』、『労連幹部有志』、『係長会・組長会有志』となり、最後の公開質問状は『従業員有志』と、有志名が変わってきた。

不思議なことに、その後ついに、『俺がやった』という話がどこからも出て来なかった」とある。これらの「怪文書事件」は常軌を逸した会社のやり方という意味で不愉快であったが、所詮、私個人への攻撃であり、まだ我慢することができる。しかし、この後、昭和五十九年以降のさまざまな「組合活動の妨害工作」と三会を扇動した「塩路会長降ろし工作」については、組合員の多くを巻き添えにしてしまったことで、私は深く悩んだ。

第六節　組合活動の妨害

写真週刊誌（フォーカス）まで動員して組合を抑え込み、英国進出を強行しようとした石原氏は、私に「詫び状」を書くことで、ようやくノックダウン工場による進出の発表にこぎつけた（昭和五九年二月）。石原氏は川又案（ノックダウン方式）に強い抵抗を続けていたが、盗撮の「詫び状」と引き替えに、この方式を呑まざるを得なかったのだ。この段階で英国進出による日産の被害を少しでも少なくするには、川又会長が役員会に提示した「遺言」と労使間で結んだ「協定」を石原氏に遵守させる以外にない。

英国進出に憑かれていた石原氏は、このノックダウン方式を一日も早く破棄して本格生産工場に切り替えようと、さらなる組合弱体化を画策する。そのために、組合活動を妨害する工作が私の失脚（昭和六一年二月）まで続いた。その手始めが、五十九年九月〜十月に本社を中心に行われた、自動車労連の運動方針に対する反対工作である。

1　自動車労連の運動方針反対工作

自動車労連は第十七回定期全国大会を五十九年十月二十四日から三日間、京都の国際会議場で開催した。石原氏が社長になって七年目だが、日産は国内販売占有率の下落が止まらず、五十三年以降の海外プロジェクトも、スペインのモトール・イベリカ、イタリアのアルファロメオ、ドイツのフォルクスワーゲンと失敗が相次ぎ、そこへ採算を度外視した英国進出が始まる。私は石原政権下の日産に救いようの無い危機を感じていた。

いわば、船底に穴が開いて浸水が続いているのに、石原氏は勿論その体制下にある職制も、巨大船〝日産丸〟は沈没しないと思っている。このことに警鐘を鳴らし、日産の沈没を防ぐために、私は運動方針書に次のことを書いた。

精神の復興

日産グループの現状は、国内占有率の連続的低下、販売会社の赤字の累増と体質の悪化、戦略的に脈絡を欠く海外投資とそれに伴う負担の増加、それらによる日産の二期連続大幅減益など、憂慮すべき状態が続いている。

組合は経営者に対して、労使の信頼関係とそれに基づく労使協議が企業の発展に不可欠であることを繰り返し説明するとともに、国の内外における重要政策の問題点を指摘し、提言を行ってきた。

しかし、残念ながら経営側の姿勢は全く変わらず、経営政策についての論議もかみ合わず、経営体質の改革は進んでいない。

さらに重大な点は、日産の持つ力（カネ・ヒト・モノ・技術）には限りがあるということだ。われわれは、主要政策の重要度合い、優先順位、及びそれらの相互関係を明確にし、企業の限りある力を分散ではなく集中して投入することが必要と考える。

また日産は、表面にあらわれている業績だけではなく、社内および日産グループ内の人間関係が分断され、責任転嫁、事なかれ主義の風潮が生じ、企業の活力が失われつつある。しかも、会社は業績低下の責任を組合に転嫁し、そのマスコミ工作は企業のイメージダウンに拍車をかけるなど、組合として黙視できない状況がみられるようになった。我々はこのような危機的状態に歯止めをかけ、日産グループの再建を進め、雇用の安定と生活の向上をはかっていかなければならない。

いま最も重要なことは『善意の復興』である。労使の間に信頼の人間関係を回復することである。われわれはこの考え方に立って日産グループの現状を打開していくために、新たな復興闘争を展開する。

このように、われわれは組合として当然のことを言ったつもりだが、これに会社から攻撃の火の手が上がった。

職制会議で反対を指示

昭和五十九年九月中旬、社長の指示を受けた人事部は、本社で各種の職制会議を段階的に開催した。

工場長、工場の総務部長を集め、また各工場の人事課長を召集して対策会議を開き、さらに本社部長会、各工場ごとの職制会議などで対策を論議し、職場に運動方針反対の指示・煽動を展開したのである。

藤井労務部長は、会議で運動方針の一七箇所を問題点として挙げ、「日産のイメージダウンになる」「経営批判が強すぎる」「海外投資が失敗だというが、まだ結論が出ていない」「労連の運動方針書が日産をつぶす」などと言い、はては定年退職者組合員制度まで「塩路会長を守る会だ」と問題にした。

その結果、各課長は組合の職場役員に対し、「会社としては今度の運動方針に反対だ。議論を十分尽くすように」と言い、各課の総括層には「反対するように」とあからさまに働きかける動きが表面化した。職制間では、口頭、電話、密談や会議と称する情報交換が活発化し、それは組合員の目にも異様に映るようになった。工場にも、「総括層を巻き込んで職場を煽動しろ」という指示が出たが、組合の職場組織がこれに対応して、工場の職場は動かなかった。

このような組合員の運動方針論議に対する会社の介入に対して、組合は文書で人事部長宛に「不当労働行為を止めるよう」申し入れたが、会社は同日、「その事実はない」と回答してきた。

東京支部では、執行委員・職場長などの職場役員が職場をまとめるべく行動したのだが、職制の介入によって、運動方針賛否の採決が大会までに取れない状態に追い込まれた。

その結果、大会で運動方針を採決するときに東京支部の代議員が発言を求め、

「東京支部の全組合員はこの方針に沿って、自動車労連の仲間と共に全力を上げて諸活動を進めていかなければならないと決意を固めている。ただ東京支部では、残念ながら職場の確認を得るに至っていない。そこで、職場代表の代議員三名は保留の態度を表明させていただきたい」

という意見が表明された。私は、

「イスラエルの国会には、『満場一致は採択せず』というルールがある。民主主義の難しさを言い得て妙だ。本大会も代議員の態度表明は自由」

という見解を述べた。これで東京支部は常任委員の代議員四人も保留にまわり、保留が七票という結果になった。私はこの保留をあまり気にしていなかったが、一部の新聞・週刊誌には「東京支部の反乱」と書かれた。

2　係長の販売出向問題

『きみ、いまの組合をどう思う』

自動車労連の運動方針反対工作が不首尾に終わった翌年（昭和六十年）一月、石原氏は「社長室」を「企画室」に改名し、室長に米国日産製造に出向していた塙義一氏を据えて組合対策グループを強化した。盗撮カメラマンを佐島マリーナに誘導した川勝宣昭課長を広報室から異動し、組合攻略はいよいよ無軌道になっていく。

同年三月末、石原氏は後継社長に久米氏を選び、自らは会長に納まることを決めた。その経緯が、『週刊現代』（一九九〇年三月十七日号）の「世代交代」（田原総一朗）に、次のように出ている。

「石原は久米を飲み屋に連れ出して『きみ、いまの組合をどう思う。断固たる措置……妥協せずに思い切ってやるべき』。ニヤリと笑って問う石原に、久米は『そう思います。もちろん』と強い語調で答えた。

実は石原のこの短い言葉には、重大な二つの意味が込められていた。一つは石原の、自らと差し違える的死闘の予告であり、もう一つは、この念押しによって石原は久米を後継者に決めたのだ」

久米社長就任（昭和六〇年六月一日）後、マスコミを招いて開いたホテル・ニューオータニにおける新社長就任披露パーティーの席上、石原会長は、

「私は社長就任以来エネルギーの七〜八割を組合対策に費やしてきた。そうせざるを得なかったのだ。組合問題は間もなく解決するから、日産はこれから良くなる」

と挨拶した。組合に対する総攻撃宣言である。

この時すでに、石原―塙ラインはその作戦を進めていた。それは、工場部門（現業）の強固な職場組織を切り崩すために、その核になっている係長を組合から引き離し、会社の支配下におくための工作である。

労使慣行を無視し、係長の販売出向を内示

昭和六十年五月十三日、会社は長年の労使慣行と労使間の確認事項を破棄し、組合への予告もなしに、突然、係長一七名・安全主任一名に対して六月一日付の販売店出向を内示し、それを職場に発表した。この時、私は国際自由労連の執行委員会でブリュセルにいた。私の留守を狙っての組合攻撃である。

課長から出向を言い渡された係長たちは、「組合との協議はどうなっているのか」「組合との合意がない出向には応じられない」と拒否の態度を表明して、この事態を担当常任に報告してきた。各常任は直ち職場に入り、実態を調査の上、組合は五月十五日付で次の抗議文を会社に手渡した。

抗 議 文

われわれは、三〇余年にわたり近代的労使関係の確立と維持に努め、組合員の幸せを守り、企業の発展に協力してきた。この間、出向・配転などは労使の合意事項として折衝・協議を尽くし、成果を上げてきた。その歴史と実績は会社も十分承知の通りである。

しかるに、会社は五月十三日（月）午後、労使間の確認事項「係長・安全主任は販売出向に出さない」を無視し、組合への予告もなしに、本人への一方的な通知をもって、内示および職場への展開という暴挙を行った。

これは、長年の労使慣行及び組合員の人権を踏みにじり、働く者の自由な意思表明を抑圧する行為であり、組合員と職場を守る労働組合として、断じて容認できるものではない。

ここに厳重に抗議を申し入れるとともに、内示を撤回し、職場が一日も早く明るさを取り戻せるよう、会社の速やかなる善処を申し入れる。

これに対して会社は、五月十六日、田村取締役人事部長名で次の「回答書」及び「警告書」を組合に届けてきた。

回 答 書

係長、安全主任の特別営業部員出向について、会社は誠意をもって出向の必要性等について説明を尽くしました。しかし貴組合は、係長、安全主任を出向させると生産現場が弱体化するなどと称して、反対の態度をとり続けました。

生産現場の体制はもともと会社が責任を持って維持すべきもので、十分配慮していることは当然のことであります。再三の会社の誠意ある説明に対して貴組合の反対理由は一般論にとどまり、その正当性を認めるには至りませんでした。

以上の次第から昭和六〇年五月十三日に至り出向の内示に及んだものであります。

なお、貴組合は交渉の一切を委任されていると主張されているようですが、一体何のことか理解に苦しむばかりであります。

念のために申し添えれば、出向命令という会社の労務指揮権の行使に対して、従業員は正当な理由がない限り従うべき性格のものであり、同意、不同意の意思表示を第三者に委任できるものではないことは、法律的にも明らかであります。

警　告　書

貴組合は、会社が販売出向を内示した係長十七名・安全主任一名に対し、反対の意思表示をさせるべく、常任委員をして就業時間中に説得工作を行わせ、彼らを動揺させております。

言うまでもなく、会社は就業規則によって従業員を出向させる権限を有し、従業員は正当な理由がなければこれを拒み得ないことになっています。

従って、貴組合の上記行動は、会社業務の円滑な実施を阻害するものであり、今後は一切かかる行動をしないよう厳重に警告いたします。
なお、念のため述べれば、貴組合の専従者たりとも会社に在籍する限り、就業規則の適用は免れないところであります。貴組合がこの警告書を無視して上記の行動を繰り返すならば、業務妨害はもとより職場秩序紊乱に該当し、責任者の懲戒処分も行わざるを得ないので、予め承知願います。

この「回答書」及び「警告書」に対して、組合は次の「組合の見解」を会社に手渡し、団体交渉を申し入れた。

会社の回答書・警告書に関する組合の見解
五月十六日付の会社回答に対して、下記の通り組合の見解を明らかにし、会社が正当な対応をするよう、改めて申し入れる。
①会社は「係長・安全主任の販売出向について、誠意をもってその必要性について説明を尽くした」と述べておりますが、これは事実と全く相違する表現です。
即ち、三月三十日の事務折衝において、会社は組合の主張に理解を示し、「係長は原則として販売出向に出さない」ことを確認しております。にも拘わらず、会社は前言に反し、強引に係長・安全主任の人選を行い、本人に通告しました。これは労使間の折衝と確認事項を無視した一方的な態度である、と言わざるを得ません。
②回答書では、出向について会社に一方的な命令権があるかのような記述になっておりますが、出

向は慣行として労使の合意事項になっており、会社に一方的な命令権が存するものではありません。

③また出向は労働条件の変更であり、組合は組合員のための交渉権とその義務を有し、決定には組合の同意を必要とします。組合は第三者ではありません。従って、会社が一方的に労務指揮権なるものを行使できるものではありません。

④組合は今後とも、この問題について誠意を持って協議、折衝を行うつもりでおりますので、会社も同様の態度で対処されたく、申し添えます。

販売出向の問題は、前年十二月の販売専門委員会で、「生産部門から販売要員を販売店に出向させたい」という会社の提案から始まった。

当時、日産車の販売は国内・輸出ともに低迷を続けており、国内販売のシェアーは石原氏が社長になる前の三一％から七年間で六ポイントも落ちて二五％になり、逆にトヨタは三七％から四二％に増えていた。セールスマンの数を見ると、日産はトヨタの八割以下に下がり、日産の販売店は自らそれを補う体力がなくなっていた。

この販売不振の要因は、石原社長就任時の販売店に対する「独立採算・管理経営」の強要と商品計画などの経営政策の誤りにある。そこで組合は、会社に次の提言をした。

一、メーカーからの販売出向は、販売不振に歯止めをかけるための一時的な緊急対策とすべきで、なるべく早期に、これに依存しない販売店の体質・体力を作るべきだ。

二、メーカーとして必要不可欠なことは、総合的な経営の基本政策（商品計画、設計、生産、販売に至る）を確立することである。
三、販売力強化のためには、高品質の車を生産し、生産性の向上を図ることが重要だ。生産現場では、係長・安全主任がこの面でカナメの役割を果たしている。
四、販売会社の意向を訊くと、出向者は若手が望ましい。
五、以上を勘案し、販売出向をより実効あるものにするには、係長・安全主任は工場を守り、出向者の支援体制づくりをすべきである。

この提言に対して、会社からの異論は出ていない。その後、組合は出向者の選考に協力し、三月中旬には予定した要員一〇〇〇名の選考を終えた。

そこで、三月三十日の事務折衝において、①販売出向は六月一日付とする、②係長・安全主任は原則として販売出向に出さない、ことを確認した。

ところが、会社は突然、五月十三日の挙に及んだのである。内示を受けた係長たちの拒否反応に慌てた会社は、それを如何にも組合が焚きつけたかのような筋書きの「警告書」を作り組合に寄こしたのだ。

第一回団交を五月十七日、第二回を二十日に行ったが、議論は全くかみ合わないばかりか、その交渉の最中に、工場では係長を一人ずつ数人の職制が取り囲み、「業務命令に従わなければ、解雇もしくは降格になる」と脅した。そのあげく五月二十二日に、販売研修と称して全員を拉致同様に連れだし、成田空港のビューホテルに三日間缶詰にした。

私が五月末に帰国すると、現業部門の常任から「会長は清水（春樹、自動労連副会長）さんをどう見ているのか。副会長を外すべきだと思う」と言われた。「これだけのことを会社に仕掛けられて、組合としての交渉手段、例えば『残業拒否』すら行使しようとしない。しかも会長が帰国される直前に職場に配付した『討議資料』は、会社の言い分の解説書のようだ」と、〝会社と通じているのでは〟と言うのだ。

組合が「職場討議資料」（A4版六ページ）を職場に配付したのは五月二十七日、会社の突然の暴挙から二週間後、出向日の五日前である。「資料」には労使間の往復文書も載せ、末尾に書かれた「団交、折衝後の判断」を見ると、

①組合は団交・折衝で、労使慣行を無視する会社の態度に反省を求めたが、会社は『出向・異動などは、会社が業務命令でやることができる』という態度を変えていない。

②経過の中で職制が取った力ずくの態度は、該当者とその家族及び職場に大きな不安を残し、正常な企業活動に悪影響を与えた。

③組合は、このような会社の暴挙を見過ごすわけにはいかない。別途折衝を持ってこの問題を質し、会社、職制に厳しく反省を求めていく。

と、締めくくっている。

確かにこれでは会社の強硬な姿勢の説明であり、「別途折衝を持ってこの問題を質し、会社に反省を求めていく」というのでは、組合として争う手立てを職場に諮るための資料ではない。現業部門の常任が私に訴えたように、「会社が決めたことには組合は手も足も出ない」という解説資料に過ぎない。

この事件は、販売出向予定日六月一日の直前に、私の留守中わずか二週間で実行され、私が成田に着

いたときには幕を閉じていた。つまり、私が係長たちを守るために、何か手を打つ時間的な余地は全く無かった。偶然そういうタイミングになったのか、あるいは、私の行動スケジュールを会社に通じて手筈を整えた者が労組内にいるのか。後者だとすれば該当者はまず一人いる。全日産労組組合長の中山弘光である。

彼は昭和五十八年十月に行われた全日産労組の大会で組合長になり、十二月中旬に大森海岸の料亭「島津」で行われた安全主任会新旧三役懇談会のときに、労務担当の細川常務から「社長とサシで一席設ける」と誘われた。このことは、中山が出身職場（追浜工場）のごく親しい仲間に喋ったので、人づてに私の耳に入ってきた。

石原氏の指示で企画室長になり部下にこの画策をさせた塙義一は、清水春樹と同期入社（昭和三十二年）である。清水も疑わしいが、私が後継者と考えてきた男だから、二人が通じているとは考えたくなかった。それが私の甘さだったことに気付くのは六月に入ってからだった。人事部門のO課長から極秘裏に、次のような話が私に伝えられたのだ。

「いま会社とのパイプは清水・高坂副会長グループと中山組合長の二つですが、会社はどちらかというと、中山さんの情報を大事にしています」

また、この事件の二～三カ月前のことだが、親しくしていた新聞記者と会社の不当労働行為について話をしていた時に、「清水さんは大丈夫ですか？」と訊かれた。「最近、彼と話をしていて、ふっとそんなことを感じた。彼は塩路さんのナンバー・ツー（No２）でしょう。〝将を射んとすれば先ず馬〟ですからね」と言われたことがあった。

3　常任選挙（定期改選）に介入

六十年八月に入ると、会社は組合専従役員の定期改選に介入を始めた。東京本社の人事・労務部の職場が、「自動車労連三役が労連大会で選ばれるという間接選挙、及び日産労組の常任資格付与制度は、民主主義に違反しているから反対だ。塩路会長も出身職場で立候補すべきだ」と騒ぎ出した。私の出身は横浜工場の労務部だが、職制機構の変更で本社人事部に統合された。そこで「東京支部第四区で常任選挙に立候補せよ」と言う。

立候補すれば落選させる構えだ。私は東京支部の職場長会議に出て、「民主主義違反ではない。組合員を守るために、東京で常任選挙には立候補しない」と応えた。

自動車労連の三役は、労連の定期大会で大会代議員によって選ばれた後、日産労組の代議員会で、日産労組の「常任執行委員」の資格を付与される。

私がこの制度を作ったのは二十年前。上部団体で長く仕事をしている幹部は出身職場との関係が疎遠になりがちだ。そこで選挙基盤を小選挙区の職場から日産全体の大選挙区に拡げて、労連三役の活動を身近に知り理解できる立場の代議員に選んでもらうことにした。そういう間接選挙の方が現実的ではないかと考えたからだ。また、組合が会社と対立したときの対応策にもなるとも考えた。

そこで、「全日産労組の代議員会で常任資格を付与する」というルールを作り、日産各社の団交や経営協議会に出席できるようにした。即ち、日産自動車・日産ディーゼル・日産車体・厚木部品の全代議員によって常任資格を付与される。制定は昭和四十一年（一九六六）で、これが自動車労連の対経営活動を強力なものにしてきた。まさかそれが役立つ時が来ようとは………。

私を職場の選挙に引き出せないと知った会社は、さらなる選挙妨害に出た。八月五日の定期改選で東京四区（人事・労務・広報など）は投票率が三五・五％まで下がり、無効選挙となって、常任選挙はやり直しになった。

また追浜工場では課長が部下の係長たちに、

「小倉（修武、副組合長）を選挙で落とすように、中山（弘光、組合長）が有利になるようにしてもらいたい」と依頼、その結果、小倉氏の得票はマイナス一六七票となった。私に特に近いと目された三役が狙い撃ちにされ、前田（保）副組合長はマイナス二二一票となった。

組合長の中山は石原社長に一席設けられ、会社と通じていた。

この定期改選では、他の工場でも同様に職制の動きがあった。村山支部からの報告書にも職制の発言がいくつも残っている。例えば、村山工場の脇本生産課長は、

「今度の定期改選は、いかに投票率、支持率を落とすかだ。我々職制の評価につながってくる。次は組合の定期大会で組合の予算、決算について徹底的に追求していく」

と部下に漏らしている。九州支部からの報告には、伊藤生産課長の発言として、

「常任委員の選出は、今までは工場と支部間の話し合いで済んだが、これからはすべて本社人事が決めていく。そうなると、いろんなことが起きるだろうな」

などの記録がある。その通り、本社の人事部・労務部の動きがこのあと続く。

二カ月後（十一月）、会社は翌六十一年二月の日産労組代議員会で私を退任に追い込むべく、社の内外で対策を始めた。雑誌『経済界』に「塩路王国の崩壊」を載せるなど、マスコミを使っての攻撃が活発になり、代議員会対策の準備として、従来労使間の協議で決めていた三会の三役人事に一方的に手を入れ、新三役を指名した。

4　常任ＯＢ会潰し

常任ＯＢ会は、工場の常任委員（専従役員）経験者の間で自発的に生まれた、相互の親睦・研鑽を図るという目的の組合内部の団体である。それぞれ工場（支部）単位で、所在地名などを使い、「恵比寿会」（横浜工場）とか「大黒会」（鶴見工場）といった思い思いの名称を名乗った。時には先輩として現役を補佐し、現役と協力して職場の強固な組織体制維持に役立っていた。

昭和六十年に入ると、会社側はことある毎にこれを〝塩路会長を守る会〟と言い立て、私が権力を保持するための私兵組織であると喧伝し、これを解散に追い込むために、会員に対してありとあらゆる圧力をかけ続けた。本社労務部発行の正式な会社の書類でも、『通称「塩路会長を守る会」（組合自称〝ＯＢ会〟）』と書いているほどの徹底ぶりだった。

何故か。それは常任ＯＢ会の大部分が係長・組長・安全主任で、三会（係長会・組長会・安全主任会）に強い影響力を持っており、会社が組合攻略のために三会を押さえ込むには、最大の障害になると考えられたからである。

各工場の職制が、就業時間中に会員を一人ひとり呼び出し、ＯＢ会からの脱会を繰り返し強要した。しかし常任の仕事を経験した者は、上司に脅かされたからといってそう簡単に言いなりになる者はいない。そのオルグの異常なさまを聞いて、私は心底、ＯＢ会員に申し訳ないという思いだった。遅きに失したが、十月にＯＢ会の幹部に解散を示唆した。

第七節　三会を煽動した塩路会長降ろし工作

常任ＯＢ会が解散すると、労務部の職制が始めた約四カ月にわたる「塩路会長降ろし工作」は、まさに会社側の暴走としか言いようがないほど激しいものになった。十一月に入ると、会社は労使の慣行を破り組合との協議も行わずに、それまでの三会（係長会、組長会、安全主任会）三役を解任し、新たに三役を指名して工場の会議室や会社の保養荘に集め、「塩路会長降ろし」のオルグを開始した。翌年（昭和六十二年）二月二十二日に予定されている日産労組の代議員会で、「塩路会長退任要求」を三会の動議として提案させるためである。

労務部職制のあからさまな不当労働行為

十一月初旬から二カ月間、村山・追浜工場などの会議室に三会の役員を四、五〇人単位で集め、佐藤善吉労務部長、高田昌幸労務部次長たちが行ったオルグの内容は、後に労組が作成した『不当労働行為救済申立書』の中に二四項目にまとめられている。

①岩越社長の時代にあらゆるレベルで事前協議が定着し、組合のＯＫがないと何も前に進められなくなった。まるで事前協議さえあれば会社が良くなるという信仰のようなものがあった。石原社長になって、経営権を確立するために組合対策が始まった。

②英国進出への対応や栃木、追浜工場の死亡事故の時のラインストップなど、塩路会長の経営に対する介入は行き過ぎだ。如何に不適切な指導者であるか、全社一丸の体制作りをやらなければならない時に、会長は阻害要因である。

③④（略）

⑤自動車総連会長は他社にも関係している。いつまでもやられていては、日産の経営者は姿勢を疑われる。

⑥塩路会長は、二十四年間権力の座におり、狂っているとしか思えない。

⑦経営陣は塩路会長と腹を割って話せる体制にない。清水副会長は塩路と意見が違う。

⑧塩路会長は来年（六十二年）一月で六十歳になる。今年秋の労連の定期大会で辞めるべきだ。会社としては会長の再選を阻止するために不退転の決意で臨む。

⑨最後の手段は秋の労連大会である。部労・販労には日産（会社）から圧力をかける。

⑩係長・組長から職場に働きかけ、民意を上に伝えることだ。そうすれば、塩路や労組はズタズタになるだろう。

⑪それでも駄目なときは、いかなる手段を用いても引きずり下ろす。手段を選ばずドブに投げ込んでやる。
⑭塩路会長の退任について、部品会社約四〇社のトップを集め会社の考えを説明したが、全員賛成してくれた。
⑫⑬（略）
⑮⑯⑰（略）
⑱「会長に辞めて貰いたい」という三会の意見を纏めてほしい。会社として辞めろと言うのは労働権の侵害になる。だから三会の役割は重要だ。
⑲労働組合の幹部に影響力を持っているのは皆さんだ。この問題の理解度を〇、×、△で個人管理する。
⑳〇×の個人管理は業務命令とする。命令を聞かないときは千葉動労のように処分したい。（傍線は筆者）

傍線部分は解説が必要だろう。これは塩路会長降ろしに賛成か反対かを記名で書かせて提出させるという、信じられないようなことが職場で行われていたのである。しかもそれが会社の業務命令というから、これはもう明らかに不当労働行為だ。

しかし〝処分したい〟とまで言われれば、いくらこんなやり方はおかしいと考える社員でも、従わざるを得ないだろう。マスコミや東大社研教授の本に書かれた〝労組内部でも塩路天皇への反旗〟とは、こうして作られていった虚像なのだ。

この三会役員に対する会社のオルグは、翌年一月から三会の全員に拡げられるのは明らかだ。そこで十二月下旬に開いた労連三役会で、組合としての反論を文書で三会員に配付することを決め、清水副会長を担当責任者にして一月から職場に展開することにした。

さらに、十二月二十七日、石原社長就任以来の数々の不当労働行為を労働委員会に提訴するか否かを討議するために、自動車労連三役と日産労組三役の合同会議を開き、顧問弁護士も入れていろいろ意見を聞いた。

約五時間にわたる議論の末に、「提訴すべし」という意見が大半を占めたが、私は次の理由を述べて、「当面は提訴しないことにする」という結論を出した。

1　提訴して勝っても、マスコミは書き立てるし日産のイメージは落ちる。車の販売は激減して、組合員の労働条件はおろか雇用にも悪影響を及ぼすことになるだろう（この時期、ライバル企業の販売店が「労使関係が悪い日産の車は買わない方が良い」というビラを配っていた）。

2　会社は労働委員会に、三会の役員を証人として立てるから、職場で組合員間の対立が起きるし、組織分裂の可能性もある。裏で会社はその画策をするだろう。

3　これ以上、組合員を苦悩させたくない。

三役会を終えたときに、副会長の清水と高坂から「ちょっと話をしたい」との申し出があり、三人が会議室に残ったところ、意外なことを言われた。

清水「私は塩路会長に指名されて、労連会長を引き受けるつもりはありません」
高坂「私はかつて会長の労働運動を見ていて、組合幹部をやろうと思ったのですが、最近の会長は、石原社長に抵抗し過ぎです」

私は前にある水のグラスを持って、
「清水君、君が俺の目の前でこのコップに毒を盛ったとする。俺はそれを黙って飲むよ」
と、組合首脳間の信頼関係の重要性を諭してみたが、彼らにはもはやそれは通じない。
清水たちは、労務の職制が三会の幹部に「久米社長は塩路を相手にしていないが、清水副会長は違う」と話しているので、〝ばれた〟と思い、この発言になったのだろう。

一年くらい前から、自動車労連中執の情報が会社に抜けるようになっていた。清水もしくは中山からだが、私は〝オープン牌で麻雀をやっているようなものだ〟と思っていた。

このとき私は、日本の企業別労働組合の限界を実感した。それを左右するのは労組幹部の正義感と使命感の有無だが、現業（工場）部門の常任は会社の攻撃によく耐えて頑張っていた。その姿を見て、ブルーカラーにとっては労組は護るべき城なのだ、という思いを強くした。その城を崩されずに、石原経営の暴走を抑えて組合員の雇用を守らなければならない、と私は責任の重大さを痛感した。

他社まで巻き込む異常さ

年が明けると、会社は私への包囲網をさらにせばめる策に出てきた。昭和六十一年一月半ば、自動車総連の三役会で「総連の定年」についての議題に入ったときに、トヨタ労連の梅村会長が「定年は六十歳にすべきだ」と言い出した。前年十二月の三役会では、定年は六十五歳にすることを確認して、正月の三役会で最終決定することになっていた。

社長が七十歳過ぎてもやっているのに、組合の代表が会社の定年（六十歳）に制約されて辞めるのでは、労使対等は難しい。だから総連三役はせめて五年くらいは延ばそう、と確認していたのだ。私が連合の役員に出馬することも念頭にあってのことだった。

梅村氏があまり強硬に言い張るので仕方なく休憩をとったら、マツダ労連の大曽根会長が「塩路さんちょっと」と言って、二人で廊下に出た。

「この議論は止めたほうがいい。石原さんから豊田社長に、『総連の定年を六十歳にするよう、組合に働きかけて欲しい』という依頼があったんです。私にもマツダの社長から話がありましたが、『そんなバカなことはできない』と断って黙っていたら、梅ちゃんが言っちゃった」

と言われた。まさか豊田社長が関わったとは思わないが、両社の労務担当の間で話があったのだろう。私は会議再開後、「定年問題はしばらく塩漬けにしよう」と論議を打ち切りにした。

この問題がなぜ早々と石原氏に漏れたのか、労連の三役会にしか報告していないことだ。私は労連本部に戻るとすぐ清水にこのことを話して、「トヨタに行って梅村氏に日産の事情を話し、六十五歳でまとめてきてくれ」と指示した。一週間経って「どうだった」と訊くと、「あれは行ってもダメですよ」のひと言。〝マッチポンプはやれない〟ということだ。

清水・石原の連携による異常な行為は、関係のない他社まで巻き込んで迷惑をかけることになった。これが経営側に弱い企業別労働組合の通弊だ、と思ったので、梅村氏に対する非難の気持ちはあまり湧いてこなかった。

JC議長中村卓彦さんの思い出

同じ頃のことだが、これとは対照的な思い出がある。全工場で職制による「塩路会長退任工作」が始まっていた一月中旬、田村人事部長から次のような電話があった。

「先ほど鉄鋼労連の中村さんという人が来て、細川常務（人事担当）に『塩路さんは労働界で必要な人なので会社の攻撃はほどほどにしてもらえないか』と言われたのですが、常務は『これは日産の内部問題なので、干渉しないでほしい』と答えていました」

三月初めに自動車総連会長を辞任した後、JC本部に行って、JC副議長辞任の挨拶をしたとき、中村議長は私に「われわれも力不足で残念です」と言われた。

その後、中村さんが亡くなられて告別式の時に、鷲尾連合事務局長（当時、後に会長）にこのことについて訊ねると、

「私は相談されたのでよく知っている。中村さんは斉藤英四郎経団連会長（新日鐵社長）に、『これは塩路個人の問題ではない、労働運動に対する攻撃だ。もし塩路が会長を任期半ばで辞めるようなことになれば、会社が引きずり降ろしたとなって会社も傷がつく。何とか会社側にこれ以上の攻撃を思いとどまらせたい』と言って、日産の経営者を紹介して貰ったのです」

中村さんは私には何も言わずに、黙って私をカバーしてくれた。日常の活動のさまを見ていて、正義感溢れる希有の人だと思っていたが、私の労組人生にとっても、極めて貴重な忘れられない感謝の思い出

である。

工場に於ける職制の異様な動き

昭和六十一年に入ると、全国の九工場で三会の会員四〇〇〇人に対して、一カ月半にわたり職制の異様なオルグが始まった。就業時間中に一人ずつ部・課長席に呼ばれて行われた様子は組合員から執行部に報告され、その記録が私の手元に残っている。その一つ、横浜工場で職場役員を務めていた総務部総務課の総括職、武川氏の報告を見ると、

昭和六十一年一月三十日十五時、下田総務課長席に呼ばれ、村沢部付が同席した。

下田「武さん、俺からあなたに説教めいたことは言いにくいことだが、会社に協力できない労働組合は認められない。特に塩路には退陣してもらわないといけない。塩路会長がやっていたら日産の明日はない。日産は没落してしまう。

横浜工場の中で総務部は筆頭部であり、その中でも総務課は筆頭課だ。塩路退陣の動きがあった時には、遅れを取らないようにしてほしい」

村沢「今の時流に遅れないように、友達として、武さん頼むよ。武川さんは組合の大先輩だ。土屋（代議員）もフラフラしているし、荻原（経協委員）も頼むよ」

武川「俺も立場があるからね」

村沢「起きている現象を見たらしょうがないでしょう」

翌日（三十一日）十五時、今度は鵜木総務部長席に呼ばれた。

鵜木「経営者だって人間だ、間違いだってあるよ。それを批判ばかりしていては駄目だ。特に横鶴（横浜支部・鶴見支部）が悪い。経営批判ばかりやっている。今月の折衝でもそうだ。横浜支部長の発言はなんだ。お前は先輩として奴に注意したことはあるのか」

武川「間違ったことがあれば注意する」

鵜木「あなたは影響力があるのだから、組合の間違いは指摘してやってほしい。いま日産は危急存亡のときだから、あなたの力を借りたい。

俺は労働組合が無くてもいいと言っているのではない。一番悪いのは塩路なんだ。あの恥さらしの塩路に退陣してもらわなくては、日産は良くならない。

武ちゃん！。いつも解ったような解らないようなことを言っているんではなく、態度を鮮明にして欲しい。解ったか！

三会の八割は塩路会長退陣の動きだ。二月にはその行動が現れてくる。先頭に立って、積極的にやれ。解ったか！」

武川「言っていることは解りました」

会社から三会をまとめるように指示された小島係長会会長は、二月三〜四日、日産修善寺保養荘に係長会の三役を集めて代議員会対策を相談した。その席上、小島は、

「俺はこの問題で失敗したら首が飛ぶことを覚悟している。俺だってやらされているんだ」

と、悩みを同僚にもらしていた。

会社の回答書

このような会社のなりふり構わぬ動きに、組合が文書をもって「不当労働行為」の即時停止を申し入れたのに対し、会社から次のような回答がきた。

全日産自動車労働組合
組合長　山崎信夫殿

日産自動車株式会社
労務部長　佐藤善吉

回答書

貴組合は、昭和六一年二月四日付内容証明郵便をもって、会社が塩路自動車労連会長の退陣要求運動を起こすよう各工場部課長に指示しているのは、組合に対する支配介入の不当労働行為であるとして、即時停止するよう要求しています。

たしかに会社は労務部職制を通じて、会社の考える正常な労使関係がいかなるものであるかを各工場部課長に説明し、その際、これまで行き過ぎた不正常な労使関係を形成してきたのは、専ら塩路自動車労連会長の横車にあることを指摘、正常な労使関係をすみやかに形成するうえで、同会長がもはや不適当な存在と化してしまったと批判したことはあります。

しかしながら、会社のこの行為はあくまでも言論の自由の範囲内にあるもので、決して不当労働行為を構成しないと信ずるものであります。従って、貴組合からの不当労働行為の即時停止要求は事実誤認に基づくものであり、申し入れの撤回を求めるものであります。

加えて、会社が塩路自動車労連会長を批判することが、どうして貴組合への不当労働行為につながるのか、全く理解できません。

前述の次第であるので、以後貴組合がこのような軽率な行動をとらないよう、本書面をもって切に要望するものであります。

昭和六一年二月一三日

ずいぶん乱暴な論旨の回答書である。日産労組は即日、文書で会社に団体交渉を申し入れたが、「日程が取れない」として拒否されたままになった。

本社労務部が工場の職制に三会員のオルグを急がせたのは、二月二十二日の日産労組の代議員会で、三会の代議員から「塩路会長の退任に関する申し入れ」を緊急動議として出させるためだ。会社はこの代議員会で〝塩路降ろし〟の決着をつけようと目論んでいた。

私は代議員会対策として、二月十二日に自動車労連中央委員会を召集し、「①秋の自動車労連大会で会長を辞任する、②自動車総連の会長に専任する、③清水副会長を会長代行にする」ことを決めた。

その理由は、代議員会では三会との対決は避けたい、と考えたからだ。対決すべき相手は三会ではない、会社なのだ。取り敢えず代議員会を切り抜け、秋の労連大会までにその対策を図ればいいと考えた。

自動車労連の大会代議員は日産労組の他に、部労、販労、民労があり、日産の職制にはオルグできないからだ。

清水を会長代行にするのは爆弾を抱えるようなものだが、さりとてこの時点で余人に替えれば、組織の分裂を起こされかねない。そうなると、①会社の工作でマスコミに騒がれ、日産車の販売に悪影響をもたらし、組合員が被害を受けることになる、②三会員は職制に強要されて署名捺印はしたが、大部分は私を支持している。彼らをこれ以上苦悩させたくない、と考えた。

労務部の指示

代議員会を前にして、二月十八日、会社労務部は三会の役員に次の指示を出した。
(1) 「塩路会長退任申し入れ書」に「三会の自主的意志によるものである」と書き入れる。
(2) 代議員会では、会員は三会役員の指示に従う。
(3) 執行部の回答に不満の場合は、速やかに退場する。

代議員会の経過

二月二十二日に開催された代議員会では、冒頭に執行部から、

「予定された議題に『自動車労連会長交代に関する件』を加え、最初に審議したい」

との提案が出された。これに対して三会役員の代議員から、

「三会が執行部に提出した申し入れを、緊急動議として先に審議すべきだ」

との意見が出され、一時間にわたる応酬の末に、執行部の提案を先に採決することになった。史実を正確に検証するために、代議員会の録音テープをほどいて作成した『代議員会議事録』から、その最終部分を次に抜粋する。

不首尾に終わった三会の動議

塩路「若干混乱があるようですが、私は先ほど、『自動車総連から、民間最大手の産別としての役割を果たすために会長は専従で仕事をして欲しい、という要望が出ているので、今後は総連会長に専任したいと考えております』と申し上げた。

そこで議長にお願いしたいのですが、『私は秋の大会で労連会長を辞める。私は総連の会長に専任するので、いまから労連の新体制を発足させる』ということを、ここでまず確認して頂きたい。その上で、総連の会長に関する問題は別に論議をもし採決を取っていただきたい」

……（会場からの声なし）……

議長「ただいま塩路会長が述べられました、『秋に労連会長を辞める。いまから労連の新体制を発足する』という内容を、執行部の見解としてまず確認し、その後に、三会代議員から出ております内容の賛否を採りたいと思います。

それでは、執行部見解通り、確認される方は拍手をお願いします。

……（大拍手）……

議長「執行部の提案は確認されました。それでは次に、三会の代議員から出されております動議について、採決を採りたいと思いますが、はい、書記長どうぞ」

塚越「こういう三会の提案は、日産労組の代議員会の緊急動議として決議することではないと思います。その第一の理由は、皆さん方の提案は先程の執行部の見解で殆ど満たされているのではないか、ということです。

第二には、組合長が言いましたように、これは日産労組の代議員会の議題としては馴染まないということです。先程の動議の説明によると、『塩路会長は自動車労連会長は勿論、自動車総連会長も退任せよ』ということですが、そういう各上部団体の役職は、日産労組だけで決める問題ではない。労連会長は販労、部労、民労など構成組織全体で、また総連会長は、トヨタ労連、いすゞ労連など各連合の意向も踏まえて決めるもの。ですから、ここでは意見表明にとどめるべきではないのか。

第三の理由は、先程、横浜支部の代議員からも発言がありましたが、この三会の提案は職場の知らないこと、職場で全く討議していないことだからです。

第四の理由は、これは日産のイメージダウンを招く。その結果はユーザーの不安を招き、結果的には業績が落ちてしまうでしょう。

大変不思議なことなんですが、昨日、新聞記者から今日の代議員会について問い合わせがありました。どうして知っているのか解りませんが、今も会場の外にマスコミが来ている。代議員会が混乱したり、或いはこの決議が行なわれるとなれば、この問題が表沙汰になることは間違いない。組合内部の混乱は即ち企業内の混乱である、と世間は受け止めるのではないか。

以上、執行部としては、この緊急動議は採択すべきではないと考える理由を申し上げて、代議員会の判断にお任せしたいと思います」
議長「ただいまの意見に対しまして。はい、どうぞ」
土井「東京支部の土井と申します。いま執行部としてのお話がありましたが、要するに、出身組合の日産労組として、塩路会長を総連会長に推薦出来ないという民意を重大に受け止めて頂きたい。そういう意味で是非三会の動議を採決して頂きたい」
議長「書記長、どうぞ」
塚越「いま、『民意』ということを言われましたので、先ほど申し上げた理由の中から一つだけ繰り返します。三会の申し入れ書の内容は、三会以外の組合員が承知している内容ではございません。異例の人事問題を決議するのであるならば、全組合員の意向をきちっと確かめることが必要だと思う。それが民主的な手続きとして大事なルールではないのか、ということを申し上げているわけです。
先ほど代議員の中から、『三会の内容については一切知らない』という話がありました。代議員ですら知らない人がいるとなると、組合民主主義は一体どうなるのか。確かに署名された方の総意というものはあるでしょう。しかし、その署名した方の総意にもいろいろあるようです。そういう点も踏まえながら、ここで採決するかどうかということを、代議員の皆さん方にお訊きしたい」
議長「はい、清水副会長」
清水「私は先程からいろいろと悩みながら考えているんですが、皆さんも何かの格好で結論を出さなければいけない。それは三会の申し入れ書の確認ですね。そこで、『三会の申し入れを、代議員会の意見として確認する』ということで採決しては如何か、と思うのですが」

このやりとりには解説が必要だろう。

土井は本社労務部第一労務課の総括職で三会担当、つまり三会の相談窓口である。この代議員会では三会代議員の指揮と監視役をつとめ、冒頭から三会をリードする発言をしていた。

また、清水の発言は三会への助け船である。塚越書記長の正論に押されて三会の動議が採択されなくなることを恐れ、いわば玉虫色の採決方法を提案したのだ。会社と三会に味方した発言だが、代議員会を収める一つの方法ではあると考え、私は成り行きに任せることにした。常軌を逸している会社である、三会員に後で圧力がかかるのは避けたいと思った。

このあと昼食の休憩を取り、その間に、各支部毎にこれについての意見をまとめ、それを各支部代議員会議長が持ち寄って集約したものを、代議員会議長が午後の会議で発表する、ということになった。

〜〜〜〜休憩〜〜〜〜

議長「出席代議員の数をとります。代議員総数五八八名、十三時現在、出席代議員五八八名、欠席ゼロ。

休憩中に、各支部代議員会議長の意見を伺いました。

『三会の申し入れ内容を決議すべし』という意見もありましたが、『書記長が指摘された諸点を考慮すべきだ』というのが多数の意見でした。そこで議長といたしましては、『三会の申し入れ内容を代議員会の意見として確認する』ということで、皆さんのご賛同を頂きたいと思います」

……（『意義なし』の声、多数）……

議長「それでは、三会員以外の代議員から『知らない』という発言もありましたので、採決の前に、三会の申し入れ書を、追浜支部の代議員にお読み頂きたい」

杉山「『自動車労連塩路会長退任申し入れ書』

今われわれにとって緊急の課題は、業績を一刻も早く回復することにあり、そのために全社一丸となって日産の飛躍を期するため、労使関係の正常化は極めて大切なことと受け止めております。

私たちは、労使が持ち場、立場を弁え、信頼に基づく強力な労使関係を求めております。しかしながら、現状は私たちが望んでいる状態とは言えません。

塩路会長の長年にわたる任期中に功績があったことは認めるところですが、最近の会長の考え方、言動は理解し難く、この状態を早期に正常化し、新たな労使関係を構築するため、塩路会長に退任をしていただくことが必要と考えます。

私たち三会は、塩路会長が自動車労連会長をはじめとする一切の組合役職から退任されること、総連会長もありえないことを、会員の署名を添えて申し入れます。

（理由）

一、会長の最近の考え方や言動は我々に理解出来ないもので、職場から遊離しております。

一、経営者に信頼がなく、新しい労使関係を構築していくことが望めません。

一、二十三年間の長い間会長の座におり、組合が官僚化・硬直化し、民主的組合運営を疎外しております。

一、昭和六十年一月に満六十歳の定年を迎え、日産の従業員でなくなります。これを機に後進に道を譲られるべきです。

（表明方法）

退任についての明確な態度を、正式の機関において表明し、決議して頂きたい。それを、

一、六十一年二月二十二日の日産労組代議員会で行って下さい。

二、支部毎に全員大会を開催し、全組合員に報告して下さい。

（退任の時期）昭和六十一年十月予定の自動車労連定期大会。

（追記）

「私たちは、この問題を自主的に取り上げ、真面目に論議して参りました。しかしながら、執行部は私たちの活動に対し、『三会は会社にやらされている。会社の不当労働行為を手助けしている』など、三会の会員にオルグを加えております。

また、二月十二日の中央委員会及び二月十五日の中執会議において、塩路氏が自動車労連会長を退任し総連会長に専従することが、あたかも決定したかの如く職場に展開をはかり、『三会の取組みは無意味である』など職場を混乱させております。すみやかにこれらの行為を中止することを要求します」

《注》（追記）は労務部の指示で付加された。

議長「それでは、『三会の申し入れ内容を、代議員会の意見として確認する』ということで、採決を取ります。異議ございませんか？」

「異議なし」の声多数で、賛、否、保留の採決をした結果、

議長「三会の申し入れ内容を代議員会の意見として確認することが、賛成多数をもって確認されました」

……（拍手）……

職場報告用レジメ

議長「塚越書記長の発言を許可します」

塚越「ただいま確認された内容について、職場報告用のレジメを作って欲しいとの要望がありましたので、その原案を読みあげます」

「執行部から、当初予定されていた議案の他に、『塩路労連会長交代に関する件』を議題に加えることが提案された。これに対して、三会の代議員から『三会の申し入れ内容を先に採決すべきだ』との主張が出され、討議の結果、まず執行部提案を先に取り扱うことにした。執行部は次の内容を提案した。

一、秋の労連大会で塩路会長は会長を辞任し、新会長を選ぶ。

二、労連中執の決定に基づき、清水副会長を会長代行とし、本日以降、日産関係の全ての運営を清水会長代行を中心に行なう。

以上について討議した結果、拍手でこの内容が確認された。

続いて、三会の動議について議論を行なった。その内容は、『塩路会長は、秋の労連大会で一切の組合役職を辞任する』というものである。これについて討論の結果、

『三会の申し入れ内容については、代議員会の意見として確認する』という扱いとし、採決の結果、賛成多数によって採択された」

以上です。

議長「ただいま書記長が提案されたレジメ案について、質問、意見はありませんか……。ないようですので、これで職場への報告をお願いします」

「塩路会長どうぞ」

塩路「大変に難しい議事を、日産労組の伝統である友愛と連帯の精神で、代議員会が混乱することなくまとめて頂きました事に、心から感謝申し上げる次第です。

ただいま以降、新執行体制を中心に、代議員、職場長、そのほか多くの職場役員の皆さんの協力を得て、〝多数の意見、一つの心〟で、復興闘争を推進して頂くことをお願い致します。

これで私は代議員会を中座させて頂きます」

……(大きな拍手で送り出される)……

《注》「復興闘争」とは自動車労連第一七回大会(一九八四年一〇月)で決定した運動方針。

以上が議事録から抜粋した代議員会の成り行きである。三会の動議は、

(1)「代議員会で決定」とはならず、「代議員会の意見として確認する」という曖昧な採決となった。

(2)「明確な退任の態度を代議員会で表明して頂きたい」という要求にも、私は「自動車総連の会長に専任する」と応え、「総連会長を辞める」とは言わなかった。

結局、会社が工場の全職制を動員し、四カ月にわたって組織した三会の動議、「自動車労連塩路会長退任申し入れ」は不首尾に終わったのである。

(3) この動議の内容は私に対する〝不信任案〟である。しかし、彼らは「塩路会長不信任動議」とはしなかった。それは、この案を作り三会に実行を強要した人事・労務部自体が、「不信任動議」では三会員の署名捺印をとることが難しい、と判断していたからだ。

私と三会員との関係には日産争議以来の長い歴史がある。係長の多くは私とほぼ同年齢で、昭和三十年の青年部結成の時には共に苦労した仲間であり、日産労組の形成期に一緒に闘ってきたという共通の思いがある。また、私が提案した現務員・準社員制度によって臨時工から正規社員になった者が、この時期に係長や組長になっていた。代議員会の議事経過を見れば解ると思うが、塚越書記長の的確な指摘によって、三会の動議は陽の目を見ることができなくなり、私が三会の言い分の誤りを指摘して直接対決することは避けられたと思い、ホッとした。

第八節　失脚

代議員会から労連本部の自室に戻って仕事をしていると、時たま接待に使う横浜の料亭の仲居から電話が入った。「私、昼間の仕事をしたいのでお店を辞めました。塩路さんはいろいろな会社をご存じと思うので、何処か紹介して頂けませんか」と言う。「明日の夕方、横浜の『かつ半』で会合があるから、そのあと喫茶店で会おうか」と応えると、「あそこのトンカツ美味しいから、お土産を買って来て頂けませんか」と言われた。

代議員会のことを思い返していたときで、〝会社の思い通りにならずに済んだ〟という安堵感から、私には文字通りの油断があった。佐藤労務部長が三会役員に「手段を選ばず塩路をドブに投げ込んでやる」と話していたことを軽視していた。会社は労務部の代議員会対策と平行して、他のチームがその工作を進めていたのである。

私は翌日の日曜日、二カ月ぶりに朝からヨットで海に出た。夕方横浜支部の職場役員と横浜で食事をした後、帰宅の途中に立ち寄ったアパートの脇で、待ち構えていたフライデーに盗撮された。

突然、物陰からのフラッシュとシャッターの連続音が響いた後、私を取り囲んだ四人の一人が勝ち誇ったように「フライデーだ」と大声で怒鳴った。私は〝貴様たち日産を潰す気か〟と心の中で叫んでいた。そして〝組合員はどうなる、仲間はどうなる〟と思った。

この数カ月間、東京で行き付けの飲食店やスナックなどに行くと、いつも周辺にカメラの存在を感じていた。だから何かの拍子で女性と並ぶことにも気を付けていた。それがこのときは全く警戒心を忘れていた。俺としたことが、気のゆるみから会社の卑劣な企みに墜ちてしまったと思った。必死に私を支え、会社の無軌道な仕打ちと闘っている仲間たちに「取り返しがつかない、本当に申し訳ないことをしでかしてしまった」と、その後も慚愧の念にかられ続けた。

自宅に戻って家内に話すと、「あなたは今まで組合の仕事ばかりで、子供が生まれても遊んでやったことがない。それがもう結婚適齢期になっている。これからは子供の結婚の邪魔をしないでほしい」と言われた。家には前年の十二月から連日、夜中に怪電話がかかっていた。家内や娘が出ると「月夜の晩ばかりじゃねえぜ」などと凄んだ声が聞こえる。電話のベルが鳴ると娘が怖がっていた。

翌々日、親しい社外の友人や弁護士などが私の自宅に集まってくれて、今後どうするかが議論になった。「この際すべてをぶちまけて石原と争ったらどうか」「居直ってすべてを組合内にばらしたらいい」「フライデーを名誉毀損で訴えては」などの意見が出ていた。

この時期、日産のマスコミへの出稿費用は分不相応に年七〇〇億を超え、トヨタを大きく上回っていた。フライデーの出版元である講談社には、数年前から急に出稿料を増やして年数億にのぼると言われていた。他の週刊誌、月刊誌、経済誌なども含めて、塩路を潰すためなら金に糸目は付けないという石原氏の姿勢が続いていた。紙つぶてでは勝負にならない。それでもいさぎよく闘えば自分の名誉は守れるかも知れない。しかし、それはマスコミに「日産の内紛」として騒がれ、日産車の販売が激減して組合員の雇用問題を招くことは目に見えている。あれこれと悩んだ末に、私は黙秘を続ける方を選んだ。そして、石原・塩路の争いの真実と日産の労使関係の歴史は、後世の史家に委ねようと決めた。

ただ、私の写真週刊誌による失脚が今後どれだけ仲間たちに迷惑を及ぼすのか、どれだけ組合員に迷惑をかけることになるのか、想像をはるかに超えるだろうとの心配が私の中で日ごとに高まっていたが、その兆しは直ぐに現れた。二週間後に開かれた労使協議会で「流れを変えよう」と大合唱、メーカー・販売・部品の連帯組織である自動車労連とその中核組織である全日産労組の解体が始まったのである。

第四部

塩路後の日産

第一章　日産自動車の崩壊

第一節　石原会長の暴走経営を促した日産労連

流れを変えた三会の「組合民主化要求」

私が写真週刊誌に盗撮されて自動車労連会長を辞任すると、「流れを変えよう」という久米社長の呼びかけに清水労連会長代行が「流れを変えよう」と応え、この二人の合唱がその後の日産の命運を決めることになった。三会（係長会・安全主任会・組長会）の要求に沿って自動車労連とその中核組織である日産労組が解体され、組合は経営のチェック機能を失う。これで石原会長の独裁体制が確立され、英国プロジェクトをはじめとする杜撰な経営の暴走が始まったのである。

私の会長辞任後、会社（人事部・労務部）に誘導された三会が「労働組合を民主的な本来あるべき姿にする」として十四項目の要求を執行部に提出し、三会の代表と組合首脳部間の交渉が二ヶ月にわたって行われた。主な内容を列記すると、

①常任資格付与制度の廃止。

②専従役員（常任）の半減。組合員二五〇人に一人を、先ず五〇〇人に一人とする。
③執行機関のスリム化。副組合長・書記次長（専従）、職場長、職場委員の削減。
職場長は五〇人に一人を各職場（課）一人に（三〇〇人の課は六人から一人に）。
④常任委員の任期制限。最長十年程度、三役（労連会長含む）は二期四年を限度。
⑤日産労組創立記念総会（八月三十日、有給休日）を廃止し、組合規約から削除する。
⑥一部常任の職場復帰（塩路派とみなされる者の排除）。
⑦組合費の値下げ（刊行物・書記局員の削減、行事・諸活動の縮小）。
などである。

これらについては若干の説明が必要だろう。

①「常任資格付与制度の廃止」は、上部団体（自動車労連、自動車総連、ＪＣ等）の役員を日産自動車との交渉から排除するためである。

「常任資格付与制度」は、上部団体の役員に選ばれた者に日産労組の代議員会で「日産労組常任委員の資格」を付与する制度で、資格を得ると、常任として日産の団体交渉、経営協議会に出席し、日産の職場に自由に出入りできる。

これは日産労組のユニークな制度で、他労組にはない。企業別労働組合が単位の日本は、上部団体（産業別組織、企業連合など）の専従役員に選ばれると、傘下の個別企業（出身企業）の交渉に入ることができない。経営者がよそ者として排除するからだ。これが日本の労働運動の弱点になっている。

日産自動車の場合、私は自動車総連・労連の会長として日産の団交・経協に出ていた。このシステムが自動車労連の交渉力を強大にし、労連は日産グループ（メーカー・販売・部品・関連企業の労働者）の求心力となっていた。

私は出身職場で常任に立候補しないから、労使が対立したときに、会社は私を常任委員から追放できなかった。（第三部第三章第六節の3「常任選挙に介入」参照）

この制度の廃止によって、労連と日産労組は弱体化し、経営のチェック能力を失った。

②「専従役員（常任）の半減」もさることながら、③「執行機関のスリム化」（組合三役の削減）も会社が望む「組合弱体化策」である。特に職場長の大幅削減は職場組織の破壊であり、組合民主主義は成り立たない。

④「常任及び三役の任期制限」も、組合の民主化とは似て非なる組合弱体化策である。

⑤「日産労組創立記念総会を廃止し、組合規約から削除する」とは、日産労組の歴史の抹殺である。しかも総会廃止の理由を、「有名無実だから」としたのだ。

私たちは、日産労組の創立記念総会は労使双方にとって極めて重要な日であると考えてきた。日産争議の反省と組合結成の初心をみんなで確認し、新たな前進を決意しあう日だからだ。私たちは日産労組を結成して生産再開のために工場に入った直後、会社に団体交渉を申し入れ、八月三十日を日産労組の創立記念日とし、有給休日とした。そして、毎年開催する創立記念式典には会社代表（役員・部課長代表）を招待し、「労使の代表がそれぞれに一年を回顧して、将来への抱負や目標を提示し合う」ことを決めた。

以来昭和二十九年から毎年八月三十日には、結成大会を開いた浅草公会堂の間近にある浅草国際劇場に四〇〇〇人を集めて、日産労組創立記念総会を開催してきた。四〇〇〇人と言えば、当時は日産の従業員の半数であった。自動車労連を結成した翌年、昭和三十一年からは、部品・販売の労使代表も招待していたから、総会は、日産圏に対等な労使の関係を築いていくための重要な場にもなっていたのである。

⑥「一部常任の職場復帰」は塩路支持派と見られた常任一五人の排除である。出身職場には戻さず、役職を降格し給与も下げ、一部は販売店にセールスマンとして出向させた。

◇日産労組結成以来、組合民主主義の実践と労使の対等・信頼関係の維持を念頭に、三十三年間続いた労組の役員体制・人事政策は、何の躊躇もなく放棄されてしまった。

◇労使関係の基本であった二本柱（経営協議会と団体交渉）の一つ、経営協議会制度は石原社長就任と共に形骸化されていたが、これで名実共に姿を消した。

◇部品・販売・関連企業の仲間と共に築いてきた自動車労連と全日産労組（日産自・日産ディーゼル・日産車体・厚木部品の組合）の活動の歴史は、この時点で幕を閉じた。日産における石原独裁体制が確立された瞬間である。

英国工場進出方式の変更（一九八六・八）

三会と組合の交渉が行われていたさなか、三月二十九日に川又氏が他界された。すると、先が見えない会社（久米社長）と組合（清水労連会長代行）は、ノックダウン生産の準備を進めていた英国工場を一挙に本格的生産ラインに変更すべく動き始めた。勿論、会長石原氏の意向に従ったものだ。

まず八月十五日に開いた労使協議会で、労使間でようやく結んだ「英国進出に関する覚書」を破棄し、続いて会社は二十八日の海外専門委員会で第二段階（本格的工場）への移行を決定。九月八日に行われた英国ノックダウン工場の開所式で、「直ちに第二段階へ移行する」と発表したのだ。川又会長が提案した「二段階進出方式」と役員会に残された「遺言」はあっけなく反故にされ、採算の見通しが全くないままのプロジェクトが強行されることになった。

その頃の日産は、発売したばかりの新型車シーマの一時的な好調と折からの一過性バブル景気に浮かれ、利子付借入を増やして国内でも工場・設備を増設するなど、石原恐怖政治で良識を失った幹部たちには、会社が下り坂を滑っていることが見えなかったようだ。

十年経ったら日産は

英国進出問題の論争がたけなわの昭和五十八（一九八三）年十一月六日、私は川又克二会長（当時）とこんな会話を交わしている。

川又「石原君はまるで凱旋将軍みたいに、『スペイン（モトール・イベリカ）もやった、イタリアのアルファロメオや西独のフォルクスワーゲンとも提携した、英国ともやるんだ。この一年に十年くらいの仕事をしましたよ』と得意げに僕に言ったんです。ずいぶん思い上がっているなと思った。あの時の石原君の態度は傲慢無礼ですよ」

塩路「こういう思い付きみたいな社長の仕事のお陰で、十年経ったら会社がおかしくなっているかも知れませんね」

川又「あなたは身内だから言うけど、経営の中身だから、誰にもこんなバカなことは言わないで貰いたいが、私も腹の中じゃあ何べんそう思ったか知れませんよ」
（テープ速記録より）

座間工場の閉鎖

この会話が交わされてからちょうど十年、平成五（一九九三）年二月二十三日に、日産の発展を三十年余にわたって支えてきた基幹工場、座間（四〇〇〇人）の閉鎖が発表された。

残念ながら私と川又氏が危惧したように、日産は完全におかしくなってしまった。当時公表された数字だけをとっても驚くべき状況である。

英国進出を決定、発表した昭和五十九（一九八四）年に二七・〇パーセントあった国内販売シェアは、平成六（一九九四）年には二〇・七パーセントまで落ち込み、かつて東西の両横綱と言われ、力が拮抗していたトヨタ自動車のちょうど半分になってしまった。同年の三月期決算は連結経常利益の段階で二〇二三億円余りという巨額の赤字を計上、同時期のトヨタは連結で二三六五億円もの経常利益を計上しているのだから、やはりこの差は、経営政策の誤りにその原因を求めるべきだろう。

この年、下期の中央労使協議会で会社から提示された『再建中期三年計画』には、

「国内生産年間一八〇万台体制への規模圧縮（二十年前の規模）と三六〇〇億円の原価低減を目指す。そのために人員の二割削減が必要」

とあった。つまり、自動車フルラインメーカーとして存続ぎりぎりの生産規模に縮小し、三年間で一万人の社員を減らさなければならない、という。

英国進出の記者発表（一九八四・二・二）を行ったあと、石原社長は、

「あと二十年くらい経ったら、『いま日産に英国工場があるのは、むかし石原という社長がいたからだ』と言われるようになるだろう」

と誇らしげに社内で語っていた。しかし、その進出が座間工場の閉鎖を招いたのは記者発表の九年後である。工場閉鎖に伴うリストラで、人員削減のノルマを割り当てられた係長の一人（常任OB）が、部下に退職の引導を渡すに忍びず、自らが退職届を会社に出して、私に次のような手紙をくれた。

「日産は海外にムダな工場が残り、遂にわれわれの座間が潰れました。会社のためにと懸命に働いた労働者は職場を失い、得たものと言えば、進出先の各国から石原さんがもらった勲章だけですね」

第二節　他責の文化を地で行く『私の履歴書』（一九九四年十一月一日～三十日）

座間工場閉鎖発表の翌年、平成六（一九九四）年十一月一日から月末まで、石原氏が日経新聞の『私の履歴書』に自伝の連載を始めた。石原氏は相談役に退いたが、まだ日産に席をおく身である。何も日産が創業以来かつてない苦境にある時期に、栄えある場所に登場しない方がいいのにという感じはしたが、それは私がとやかく言う問題ではない。しかし、回を重ねるごとに、石原氏の他人の功績をかすめ取り周りに責任を転嫁するような表現に、私は憤りを抑えるのに苦労するようになる。そして最終回を読むに至って、私は遂にある決心をした。私にルビコン川を渡らせた一文を引用しよう。

――日産自動車はいま、業績回復に向けて厳しい道を進んでいる。現在の社員諸君や株主の方々に申し訳ないのは、私が社長時代、労働組合に多少妥協してしまったことだ。海外進出に関しては考えを貫いたが、国内営業では販売会社の営業力を弱めるような労組の動きを封じきれなかった。その時のダメージが昨今の苦戦の遠因になっている。

会社がこんなとき、その歴史の大半に関与してきた者が自分の人生を書き残したのは、自慢話が目的ではない。日産という会社には、私たちを乗り越えて長期的な繁栄を築く力があることを示したかったからだ。幸い最近の社内には、これまでのハンディを克服して前進しようという意欲がみなぎっている。新しい発展への試みが続くだろう。（平成六年十一月三十日付、日本経済新聞『私の履歴書』）

日産が直面する苦境を乗り越えるためには、日産の歴史に学ぶ必要があるという点ではまったく同意できる。しかし、そのためには〝正確な〟歴史を学ばねばなるまい。

元駐日大使のE・ライシャワー博士の言葉にこういうのがある。

「歴史を正しく理解するか否かが将来の展望を決める」（『ザ・ジャパニーズ』）

この『理解』という言葉の重みを石原氏は知っているのだろうか。

石原氏は「労組が日産をダメにした」と明記した。私は、ともに苦労した仲間の名誉のためにも、ここではっきり言おう。

日産がダメになったのは石原氏が社長に就任して以来、実行したすべての経営政策があまりにもデタラメで、結果、それらすべてが失敗に終わったからである。華やかなだけで採算を無視した無謀な計画を次々とぶち上げ、当然、それらが失敗に終わると、その責任をすべて組合に転嫁してきた。それが石原氏の経営である。

そのツケが溜まりに溜まった時、石原氏は身勝手に経営を離れ、ツケの払いをすべて後任者に押しつけてしまった。重ねて言う。日産をダメにした責任は、経営政策を誤った石原氏と、ありとあらゆる謀略をめぐらし、私を失脚に追い込んだ彼の取り巻き連中に求められる。

私は『文藝春秋』に「日産・迷走経営の真実」の投稿を決意したとき、平成七年の正月明けに草野（忠義）日産労連会長に会った。それは、このままでは日産は潰れるしかないという危機感を覚えると同時に、この『履歴書』を使って石原体制下の問題点を検証し、職場に企業再建の輿論を喚起することは出来ないものか、と考えたからだ。しかしそれは、組合幹部の使命感と勇気如何にかかる。私が辞任した直後、石原体制支持に組合の路線を転換した執行部にそれを求めるのは至難の業だろうとは思ったが、一縷の望みを抱いて彼に会うことにした。私が、

「石原氏が履歴書を書いた。自分本位の虚言と責任転嫁で日産の歴史を改竄している。日産を復活させるには、みんなが日産の歴史を正しく理解して危機感を共有し、思いを一つにして社内体制の転換に取り組む必要がある。俺が真実の歴史を書くから、組合としてその努力をしてもらえないか」

と切り出すと、即座に、

「あれは石原・塩路の個人的な確執で、十年前に終わったことだ。今さら書かれるのは迷惑だ」

という答えが返ってきた。

「あれは労使間の公の経営政策論争だ、個人的な確執などではない。問題が十年前に終わっていないから、日産は今も下り坂を転がり続けているではないか。このまま放置したら日産の将来はない。何とか経営に対する組合のチェック機能を取り戻してほしい」

と言ったが、彼は、

「個人的な確執だ。十年前に終わったことだ」を繰り返して、主張を変えなかった。

組合の代表として主張していた私の政策提言に、「個人的な確執」すなわち〝醜い権力闘争〟というレッテルを貼ることは、石原氏が九年に亘って続けた組合攻撃・不当労働行為を正当化する態度表明に他ならない。私は滔々とまくし立てる言葉を聞きながら、〝彼もやっぱり石原氏が恐いサラリーマンか、組合幹部ならば許されないことだが、可哀想な人だな〟と思った。

第二章　史実の改竄

第一節　日産争議の実態が見えない「全自・日産分会」を上梓（一九九二年六月二十日）

たしか九二年六月か七月のある夜、全労（全労会議・同盟の前身）元書記長の和田春生さんから私の自宅に電話がかかってきた。

「いま日産労連の出版披露パーティーから戻ったところですが、塩路さんに会えると思って行ったら、顔が見えない。『塩路さんは？』と訊くと、『呼んでない』と言う。家へ帰って本を見たら、塩路さんも宮家さんも居ない日産争議史が書かれている。外から協力したわれわれのこともない。日産労連って一体どうなっているんですか？」

（注）争議の時、海員組合の組織部長だった和田さんに、民主化グループのリーダー・宮家氏を紹介して、グループの活動資金を銀行から借り入れる際の保証を海員組合にお願いした。お陰でわれわれは新組合結成までの活動を続ける事が出来た。

私には寝耳に水の話で驚くやら腹立たしいやらだったが、昔の仲間に連絡して二週間後にその本を手に入れた。本の表紙に「全自・日産分会」（自動車産業労働運動前史）と書かれた上・中・下の三巻だ。上巻の冒頭には、日産労連会長・運動史編集委員長の清水春樹が書いた「発刊にあたって」がある。

「全自・日産分会で苦闘と挫折の歴史を綴ったリーダーも組合員も、今の私たちの運動理念や闘い方とは大きな違いがあっても、同じ日産で働いた先輩たちであることに間違いはないし、しかも、結果として分会組合員もみな新組合に加入することになったのだが、今まで、この時代は、〝自分たちの運動史〟から外れた扱いになっていた。というのは、日産労組も、自動車労連も、旧組織に対する厳しい批判と対決の中から結成されただけに、彼等の戦いの跡を、自分たちの先輩や仲間の運動史として位置づけるだけの心情を持ち得ないできたからである。そのために、その頃の資料はほとんど収集・保管されておらず、日産労働運動史の空白のページになっていた。このままだと、資料はますます散逸してしまうし、証言をもらうべき当事の関係者もおられなくなってしまう。そこで、自動車労連結成以降の運動史については、次の世代の課題として譲ることにし、今回は、その基礎にもなる全自・日産分会の運動史をまず編集しようということになった。今回この運動史を編集するに当たって特に心掛けたことは、単なる記録の羅列ではなく、熱い血潮も悲しみの涙も持った人間の運動史にしてみたい、ということであった」

と、正義派ぶった屁理屈を並べている。それに、「その頃の資料はほとんど収集・保管されておらず、このままだと（分会の）資料はますます散逸してしまう」などと、日産労組の歴史資料を焼却した自らの行為とは矛盾する記述まである。

実はこの本の出版も、日産労組の史実を葬ろうとする狡猾な筋書きの一部なのだ。編集を担当した四人（清水・高坂・赤木・水野）は争議の実態も流れも知らないから、間にいくつもの証言を入れてはいるが、中途半端な記録の羅列に終わっている。

少し付言すると、「分会組合員もみな新組合に加入することになったのだが」と無造作に言うが、分会員のすべてを新組合が吸収するには、新組合員の並々ならぬ忍耐と努力と寛容の心が必要だった。何しろ自分たちを毎日のように吊しあげていた連中を、やさしく諭し、時間をかけて話し合い、仲間にしたのだから。

また、「今までこの時代は、〝自分たちの運動史〟から外れた扱いになっていた」「日産労働運動史の空白のページになっていた」と強調しているが、われわれの労働運動史はまだ作られていない。日産労組・自動車労連の運動史自体がまだ空白のままなのだ。

編集で特に気になるのは、日産労組側の証人として呼ばれている人たちがミスキャストであることだ。民主化グループの動きを良く知る幹部、或いは中枢部にいた人は、証人として一人も呼ばれていない。それが誰かも解らないからだろう。

例えば、下巻の《新労組結成への道のりは》の見出しで書かれている問答を見ても、執筆者の質問、「新労結成はいつ、どのようにして決まったのか?」「浅草公会堂（結成大会場）はどうやって確保されたのか?」「結成大会の準備活動は?」などの新労結成に肝心な行動について、的確な答えはまるでない（第一部第一章第二節・第二章第一節を参照）。また、全自・日産分会の最後についての記述も、次のように単なる記録の羅列に過ぎない。

「全自解散とその後」の項を見ると、《日産新労、分会残留者に勧告》の見出しで、

「新労は五六年七月二四日付で分会残留者に対し、『加入願いを提出されんことを勧告する』との声明

を発した」

と述べ、続いて《新労と益田との会談始まる》の見出しで、

「第三回会談においてようやく意見の一致をみ、『残留している分会員の一括加入をお願いいたします』という加入願が、二十五日に益田哲夫名で日産労組に提出された」

とあるだけだ。新・旧労組間の闘いの最後に、どんな人間のドラマがあったかは少しも見えてこない。当事、新労（日産労組）執行部が職場に、「分会残留者の全員に加入勧告を出したい」と提案した時には、職場長会議で数時間に及ぶ激論が交わされた。「共産党員が便乗してなだれ込むから反対だ」「一人ずつ選別すべきだ」「一度でいいから彼らの吊し上げをやらせて欲しい」などの意見が相次いで出され、「寛容の精神で受け入れよう。職場で一緒に働く仲間になるのだから」と、執行部が説得にかなり苦労する一幕があった。

また、益田氏が自らを除いた残留者全員の一括加盟申請書を日産労組に出した時には、〝益田組合長の最後の幕引きは見事だ〟と思ったことが私の脳裏に焼き付いている。組合が分裂した場合、旧労に少数派が残り、多数派の新労と長年にわたって不毛の対立抗争を続けるのが大方だが、益田氏は日産分会に最後まで残った分会員から一人の犠牲者も出さなかった。〝発つ鳥跡を濁さなかった〟のである。

益田氏は、宮家（自動車労連委員長）・益田会談において示された「日産労組執行部は分会からの加入願提出者に対して、従来の感情的行きがかりを水に流し、労働者同士として暖かく迎えるよう努力する」との言葉を真剣に受け止め、残留分会員の全員をまとめてきた。この益田氏の行動は、分会からの最後の加盟者にとって、さらに日産労組のその後の組織体制にとっても、大きな意味を持つことになった。

職場では時間をかけて話し合いを続け、やがて共産党員も含めて彼等を同化し、一つになった日産労組は強大な組織に発展する。この五年後（一九六一）、私は日産労組の組合長になった時に、最後の一括加盟者の中から二人を常任委員に登用した。二人とも争議中、日産分会の常任委員として活動していたために、職場に提案したときには強硬な反対にあい説得に何日もかかった。しかし、彼らはやがて職場の支持と信頼を得て三役に選ばれ、自動車労連の有力な幹部として活躍した。

下巻の末尾に、「運動史の編集を終えて」という座談会がある。清水春樹（運動史編集委員長、日産労連会長）、高坂弘巳（編集委員・日産労連副会長）、赤木省三（主査・日産労連顧問）、水野秋（執筆者）の四人によるものだが、清水・高坂は昭和二十八年にはまだ日産に入社していない、赤木は当事大阪在住（販労常任）で、水野氏は外部の人だから、四人とも争議を全く知らないし、益田哲夫氏に会ったこともない。その四人が全自・日産分会の幹部など他人から聞いた話を元に、それぞれに憶測をめぐらせ、《益田哲夫についての》《益田の歩んだ路線》《日産争議と益田》《大争議の意味》などについて勝手な意見を出し合っているが、これでは読者を惑わせるだけだ。

その締めくくりにある、座談会進行役の赤木の発言も次のように酷いものだ。

「争議から四〇年経た今の時期にこれを編集したわけだが、あの直後に書いておれば憎しみの記録になってしまうんだね。今だから冷静に編集してこれたと思う」「今度の企画で日産労連が出来るまでの生い立ちが誠に立体化された感がするね」

と、日産争議を経験していない赤木らしい発言であり、自分を日産労連の顧問と編集委員会の主査にしてくれた会長・清水への追従なのだ。

日産労組を結成したわれわれは、全自・日産分会の誤った思想・信条やその運動を革新すべく闘ったのであって、彼らに対する憎しみで闘った訳ではない。日産分会は事ある毎に「憎しみのるつぼ」（労働歌）を歌っていたが、われわれは歌ったことがない。そして、日産労組が創立三周年記念総会で採択した「平和宣言」では、荒廃しきった職場に労働の秩序を確立することはできない。「憎しみ」の〝寛容の精神〟によらずして（第一部第二章第二節参照）、分会員が新組合員を吊し上げていた職場に平和を取り戻すことは不可能だ。

また、「これで日産労連の生い立ちが立体化された」と言うが。日産労連は、清水が会社の意向に従って自動車労連を解体し、名称を変えたものであって、全自・日産分会とは無縁のものだ。

清水は「発刊にあたって」の中で、「自動車労連結成（昭和三〇年一月二三日）以降の運動史については次の世代の課題として譲ることにし、……」と書いている。つまり、日産労組結成から自動車労連結成の前まで（昭和二十八年八月三十日〜昭和三十年一月二十三日）はこの本に記載されていることになるのだが、その間の歴史で日産労組の形成に不可欠の復興闘争（昭和二十九年）（第一部第二章、第二節参照）については、一言も触れていない。のみならず、自動車労連結成以降の運動史を次の世代に作らせる気も、彼にはさらさら無い。そのために必要な資料は焼却しているのだ。やがてその意図は明らかになる。

次の第二節で述べるように、この本を発行した翌年に「特別講演会」（一九九三年九月二十五日）を開催して、日産労組結成以来の労使関係の歴史を根こそぎ改竄してしまうのだ（第四部第二章第二節参照）。その十年後、全日産労組創立五十周年記念式典における西原浩一郎日産労連会長の挨拶には、その「特別講演」に倣って改竄された歴史認識が受け継がれている（第四部第二章第六節参照）。

第二節　全日産労組創立四十周年記念・特別講演

全日産労組に四十周年はない

その後、私の手記が載った『文藝春秋』五月号（三回目）が発売された頃に、昔の仲間（常任ＯＢ）からの電話で、信じられないような日産労連の動きがあったことを知った。

石原氏が『私の履歴書』を日経に書く一年二カ月も前の平成五（一九九三）年九月二十五日に、日産労組の創立記念総会を廃止にした清水（春樹）が、臆面もなく「全日産労組創立四十周年記念・特別講演」なるものを行い、それをパンフレットにして関係者に配布していた、というのだ。

この話を聞いたときに、私は〝歴史をいい加減に扱うにも程がある〟と思った。全日産労組に四十年の歴史はないからだ。結成大会は昭和三十六（一九六一）年十一月一～二日で、日産自動車・日産ディーゼル・日産車体・厚木部品の四労組が協力して、四組織の単一化を実現した時であり、三十二年前のことだ。しかも昭和六十三（一九八八）年には清水自身の手で企業別の組織に解体されて、二十七年で全日産労組の歴史は閉じられているのである。

その後、その「特別講演」のパンフレット（Ａ４版一七頁）を送ってもらった。見ると、表紙には『創立四〇周年に想う』「全日産労組創立四〇周年記念・特別講演」とある。

内容に目を通しながら、私は憤りを禁じ得なくなる。自らも渦中にいて熟知している数々の会社の不当労働行為を全く不問に付して、石原氏の組合攻撃を擁護し正当化する論旨を展開し、日産労組の歴史を改竄しているからだ。もしこの「特別講演」をその当時に知っていたら、『文藝春秋』に投稿する前に、私は草野と話をすることはなかった。

石原氏に与した歴史解説

清水は講演の中でも〝全日産労組の四十年〟を繰り返している。昭和二十八年八月三十日に結成した「日産労組」と「全日産労組」の区別がつかないようだ。彼の歴史解説も杜撰極まりないが、その中で最も許し難いと思う部分を先ず紹介して、私の所見を述べる。

それは、『四〇年間の運動の反省点』〈労使関係と組織内に異常な不信と対立〉という小見出しで、次の言葉で始まる（以下、彼の言葉を正確に記載し、内容別に番号をつける）。
① 人間であれ組織であれ、良い点もあれば悪い点もあるわけですが、全日産労組の歴史の中でも、立派な実績を残した反面、時代の節目、節目で反省すべき問題や出来事、特に労使関係や組織内部の異常な対立、混乱を生んだ出来事が生じております。
日産グループ労組のトップリーダーの中で、「天皇」と呼ばれた人が三人おります。全自・日産分会組合長の益田さん、自動車労連の初代会長の宮家さん、その後を継いで長く労連会長をつとめた塩路さん、この三人です。

それぞれ、天皇と言われるくらいの強力なリーダーシップをもって、その時々の重大な課題に取り組み、大きな実績を残したわけですが、その反面、大きな成功体験を得たことによって驕りが生じたり、執行体制があまりにも長期化したことから、組織運営面で中央集権化や官僚化、さらにはリーダーシップの独善化を起こし、組合組織の中で民主的なチェック機能が弱まり、労使関係や組織内に、深刻な不信と対立をもたらす出来事がおきてしまった、といえると思います。

② その最たるものは四〇年前の日産の百日闘争であり、日産グループの労働運動や労使関係の歴史の中で、最大の不信・対立・混乱の時代であったと思います。

そして、今から三〇年前、宮家初代労連会長の退任・職場復帰をめぐり、労使関係あるいは執行部内で好ましくない不信と対立が生じました。幸い、労使のトップレベルと執行部内の亀裂・対立にとどまりましたが、それでもかなり深刻なものがありました。その出来事の反省に立ち、今でも日産労連全体として確認しております「運動の基本原則」を、その時に決定しました。

③ しかし、それでも七年前に、労使関係と組織内に異常な不信と対立をもたらした出来事、すなわち塩路労連会長の退任に至るまでの数年間にわたる労使関係と組織内の不信・対立・混乱の事態が生じたのであります。これは残念ながら、日産グループの中だけでなく、マスコミを通じて世間にも騒がれる事態になってしまいました。

④ どうしてこのようなことが起きてしまったのか。それは日産労組、あるいは日産グループの労働組合の組織の中に、「組合民主主義」というものが十分に育ってこなかったからではないか。

⑤ また、日産自動車という企業の中に、近代的な「企業風土」「企業文化」というものが充分に成熟し

てこなかったからではないか、と考えざるを得ません。

［注］（①〜⑤は筆者が付加）

この論評の重大な欠陥は、会ったこともない益田氏や知りもしない宮家氏とその職場復帰問題を、我田引水の憶測で論じていることだ。清水は昭和三十二年入社で二十八年の労働争議を知らない。宮家氏の職場復帰は三十七年五月で、これにまつわる問題は執行部内だけで私が収めたから、三十八年九月に常任になった清水は全く知らないことだ。だから「その出来事の反省に立ち『運動の基本原則』を決めた」というのは曲解である。

「運動の基本七原則」は、私が名実共に自動車労連の会長になった昭和三十八年九月に、企業別労働組合の運動理念を明示するために自ら書いたものだ。彼はこの「基本原則」を「日産労連全体として確認している」と言うが、自動車労連を骨抜きにして名称を変えた日産労連が、七つの「基本原則」に沿った活動ができる筈がない。例えば、労使関係は組合の会社追随で対等な相互信頼関係ではないし、経営協議会制度を廃止したのに、源泉増大の活動はできない。「立党の精神」を知らないし、運動に「良識」も「合理性」もない（第一部第二章第五節の３「運動の基本原則」参照）。

また、益田氏、宮家氏と塩路の三人を「天皇」で束ねて、それぞれの時代の環境・条件の違いを無視し、「成功体験が労使関係と組織内に不信と対立をもたらした」とする一様の断罪には、史実を糊塗しようとする彼の意図が見て取れる。

益田氏の頃は階級闘争論の全盛時代である。宮家氏はその極左勢力と対決して闘った民主化グループのリーダーで、階級対立、相互不信の労使関係を相互信頼の関係に転換した時代だ。その間に石原氏の川又専務追放クーデター事件が絡み、私はそれを引き継ぐ形で、川又・岩越社長時代に相互信頼の労使関係を定着させてきた。その後石原氏が社長になるに及んで、第三部第三章に詳述したような彼の労組攻略が始まったのである。

清水は①で、「中央集権化や官僚化、リーダーシップの独善化を起こし」などと抽象的な非難の言葉を羅列しているが、具体的な指摘がないから、組織運営面で何処が問題なのか、どういう事を指しているのか、いくら考えても私には思い当たらない。

思い浮かぶことは、③の「七年前に、……」と述べているくだりだ。会社は社長室（後に企画室、室長塙義一）と広報室に組合攻略の担当者数人を置き、労組派と見られた職制の選別人事から始まって、次々と不当労働行為をエスカレートし、マスコミ工作を行い、三会を扇動して塩路会長退任工作を強行、果ては写真週刊誌まで動員したことなどである。これら会社の十年にわたる異常な組合攻略が、職場に根付いていた組合員の仲間意識や誠実さ、信頼の人間関係を破壊してしまったのだ。

清水は、百も承知しているこれらの不当労働行為に全く触れていない。それどころか、①の「成功体験を得たことによる驕りやリーダーシップの独善化によって、労使関係や組織内に深刻な不信と対立をもたらす出来事が起きてしまった」という塩路非難にすり替え、その上、③で「残念ながら、マスコミを通じて世間にも騒がれる事態になってしまった」と、自然にマスコミが書き立てたかのような筋書きに仕立てて、会社が続けた巧みなマスコミ工作も不問に付している。

また④では、「日産グループの労働組合の組織の中に、『組合民主主義』というものが十分に育ってこなかったからではないか」と言うが、「組合民主主義」の実践は私が米国研修（一九六〇年）から帰国して以降、特に日産労組の組合長になってから、最も心がけてきたことだ。組合員の意向を生かすために組織の構成や運営、組合役員の数・役割などを工夫し、労連傘下の部労・販労の職場とも相談しながら進めてきた。自動車労連が強固な組織に成長したのは、その成果である。その自動車労連の中核組織である日産労組を解体（常任資格付与制度の廃止、組合役員数の削減、刊行物や諸活動の縮小など）した清水こそ、「組合民主主義」の破壊者ではないのか。

更に、⑤「日産自動車という企業の中に、近代的な『企業風土』『企業文化』というものが充分に成熟してこなかったからではないか」というくだりも意味不明で、これにも強い不快感を覚える。「風土」とか「文化」とはどういうものか、解っているのだろうか。

清水が石原氏に与して組合を無力化したが故に、日産は「石原氏の独裁体制」という企業風土になった。その結果、社内に「他責（責任転嫁）の文化」が蔓延し、石原氏の経営戦略・政策の誤りと重なって、日産は凋落の一途を辿るのである。

「企業風土」「企業文化」というものは労使が協力して育てるものだと思う。私たちは「階級対立」を廃して、「労使の相互信頼」という企業風土を労使の努力と協力によって作り上げて来た。われわれはその信頼関係を基礎に「経営協議会制度」を作り、「生産性を向上し」「分配を確保する」という日産の文化を育ててきた。

私は労働運動は文化だと思っている。日産労組の青年部も他に誇りうる文化であった。販労・部労・

民労の仲間と共に作った自動車労連も日産の文化である。文化とは、その社会を構成する人々によって共有・習得・伝達される行動様式の総体を言う。風土は、そういう文化や人々の習慣に影響を及ぼす環境・土壌である。われわれが育んだ日産固有の誇るべき企業風土や企業文化を破壊したのは、石原氏の意向に沿って組合を弱体化し、保身の道に走った日産労連の首脳部たちではないのか。

清水が「労使関係と組織内の不信と対立」を連発し、口を極めて「日産労組の組織運営に問題あり」と非難するのは何故か。それは、自動車労連の中核組織である日産労組を見る影もないまでに解体し、石原独裁経営を支持したことの弁解であり、その結果、座間工場（四〇〇〇人）を閉鎖するまでに日産の業績が悪化した責任を私に転嫁するためだ。

講演が行われたのは座間工場閉鎖発表（一九九三年二月）の七カ月後で、会社は組合に対して、「国内生産を年一八〇万台（二十年前の規模）に縮小し、三六〇〇億円の原価低減と三年間で人員の二割を削減する」という『再建中期三年計画』を提示していた。私は、解雇を意味する「人員削減」二割（二万人）の文字を新聞で目にしたとき、組合員の苦悩を思い胸が塞がる思いがした。人員削減は部品・販売の仲間にも広がる。しかし清水の「特別講演」には、私に対するいわれ無き非難と責任転嫁はあっても、日産と組合員の危機に対する組合代表としての言葉はどこにも見当たらない。

社会正義を忘れた日産労連

それどころか、「全日産労組の今後の課題」として述べているくだりを見て、私は唖然とした。そこに

は、

「今や日本経済の『高度成長の時代』が終わり、『低成長、成熟の時代』に移りつつあります。こういう時期には、いろいろな面で激しい変化が起こり、苦痛も伴うものですが、私たちはいま直面している歴史的な転換期を、何としても雇用を守りながら乗り越えて、産業構造の改革を成し遂げ、日本の産業・経済と国民生活の新しい安定状態を作り出していかなければならないと思います」

とある。この時期、日産が苦境に直面しているのは「日本経済が低成長で歴史的な転換期にあるから」ではない。同業のトヨタやホンダは、対米輸出・国内販売で最高の利益を更新していた。日産のリストラは、労使の不明が引き起こした人災なのだ。清水には日産が抱えている危機的症状の要因が見えていないのか、リストラされた組合員にいささかの思いも致さず、「何としても雇用を守りながら」などと、他人事のように無責任な言葉を並べている。

さらに彼の駄弁は続くが、気になる発言をもう一つ指摘しておきたい。彼は、

「ここで特に申し上げたいことは、歴史的な転換期だからこそ、全日産労組が四〇年という大きな節目を迎えた時期だからこそ、『労働運動の原点とは何か』ということについて、あらためて考え、運動の中で生かして頂きたいということであります」

と前置きして、大正元（一九一二）年に創立した「友愛会」の運動理念を引用し、「労働者は商品ではない」を労働運動の原点として強調していることだ。

労働者は人間である。いまどき、人間が商品ではないことは当然の理だ。清水はＩＬＯの「フィラデルフィア宣言」が、社会正義を基礎とした活動の根本原則の一つとして、「労働は商品ではない」と謳っ

ていることを知らないようだが、人間の〝労働〟を商品扱いしてはならないのだ。

〝労働運動の原点〟を言うなら、それはＩＬＯ創設の基本理念、「社会正義」である。労働組合の使命は、職場に、産業社会に、国内・国際社会に、正義を育成していくことだ。自動車労連は昭和四十五年の第十回定期大会で、「人間らしさと社会正義を求めて」を運動の基調として採択したが、清水はそれを忘れている。

第三節 『起死回生』（日本経済新聞社編）について

「魔物」とは何だったのか

日産がリバイバルプランを発表した翌年、二〇〇〇年五月十八日に日本経済新聞社が『起死回生』（ドキュメント日産改革）を出版した。その「まえがき」に、

「ゴーン氏が打ち出した国内五工場の閉鎖や系列の全面的な見直しなど、欧米流の再建計画『リバイバルプラン』は様々な反響を呼んだ。……（中略）……。時代の臨場感を失わないうちに日産の決断を一つの歴史として残しておきたいと思い、出版に踏み切ることにした。一九九八年から二〇〇〇年にかけて東京本社産業部自動車グループに在籍した記者十人（氏名略）の総力取材をベースに、五人（氏名略）が執筆を担当した」

と、出版に至った事情を述べた後、次の「序章」に、

「大手町の経団連会館内に設けられた記者会見場で、日産自動車社長の塙義一は満面の笑みを浮かべて、仏大手自動車メーカー、ルノーの会長であるルイ・シュバイツアーとがっちりと握手した。塙のそんな笑顔を見るのは何ヶ月ぶりだろう。孤独な決断だった。

日産の企業体力を徐々にむしばみ、ついに塙が自らの手では修復不可能と判断した『魔物』とは何だったのか。それを知るには日産及び日本の自動車産業の歴史を振り返ってみる必要がある」

と前置きして、一一頁から一七頁まで、川又氏が日産に入ってからの歴史が要約されているが、事実誤認が多い上にかなり偏ったフィルターがかかっている。例えば、

「川又は日経連とも密接な連携を取り、第二組合の設置という隠し手も準備していた。ロックアウト後一ヶ月足らずの八月末、経営側の支援のもとに第二組合が旗揚げする」

などと、民主化グループが暴力的な極左労組と苦闘の末に結成した日産労組を、経営側の支援によるものと一方的な断定をしている。昔よく左翼からそう言われ、週刊誌にも書かれたいわれなき批判だが、日産労組の結成には日経連も経営側も全く関わっていない。さもなければ、その後の日産労組・自動車労連の成長・発展はあり得なかった（第一部第一章第一節、第二節、第二章第一節を参照）。

また、《失われた時代》という見出しで、

「一九八〇年に年間二六四万四〇〇〇台を記録した日産の国内生産台数はその後、じりじりと下がり続け二度とそのピークを超えることはなかった。国内シェアーは八〇年代に入り、ほぼ一貫して下がり始める。川又が作り上げた『成功の方程式』の歯車が狂い始めていた。五三年の第二組合の設立により、日本の模範とも言える存在となった労使関係はもたれ合いのなかで、再び泥沼の中にはまりこんでいた」

と、意味不明の解説をした後に、

「当時の日産社長、石原俊と日産グループ労組である自動車労連会長、塩路一郎の闘争が表面化したのは八〇年代前半のこと。英国への工場進出計画を進めようとしていた石原を塩路が公然と非難、サボタージュなどを繰り広げて徹底抗戦する」

と、あらぬ塩路非難を並べている。

八〇年代に日産の国内生産台数が下がり続け、国内シェアも一貫して下がり続けたのは、一にかかって石原氏の杜撰な経営の帰結であって、労使関係は全く関係のないことだ。それに英国進出では、私は日産の安全を守るための提言をしたのであって、石原氏を非難したことは無いし、サボタージュなどわれわれは一度もやったことは無い。さらに、

「プリンスとの合併に当たっては、川又の命を受けてプリンス労組の掌握に成功する。川又の寵愛を受け、権力を固めた塩路は『塩路天皇』といつしか呼ばれるようになり、日産における第二の権力を確立する。人事はすべて事前に塩路に持ちかけられた。社内で塩路の悪口を言おうものなら、直ちに塩路の元に報告されるといった具合だった」

と言うに至っては、〝講釈師見てきたようなウソを言う〟の類だ。

日産・プリンス合併についての真相は、第二部第一章「日産・プリンスの合併」に詳述したので参照頂きたいが、私は会長在任中に、「塩路の悪口を言った者がいる」という報告を聞いたことがないし、人事に容喙したこともない。

序章に書き連ねている川又氏と塩路に対する批判の多くは、石原氏もしくはその取り巻きの言い分を

文字にしているように思われる。続いて書かれている次のくだりもそうだ。

「日産労組『塩路天皇』の道楽――英国進出を脅かす『ヨットの女』――と題した記事が写真週刊誌『フォーカス』を飾ったのは英国進出が最大のヤマ場を迎えていた八四年一月。豪華ヨットで女性と遊ぶ塩路の姿をすっぱ抜いたその記事が掲載されたわずか十日後に日産は長い懸案だった英国進出を正式決定。求心力を失った塩路は二年後、日産労組トップの座を追われ、石原と塩路の闘争にようやく終止符が打たれた」

というのも、石原氏が上梓（二〇〇二年三月三日）した『私と日産自動車』の⑦「英国問題の真実その二」の項にある内容と平仄を一にした論調だ。

『フォーカス』の盗撮については、月刊『文藝春秋』（九五年三月号）に真相を詳しく書いたのだが、筆者は読んでいないのだろうか（第三部第三章第四節参照）。さらに続けて、

「『塩路さえいなくなれば……』。日産社内の関係者は口々にこう語り、復活を誓うが、事はそう簡単でなかった。自らに刃向かおうとする幹部や社員を徹底的に叩きつぶす恐怖政治を敷いた塩路という第二の権力と経営者のはざまで揺れ動いた社内には、事なかれ主義がはびこっていた。経営者がいくら改革の声を上げても、社内は容易には動かなかった。

『社内がこれほどまで無気力に陥っていたとは……』。日産が外資導入に向けて交渉を始めたことが公になった九九年一月、ある役員はこう言って悔しがった」

と書いているのを見て、私は驚きかつ呆れた。この役員の言葉が本当なら、それは役員自らの責任回避であるからだ。

石原氏が社長になったら（一九七七年）、「役員会はいつも石原社長の独演会のようだ」と言われていた。英国進出問題で川又会長にお会いした時（一九八三年）にそのことを伺うと、

「あらかたは石原が喋っているよ、よく役員を叱りつけてる。うちの役員はどうしてあんなに石原を恐がるのかね。僕が役員会でノックダウン計画を提案したときも、石原が『その必要はありません』と言って抵抗したら、僕が訊いても、それっきり誰も発言できない。四十人以上も役員が居るのに、『役員を外されても俺はこれを言う』というのが一人もいないのは困ったことだね」

と嘆いておられた。石原氏が会長になってからも（一九八五年〜）この状態は変わらなかった。〝叱られないように庭先を清める〟という会社上層部の惨状が続いて、社内に責任転嫁や事なかれ主義の風潮が広まっていった。

私に刃向かおうとする〝幹部〟とは、組合の幹部か会社の幹部か不明。〝社員〟とは組合員及び職制を指すのだろうが、どちらにしても、私にそんな恐怖政治などを敷く必要はない。私は労働者（社員）を守るための労働組合の責任者だ。常に念頭にあった事は、「組合員のために」であり、そのために必要な「組合員の連帯」である。私には組合員から信頼されているという自負があったが、それは組合役員として果たしてきた長年の実績によるものであって、労組の団結に必要な「信頼関係」や「仲間意識」は恐怖政治によって生まれるものではないのだ。

塩路と経営者のはざまで社内が揺れ動いたのは、会社の度重なる不当労働行為によるものだ。石原氏は組合の強固な団結力を切り崩すために、人事権を乱用して様々な不当労働行為を続けた。社内が無気力に陥り、責任転嫁を横行させ、日産を衰退させた要因は石原氏の独裁体制であり、その石原氏を支持した

日産労連首脳部の責任は大きい。

最後の幕を引いた塙社長

ここに書かれている日産の歴史評を見ると、石原独裁体制下でうまく生き残った幹部たちの証言が元になっているようだから、天下の日経新聞の記者が如何に優秀であろうと、史実を正確に捉えることは不可能だろう。

日本の自動車産業が世界一の国内生産台数を誇り、「日本の時代」と言われていた一九八〇年代の十年間に、たった一社、日産だけが八〇年をピークに生産台数を下げ続けた。それは、私と石原氏の対立が原因ではない。石原氏がデタラメな経営政策、無謀な海外戦略を強行したからに他ならない（第三部参照）。

私が日産を辞めたのは一九八六年だが、その後十数年間も、私のせいで「社内が無気力に陥っている」とする論法は、あまりにも作り過ぎた話とは思わないのだろうか。

私の存在を「魔物」として扱った塙義一は、昭和六十（一九八五）年一月に企画室長に任命され、石原会長の指示で組合攻略の最終段階を指揮した人物。組合の清水春樹と入社が同期（昭和三十二年）で、二人のコンビによる組合潰しが石原氏の独裁経営を暴走させることになった。その故か、塙社長は石原会長の強い推しがあって実現した、との噂があった。

塙は社長就任の翌年、日本経済新聞の囲み記事『リーダーの研究』（一九九七年六月九日付）に登場した。そこには、

「会社を辞めようと思い詰めて職安に通ったことがある。入社八年目、追浜工場の人事課にいたとき

のことだ。当時は労組のリーダーとして塩路一郎が君臨、本社の人事部へという塙の異動に労組が口を挟み、会社もそれに従った。誰よりも仕事をしているという自負があった分、『こんな会社にいても仕方がない』と失望感は強かった。再就職先が見つからず転職は果たせなかったが、その代わりに、……」

という彼の言葉が載っていた。〝類は友を呼ぶ〟と言うが、石原氏に似て虚言癖、妄想癖が強いようだ。私には彼が言うような記憶がないので、当時人事課長だった浦川浩氏（後に人事担当常務、日産車体社長）に電話して訊いてみた。

「塙が日経で変なことを言ってますが、ご承知のように、人事への介入は私が絶対にやらなかったことです。あの頃の彼について何かご存じですか?」

「ある夜、塙が突然私の家に来たことがあります。『会社を辞めたい』と言うので、私はずいぶん慰留したんですが、それでも訳の分からないことを並べて『どうしても辞めたい』と言うから、『そんなに辞めたければ、辞めればいい』と言ったら、大人しくなって帰っていった。彼の異動に組合が反対したなんてことは勿論ありません」

「『リーダーの研究』のインタビューでこんなバカなことを言うのが社長では、日産はそう長くは持ちませんね」

「そう思いますね」

塙は社長就任時、「国内販売を二〇〇〇年に二五％に引き上げる」と大号令をかけた。しかし、国内・海外共に業績の悪化は止まらず、やがて、利子付き借り入れが連結で四兆三千億円まで嵩み、資金繰りに

窮して破産寸前に追い込まれた。ここまで経営悪化に拍車をかけたのが、米国市場での販売不振である。

トヨタ、ホンダが米国市場を金のなる木に育て上げたのに対して、日産は赤字を垂れ流した。致命的なことは、まず現地生産の車種を間違えたことで、これと裏腹の関係で、英国進出が日産の足を引っぱった。塙はスマーナ工場の建設から現地に派遣されてこれに関わり、かつ社長になってからも、米国市場対策を誤ったのである。つまり、彼は日経紙の『リーダーの研究』で、石原氏と自らの経営責任を私に転嫁したわけだ。その頃（七七年）から日産は、二十一世紀に生き残るために、ルノー、フォード、ダイムラー・クライスラーと三社三様の提携を模索し始め、最終的にルノーの傘下に入ることを決めたのは、この二年後のことである。

第四節　虚構の九項目を増補した『私と日産自動車』

経営責任を転嫁するための上梓

日産がルノーの傘下に入って三年後、平成十四（二〇〇二）年三月二日に石原氏は『私と日産自動車』（日本経済新聞社発行）を上梓した。その「はしがき」に、

「親しい方々が集まって私の卒寿を祝って下さるという。私にも何かできないかと考え、思いついたのが、私が歩いてきた『道』を一冊の本にまとめることだった。それには、私が平成八年（一九九六）十一月、日本経済新聞の文化面に連載した『私の履歴書』がベースになると思った。読み直してみると、

一つのストーリーとしてまとまりがあり、そこで書き尽くせなかったことや、プライベートな話しを加えたのが本書である」

と尤もらしく上梓の理由を述べているが、書き加えた十五項目のうち九項目が労使関係に関わることで、この部分がこの本のメインテーマなのである。

この記述は、私が石原氏の『私の履歴書』に応えて、月刊『文藝春秋』（一九九五年三〜五月）に書いた「日産迷走経営の真実」が動機になっている。石原氏は私に本当のことを書かれて強烈な衝撃を受けたようだ。そのせいか、九項目全般にわたって事実無根のことばかりを並べ立て私を非難している。『私の履歴書』に書かれた塩路攻撃もすべて史実とは異なることで、当時〝あらぬ妄想はいい加減にしてくれ〟と思ったものだが、「書き残したこと」では更に尾ひれを付けて、しつこく虚言を書き連ねており、正気の沙汰とは思えない。

私を極めて非常識で権力欲の強い、石原氏自身のような男にでっち上げている。石原氏は「虚言」と「責任転嫁」が極めて巧妙な人で、それで社長になれたと言っても過言ではない。何しろ、川又専務・岩越常務追い出しクーデターを計画・実行しながら、彼だけは社外に出されず、生き残って社長に上り詰めたのだから。しかも、「自信過剰」で「自己欺瞞」の性向が強い。九項目にはそれらが如実に現れている。

こんな人が勲一等旭日大綬賞を授賞した（平成三年四月）。授賞時に皇居で撮った写真が、「はしがき」の前のページに見開きで載っている。私はこれを見たとき、まさに〝一将功なりて万骨枯る〟の姿だと思った。カルロス・ゴーンのリバイバルプランで、日産自動車だけでも二万一〇〇〇人がリストラされたのは、これが上梓される三年前のことだ。しかし、世間の人は〝位人臣を極めた人がまさかそんなにウソは

つくまい〟と思うに違いない。

これは、石原氏が日産崩壊の経営責任を他に転嫁するために創作した、虚構の日産自動車労使関係史であると言える。もしここに書かれている話が本当のことだとしたら、日産という会社は極めて特異な会社だった。これが事実でないとしたら、信じられないような特異な人が、日産の命運を支配していたことになる。それを検証するために、以下、◆印に石原氏の主張を一部紹介し、◇印に私の所感を述べることにする。

①川又さんの負の遺産

◆日産自動車の労使関係は特異なものだった。あまりに特異でよその人には信じられないようなことも多い。例えば、昭和四十年代の初めの入社式の光景。このような行事はすべて、会社と組合の共催だ。川又さんが新入社員への社長訓示で、経営方針を述べる。すると次に、自動車労連会長の塩路一郎君が立って挨拶する。入社式に限らず、塩路君の挨拶は経営批判から始まる。川又さんはうなだれて聞いている。いかに文化大革命と全共闘の時代であれ、新入社員に強烈な印象を与えたに違いない。社長より組合のトップの方が偉そうにしている。いったい、この会社はどうなっているのだろう。

◇入社式を会社と組合の共催で行ったことはない。会社の行事に組合代表が招かれて、祝辞を述べるのだ。新入社員は組合員ではない、二カ月間の試用期間を経て、組合員になる資格が出来るのだ。会社の入社式で、新入社員への祝辞を経営批判から始める人がいるだろうか。新入社員は希望に胸を膨らませて入社式に出てくる。その人たちに明るい夢を与え、社会人としての心構えを説くのが、先輩としての役割である。私は組合活動でも常に常識を大切にしてきたし、石原氏のように非常識なことをやる人間ではない。

昭和四十年代の初めといえば、プリンスとの合併問題に取り組んでいた頃のことだ。会社間の合併覚書調印の前に川又社長から話があり、そういう信頼関係にあった。川又社長や岩越社長時代に、私はどんな場所でも挨拶の中で経営批判などしたことは無い。それは、両社長とも経営協議会を企業の発展に必要な柱として重視しておられたし、経営の重要事項を事前（決定前）に協議していたからだ。経営問題について労使で話し合う場があるのに、他の場所で経営批判をすることは経営協議会の軽視であり、協議の大前提である労使間の信頼関係を損なうことになる。

◆昭和三十二年から四十八年まで社長を務めた川又さんは、高度成長の波に乗り日産を大きく発展させた。その一方で、川又さんが私たちに残した負の遺産も大きかった。労使協調の行き過ぎで、労組幹部の専横を許し、経営への介入を招いてしまったことだ。

◆川又さんは日本興業銀行の出身だったこともあり、日産社内での基盤は強くなかった。それが原因だと思うが、労組との関係を一つのよりどころにしていた。日産争議のときに日産労組に入った塩路君はやがて前任者を追い落とし、労組のトップとして川又さんを支えた。

経営側は労組の承認を得なければ何もできない。現場とりわけ工場はほぼ完全に組合が支配していた。工場の係長や組長の事実上の任命権は労組が持っていた。経営側は現場の人事に手出しができない。だから、係長も組長も会社の上司より組合幹部の方を向いて行動する。

◇「川又さんは興銀の出身だから日産社内での基盤は強くなかった」と言うが、銀行を頂点とする日本の産業構造の中で、銀行から派遣された経営者が社内の力関係で如何に強いかは、経理畑の石原氏は百も承知している。だから、昭和三十年に浅原社長たちを焚きつけて川又専務の排除を画策したのだ。

私は日産争議のときに日産労組に入ったのではない。争議の年に日産自動車に入社し、全自・日産分会を批判して日産労組の結成に参画した一人である。私は社会正義の実現を志して労組幹部になった。石原氏のように、前任者を追い落とすなど卑劣なことはやらない。

◇「経営側が労組の承認を得なければ何もできない」状態だとしたら、川又・岩越両社長時代（二十年間）の日産の発展はなかった。労使協議制度の活用が経営組織と職場に秩序をもたらし、活力を育んだからこそ、大きな成果を上げて来たのだ。

◇係長や組長の事実上の任命権は会社が持っている、辞令は会社が作って本人に交付するのだ。その際の組合の役割は、会社に公正な人事を行わせるための助言、監視役である。係長や組長が組合の方を向くのは当然のこと、組合によって守られている組合員なのだから。

係長会は争議後に開いた総会で、階級対立を否定し労使協力の理念に立つことを確認して、綱領の前文に「企業の第一線監督者であることを自覚し、職場における真の人間関係の確立に努め、日産労組の中核となり、企業（会社）と組織（組合）の発展に貢献することを誓う」と謳った。これは、係長たちが日産争議に巻き込まれた時の貴重な体験を踏まえて、現場監督者としての立場を明らかにしたものだ。

◆月間の勤務体制をどうするかも、組立ライン間の人員移動さえも、経営側は自由にできなかった。

川又さんの場合は、どんどん需要が増えていくから生産を増やさなければならない。そこで塩路君に「頼むぞ」と言えば、「はい、私がやりましょう」という感じで現場を押さえる。川又さんの時代、労組は経営に協力的だった。労働時間は短縮せず増産に協力するといったことを、労組が自ら考え、積極的に取り組んだ。その見返りに、労組は現場管理権を手に入れた。そうした積み重ねで、川又さんも否定できないほど、組合の力が大きくなってしまった。

◆次の岩越さんは川又さん以上に、労組を大切にした。「労組に推されて社長になった」という陰口も聞かれたほどだ。ただし、川又さんも岩越さんも、塩路君のやり方を好んでいたとは考えられない。ただ、行き過ぎた労使協調の中で、労組幹部が絶大な権力を保持し、社長でも手出しができなくなってしまった。そして、私はそうした先輩たちの負の遺産と格闘しなければならなかった。これは、日産という会社の歴史が、私に与えた役回りだったとも言える。

◇川又さんが生産に関して、私に「頼むぞ」などと言ったことはない。労働とはそんなに安直に扱えるものではないのだ。日産労組には組合長、工場には支部長がいる。その頭越しに職場に介入する話など、自動車労連会長といえども、やってはならないことだ。

川又社長の時代から、生産に関しては「生産体制事務折衝」という立派な労使間のルールがあった。生産に関わる諸問題を手順よく円滑に処理する手続で、石原社長になっても続けていたことだが、このことを「労組の承認がなければ、生産体制を変更できない」と言っている。つまり、「生産を労組抜きで自由にやれないのはおかしい」と彼は主張しているのだ。「現場管理権」というくだりも悪意のでっち上げだ。

「行き過ぎた労使協調」と言うが、川又さん岩越さんが社長の頃は、労使相互の信頼関係を基盤にした「労使協力」であって、単に調子を合わせればいい「協調」ではない。信頼関係は口で言ったり紙に書けば出来るものではない。私たちは、労使間の相互信頼関係を理想として、それを築くために長年努力し合ってきたのである。信頼は一度ウソをついたり約束を破ったりしたら失われるし、その復活は困難だ。それだけに、常に真剣で厳しい言動が求められる。お互いにそういうことを自覚し合って、団体交渉や経営協議会を積み重ねてきたのだ。

◇「私は先輩たちの負の遺産と格闘しなければならなかった。日産という会社の歴史が、私に与えた役回りだったとも言える」とは、石原氏が日産衰退の経営責任を他に転嫁し、不条理な私怨を晴らすために創作した虚構である。随分身勝手な口実を考えついたものだ。

◇あまりにも非常識な岩越社長非難を見て、石原氏の異常さが見える出来事を思い出した。昭和五十六年三月二十日午後二時から、岩越副会長の密葬がご自宅で行われた時の事だ。

祭壇をしつらえた部屋の廊下に接した庭に、川又会長、五十嵐副会長、その隣に私が並び、向かい合って川又さんの前に石原社長、その左に大熊副社長が並んでいた。進行係が「これからお別れを」と告げたとき、川又さんが「石原君、親しき友はお別れをするものだよね」と言われた。「そんなことはありません」と素っ気なく答えた石原氏に、「親しき友はお別れをするものだよ」と川又さんは重ねて言ったが、石原氏は無言だった。

困った川又さんは前の列の端にいた秘書の平戸女史に、「平戸君、親しき友はお別れをするものだよね」と声をかけたが、平戸秘書は顔をこわばらせて答えられない。私はこみ上げる怒りを抑えて、「会長、親しき友はお別れをするものです」と言った。川又さんは「そうだよな、五十嵐君、石原君、塩路君、四人でお別れしよう」と言って、直ぐに靴を脱いで棺の前に進んだ。石原氏は仏頂面で、最後に靴を脱ぎ部屋に上がった。

この話には続きがある。三月三十一日に青山斎場で岩越副会長の社葬が行われた。葬儀が始まる直前、控え室にいた私のところに、「石原社長がまだ来てないのですが、何かご存知ですか?」と新聞記者が訊きに来た。「知らない。秘書に訊いた?」と応えると、「訊いたけど、解らないんです」と言って、式場の方に戻っていった。

五分位して、その記者がまた私のところに来て、「いま社長宅に電話したら、メイドが『会社に行きました』と言う、秘書室に電話したら『会社にはいない』と言う、だけど社長は来ていない」と教えてくれた。社葬は社長が行方不明のまま行われた。その後、このことは社内で全く話題にならなかった、できなかったのだ。石原氏の恐怖政治が窺える出来事だった。

②労働組合のドン

◆川又さんや岩越さんとは違って、私は「経営への労組の介入は絶対に許すまい」と考えた。それに最も強く反発したのは、日産グループの自動車労連で絶対的地位を築いていた塩路君だった。日産自動車の経営と労組の関係を語るには、私と彼がどのような関係だったのか説明しておく必要がある。

これまで、「塩路君」と書いてきたが、本人は不満だろう。あるとき、憤懣やるかたない様子で、組合関係者に言ったそうだ。「石原さんに『塩路君』と呼ばれた。労使は対等のはずだ。社長と労連会長は対等なのだから、『塩路会長』とか『塩路さん』と呼ぶなら分かるが、君付けするとは、あの人はどういうつもりだ」。私が「塩路君」と呼んだのは団体交渉か何かの席だろう。彼が対等の立場にこだわっていたのは、私にも感じられた。どちらが上だとか下だとか言うのではないが、これは尋常ではない。私の方が年上だし、社歴も長い。「塩路君」と呼んで、礼を失しているとは思えない。どう考えても、塩路君は考え違いをしている。その考え違いは、長年の歪んだ労使関係に根差したものだ。

◇経営問題について労使が意見を交換し、政策の決定と遂行は経営者が行う、という経営協議会制度は、企業別に組織化されている日本の労働組合が、企業の生産性を向上するために経営に参画する一形態であって、経営への介入ではない。戦後の高度成長期に、欧米諸国から「日本的経営」として高く評価されたもので、日産の場合、激しい階級闘争で荒廃した会社の復興と将来の発展を目指して、労使が協力して生み出した企業文化である。石原氏がよこしまな個人的怨念をはらすために、これを「経営権の侵害」として難癖を付け、破壊してしまったことの方が、尋常ではない。

石原氏は、「塩路君」と書くための屁理屈をゴテゴテ並べているが、これは彼の方にこそ尋常ではない経緯があるからだ。「塩路君問題」の真相はこうだ。

昭和五十二年三月の賃金交渉のさなか、ある新聞に「石原副社長が『塩路君はまだ若いよ』と言った」という囲み記事が載った。その日、浦川人事部長と交渉の打ち合わせで会った時にこれが話題になり、「川又さんも私と二人で話すときは『塩路君』と言うことがある。それは先輩・後輩の関係だしかまわないけど、外では私は総連会長だし、自動車総連の中で『社長にクン呼ばわりされた』と言われちゃう。私も立場があるから、時と場所を考えて使ってほしいですね」という話をした。

私が頼んだ訳ではなかったが、浦川さんがこの話を石原氏に伝えた。すると、「それは悪かった。謝りたいので一席設けるから」と、浦川さん経由で日時・場所を指定してきた。

「その日はＩＭＦ・ＪＣの三役会議が夜九時頃まであるから、別の日を」と応えると、「それなら、新橋の吉川《きっかわ》で七時頃からマージャンしながら、何時でも待っています」という返事が来た。私は九時頃に着いて、和やかに飲みながら話をした。その時の石原氏は、噂で耳にしていたような傲慢な態度とは違って、極めて慇懃で慎重だった。

夜中十二時過ぎに、「何か食べに行きませんか」と浦川さんを誘うと、石原氏が「私も行きますよ」と言って、一緒に赤坂ＴＢＳの側にある小さな中華料理店「珍明」で食事をした。この数時間の会話から、私は、三カ月後に社長になる人と良い労使関係を作れるかも知れない、と少し期待を持った。

ところが、石原氏が社長になった直後、「塩路君と約束したら、五時間も待たされた」という話が雑誌に載った。二時間が五時間になり、しかも私が待たせた訳ではない。石原氏は油断も隙もならない人のようだ、と思った。

後日、新聞に囲み記事を書いた記者に「何故あんなことを書いたの?」と訊いてみた。彼は「間もなく社長になる石原さんに、『国際・国内で大活躍の塩路会長をどう思うか』と訊いたら、『塩路君はまだ若いよ』と言う。その言い方にちょっと引っかかるものを感じて、囲み記事にした」と。

昭和三十年から隠忍自重を続けてきた石原氏は、社長を目前にして浮いた気分があったのだろう。〝いよいよ恨みを晴らすときが来た〟と衣の下の鎧を記者にのぞかせてしまったのだ。そして、浦川さんから話を聞いた瞬間、二十二年前の事が脳裏によみがえって、「あの二の舞をしてはならない。塩路を下手に刺激して川又会長に何か言われたら、また社長の椅子が危ない。一刻も早く塩路に会わなければ」と、慌てて反応したのである。

だから、腫れ物に障るように私に接していた。その苦い思いの腹いせが、彼の「塩路君論」の中に込められているようだ。しかし、当時の私には、彼が気にするような意識は全く無かったのだが。

◆そのうちに、労組は私のすることにすべて反対するという方向へ進んだ。私が特に強硬な労働政策をとったわけではない。トヨタでもホンダでも行われている日本企業の常識的な労使のあり方を求めただけだ。しかし、当時の日産では常識が通らなかった。労組は私への反感を強め、増産や販売政策に非協力の姿勢を示した。「残業するな!」「休日出勤するな!」これには私もずいぶん手を焼いた。

◇社長就任と同時に始めた、周到に計画した数々の不当労働行為を棚に上げて、「特に強硬な労働政策をとったわけではない」とは、とぼけるにも程がある。石原氏のすることすべてに組合が反対していたら、日産は労使紛争でとっくに潰れていただろう。組合が会社のすることに抗議の姿勢を始めてとったのは、追浜工場で起きた死亡事故の時で、組合は石原氏の攻撃にさらされていても、増産や販売増に非協力の姿勢を示したことは一度もない。

私たちは、企業の安定と発展を図ることが労働者の雇用と生活を守るための基本条件であると考えるが故に、階級闘争を叫ぶ全自動車日産分会と対決して日産労組を結成し、経営側と議論を重ねて経営協議会制度を発足させた。長年に亘って組合員にそういう教育を続けてきた組合のリーダーが、増産や販売政策に非協力の指示を出したら、組合員の不信を買うだけだ。

③さまざまな妨害

◆労組による経営への介入や妨害はさまざまな形で行われた。五十四年にはナイジェリア、スペイン、イタリアのプロジェクトについて、労組が組合員の海外出張を制限してきた。事前協議が不十分だという理由だ。従来の海外プロジェクトでは、事前に労組の承認を得て、途中経過も労組に報告していたが、私が社長になって、労組を軽視したというのだ。プロジェクトは部課長だけで進めた。この辺りから、労組との関係はかなり悪化した。それにしても、労組は組合員の労働条件に関して会社と交渉する窓口である。出張は会社が業務命令を出して実施するものだ。出張を制限する労組はおかしい。そんなことがまかり通る会社もおかしい。恥ずかしいが、それが日産の実態だった。

◇「デタラメを言うのもいい加減にしろ」と言いたい。ナイジェリア・プロジェクト以外に、「組合員の出張を認めない」と言ったことはない。ナイジェリアは部品工業が未成熟の国で、乗用車を現地生産していたフランスのプジョーなどは、フランスから飛行機で部品を送らなければならないことがしばしば起きていた。フォルクスワーゲンも部品調達で苦労していた。組合が入手した情報では、ナイジェリアは折からの財政危機で国の経済破綻が危惧されていた。そこへ、会社がナイジェリア政府の補助金を当てにして、「二〇〇〇億円を投じて工場進出する」と言うから、「また巨額の借金が増える上に、極めて危険な投資だ。治安も悪く食糧事情にも問題がある。どうしてもやると言うなら、組合員の出張は認めない」と応えて、反対の意思を表明したのである。その後、組合が危惧した通り、ナイジェリアは財政事情の悪化から政府が補助金を出せなくなり、プロジェクトは立ち消えになった。
◆五十五年四月、米国への工場進出計画を発表した。米国進出に関しては、労組からは「なぜ乗用車でなくトラックなのか」とか、「UAW（全米自動車労組）のフレーザー会長との渡りをつけるから任せろ」とか、「候補地選定について意見を言わせろ」とか、あれこれ言ってきた。その揚げ句、塩路君はUAWまで行って日産を攻撃した。
◇石原氏らしい非常識な言い掛かりを並べているが、私は社長の経営政策の誤りを指摘しただけだ。米国への工場進出問題については、第三部第一章「日米自動車摩擦」と第二章第二節1で詳述したように、日産がトラックで米国に進出したから、乗用車で進出したホンダやトヨタに米国市場で大きく後れを取ったのだ。その結果経営が破綻し、身売りしたこの期に及んでも、その間違いが解らないと見える。

④販売会社への圧力

◆「残業させるな！」「休日出勤させるな！」。販売会社に対する圧力のかけ方はひどいものだった。販売会社の労使間に何かあるごとに、自動車労連のトップが「話しをしようじゃないか」と言ってくる。傘下に販売労組を抱え、日産本社の現場の人事権まで握っているような巨大組織に出てこられたら、小さな販売会社の経営者は怯んでしまう。一部の経営者は日産の車を一生懸命売る気を失った。「何とか食べていければいい、最小の利益が出ればいい」と思った。私は販売会社の社長たちと話したが、社長たちの多くは、私に賛意を表しつつ、労組ともうまくやろうという姿勢だった。とても、経営側が毅然として労組と対峙するという雰囲気ではなかった。それどころか、日産の営業部門が労組に気をつかい、「実はこういう事情があるから、労組の言うことを聞いてやって下さい」などと言う始末だった。

◇ここでも「残業させるな！」「休日出勤させるな！」と繰り返して言うが、販売会社にどうやって圧力を掛けたと言うのか。販労を通して自動車販売の実情をよく知る私は、販労の仲間を窮地に追い込むようなことは言わない。

その他にも石原氏らしい貧相な妄想を並べている。営業部の職制や販売店の経営者まで小道具に使って組合を非難しているが、自動車労連は販売の経営者からも良識ある組合として評価されていた。また、営業部門の職制はこのような言動はしない。社長室が組合との関係に目を光らせていて、直ちに左遷か社外に飛ばされることを知っているからだ。

◇日産労組は「産業の二重構造を打破する」ことを念頭に、販売・部品の労働者と協力して自動車労連を結成した。その後、販労も部労も全国の数ある企業別労組を単一組織にして、それぞれに強い交渉力と主体性を持っている。販売会社の労使間に何か問題があるときに、出て行くのは単一化した販労の組合長であって、自動車労連のトップが出る幕はない。労連会長の出番は、関連企業に関する政策をメーカー（日産）と話し合うときだけだ。

⑤英国問題の真実その一

◆塩路君はUAWとはある程度のパイプを持っていたが、英国との関係は薄かった。日産の海外戦略が英国にシフトするようだと、彼は影響力を行使しにくいと考えたのだろう。ただし、後から聞いた話によると、塩路君も英国進出に元から反対だったわけではないようだ。FSのチームに対して、「英国の労働問題は任せろ」と申し入れ、また、「欧州の金属労協に話をつけるから、立地も任せろ。そうしたら、英国進出に賛成する」と、条件をつけてきたというのだ。証拠はないが、信頼できる人物の話だから間違いないだろう。

◇自動車労組は英国も米国も日本も同じIMF（国際金属労連）の加盟組織で、共に私とは長い付き合いがあった。「後から聞いた話によると、塩路君も……」というくだりも、悪意に満ちたでっちあげ話だ。

⑥最後の二年の戦い

◆私は昭和五十八年六月に社長在任三期六年を終え、四期目を迎えることになった。「日産自動車のために、どうしてもやっておかなければならないことは何だろう」と考えた。

これまでの六年間、石原嫌いの労組がさまざまな妨害を仕掛け、それをはねつけて来ただけだ。海外プロジェクトで忙しく、国内に手をつけられなかった。労組の理不尽な要求や妨害をはねつけること自体が、私が社長になる前にはなかったことで、それに要するエネルギーは膨大なものだった。日産という会社の風土は、育ちがよく、スマートだが、従順でおとなしい。塩路君という非常に強烈で個性的な組合指導者に、多くの社員が従ってしまう。おかしいと思いながら、抵抗せずに従う。日産はそんな村落共同体だった。管理職人事にまで労組が口を挟み、人事担当者も言いなりになっていた。長年にわたって塩路君が構築してきた権力基盤は強固で、彼の顔色をうかがう役員も少なくなかった。新たに労担になった細川君に、役員の一人がこう言った。「まあ、塩路君とは、うまくやればいいんだよ」「懐に入れればすむのさ」。それは、米国も英国も塩路君にまかせてしまえ、（結果はどうであれ）波風が立たない、という意味だった。

◇貧相な塩路非難をでっち上げて労組攻撃の口実にしているが、史実は全く逆だ。石原氏が社長になった途端から、組合の外堀を埋める攻撃が続いた六年間だった。社長就任と同時に新設した「社長室」に『労組派職制リスト』を作らせ、それをもとに役員・職制を社外に出し、定期異動を行って来たのだ。日産のためではない、石原経営に唯一口を挟む組合を排除し、石原個人の独裁体制を確立するためである。

昭和五十八年六月は、石原氏が浦川常務を日産車体に出し、細川常務をその後釜に据えて、労組の本丸総攻撃の前に内堀を埋めるため、本社人事部の体制を整えた時だ。細川氏が労務担当になると、『フォーカス』の盗撮をはじめ、マスコミを悪用したスキャンダル攻撃が始まった。

⑦労使関係の正常化

◆昭和五十九年一月、写真週刊誌に、「日産の英国進出を脅かす塩路天皇の愛人」という記事が載った。これを機に、塩路君は組合員の信頼を失っていった。それでも塩路君が完全に退陣し労使関係が正常化するまでには、それから二年あまりを要し、その道のりは決して平坦なものではなかった。

細川君を労務担当とし、その下に人事、広報、生産管理などの課長クラスによるプロジェクトチームが編成され、正常化へのシナリオを吟味した。その結果、塩路体制が最も強固な工場の正常化に力を集中した。工場の正常化は、「会社としてやるべきことを、会社の意志で（労組の同意なしで）行える体制を実現する」ことが目標だった。

◇「塩路天皇の愛人」などと嫌らしい表現で『フォーカス』のことに触れているが、事の真相は先に述べた。彼がこのような虚言を繰り返せるのは、私が彼の書いた「詫び状」を外に公表しなかったからだ。公表すれば会社の大スキャンダルになり、日産車の販売は激減し、組合員の雇用に悪影響を及ぼす。雇用を守ることが労働組合の使命であると考える私は、組織内にも「詫び状」の公表を控えた。それでも、私に対する組合員の信頼は『フォーカス』によっていささかも揺らぐことはなかった。

そこで会社は、「怪文書の流布」「マスコミの悪用」「組合活動の妨害」など、なり振りかまわぬ不当労働行為を開始したのである。（第三部第三章第四節〜第八節参照）

◆六十一年二月の労組の大会で塩路退陣要求が出て、塩路君も日産の自動車労連会長退任の意向を表明した。このとき、彼は自動車産業の連合体である自動車総連の会長や国際自由労連の副会長を続投するつもりだったらしいが、また別のスキャンダル報道があったりして、三月には表舞台から去った。

労使関係に費やしたエネルギーは大きい。しかし、私はいくら傷が深くても、労組と戦ったことは正しかったと思っている。「労組とうまくやること」が何を意味したか、その場合に、日産という会社がどうなってしまったか、それを考えると、日産の未来のためには戦う以外に道はなかった。日産の労組は現在、ゴーン社長に協力して、会社の再建に挑んでいる。昔の労組だったら考えられないことだ。

◇六十一年二月は大会ではない、日産労組の代議員会だ。故意に違えたようだが、石原氏は九年に亘る組合攻略の仕上げとして、代議員会を最終の攻撃目標に選んだ。前年十一月に人事権を振りかざして三会の三役を入れ替え、続いて三会役員の教育を開始。一月に入ると全国八工場で、就業時間中に職制が一人ずつ部下の三会員（四〇〇〇人）を呼び、「塩路会長退任申し入れ書」に署名捺印を強要し、平行して写真週刊誌（フライデー）を仕掛けたのである（第三部第三章第七節第八節参照）。
◇「いくら傷が深くても、労組と戦ったことは正しかった。……、日産の未来のために戦う以外に道はなかった」とは、彼が社内でやってきたことを知る者が見ると〝盗人猛々しい〟言葉だ。石原氏は、どれだけ多くの愛社心に満ちた優秀な職制を、「労組派」とレッテルを貼って社外に出し、あるいは左遷したことか。それだけではない。デタラメな海外投資で多額の借財を重ね、それが連結で四兆二〇〇〇億円になるに及んで、日産は外資（ルノー）の手に落ちたのである。
石原氏は日産を愛するが故に組合と戦った訳ではない。私怨を晴らし、独裁体制を確立して脈絡のない海外戦略を強行するためだった。そのために石原氏が清水（春樹・日産労連初代会長）を抱き込んで破壊した自動車労連は、メーカー・販売・部品・関連企業の労働者が力を合わせて築いてきた、他に類を見ない精神的共同体であり、日産グループの求心力であった。それを失った今の日産労連は、ゴーンの言いなりで、傘下の労働者を守ろうとする使命感も力もない。

第五節　『ものがたり戦後労働運動史』（二〇〇〇年五月三十一日）

曲解の自動車総連会長辞任劇

昭和六十一年二月の日産労組代議員会と私の自動車総連会長辞任の経緯が、連合の社団法人教育文化協会が発行した『ものがたり戦後労働運動史』Ｘ（二〇〇〇年五月三十一日刊）の「企業の海外移転と労働組合」（二〇二頁）に次のように載っている。

「塩路は、日産自動車のイギリス進出などの問題をめぐって社長の石原俊と対立を深めていた。会社側が最終的に経営の専権事項として進出を決断しようとしたとき、塩路は記者会見を開いてみずからの意見の正当性を主張した。社長の石原は労使関係のルールに違反するとして、管理職グループをつうじて塩路批判を展開した。職場で労働組合をささえる監督者クラスからも、塩路の言動はやりすぎである、という意見が強まっていた。二月二二日には、日産労働組合の代議員会で役員退任をもとめる動議が確認された。その後、塩路は労働組合のすべての役職から退任した」

巧みな要約だが、三会が代議員会に出した動議、「塩路会長退任申入書」は代議員会で確認されなかった。また、日産の海外進出をめぐる石原氏との対立についても、事実と全く相違した記述だ。これでは会社側に立った解説である（第三部第一章第二節の5、第三章第七節参照）。

実は、これが原稿段階のときに編集委員の一人が私に見せてくれたので、内容が史実とは違う旨を運動史の事務局に伝え、代議員会議事録のコピーを添えて私の修正案を提出し、原稿の修正を依頼した。ところが一週間後に事務局から来た返事は、

「運動史の刊行委員、草野（忠義、自動車総連会長・後に連合事務局長）さんに伝えたところ、『代議員会の議事録もテープも見つからない。修正を認めるわけにはいかない』と言われました」と。

議事録もテープも見つからないのは、私の自動車労連会長時代の資料はすべて焼却されているからだ。それに、草野は代議員会に出席していたので、動議が確認されなかった一部始終を知っているのだ。

私に関する記述はもう一つある。『ものがたり戦後労働運動史』Ⅶの「全金プリンス自工支部の崩壊」だが、これも史実とは全く異なる内容だ（第二部第一章「日産・プリンスの合併」参照）。どちらも当事者である私に何ら確かめることなく書かれている。何故か。それは、刊行委員として草野忠義が関わっているからだが、歴史を編纂する人には、どんな理由があるにせよ、より正確な記録を残す義務があると思う。

第六節　全日産労組創立五十周年記念式典（二〇〇三年八月三十日）の問題

清水の四十周年に倣った歴史認識

二〇〇三年八月三十日に全日産労組創立五十周年の記念式典が開催された。カルロス・ゴーンを来賓として招き、西原浩一郎日産労連会長は次のような挨拶をした。

「もちろん全日産労組がこの五〇年の期間を通して、常に順調な発展を遂げてきたわけではありません。重要な歴史の転換期においては、挫折やつまずきも経験して参りました。特に十数年前には、組織内部の民主的なチェック機能の弱体化等により、労使関係や組織内部の異常な不信と対立を招くといった深刻な事態を引き起こしました。この出来事は、組織内に多くの重大な痛みをもたらしましたが、全日産労組は組合員の皆さんの良識でこれに対処し、歴史の中で培ってきた運動路線や労使関係の価値ある遺産を堅持しながら、これ以降の新しい流れを作ってまいりました。

私たちは未来を創造していくためにも、歴史を学ぶ必要があります。将来への希望と意欲があるからこそ、歴史に学ぶ必要があるのです」

これは、清水（春樹）の「四十周年特別講演」を鵜呑みにして要約したものだ。「歴史の中で培ってきた運動路線や労使関係の価値ある遺産を堅持し」というのもそうだが、今の日産の組合は、〝価値ある遺産〟を堅持どころか、放棄し破壊している。

清水の「組織内や労使関係上の傷や痛み」とか、西原の「組織内に重大な痛みを残した」という言葉を目にしたときに私の脳裏に浮かんだことは、私を支持したが故に降格・配置転換の憂き目に会い、給与を下げられ、あるいは販売店に出された人たちのことだ。会社が指示した「塩路会長退任要求」を真っ先に担いだ係長たちは課長に昇進した。それを黙認して居残った組合幹部が、〝傷〟とか〝痛み〟などという言葉は使わないでもらいたい。西原が常任委員になったのは私が労連会長を辞任する一年前だから、彼自身が労使間の対立論争の場に居合わせたことはない。異常な歴史をほとんど体験していない彼は、清水の話に倣う以外にすべはなかったのだろう。

また、清水の「四十周年特別講演」についても指摘したことだが、〝全日産労組五十周年〟というのも誤りだ。日産労組の五十周年である。全日産労組は四企業の労組を単一化して昭和三十六（一九六一）年に発足した組織で、六十三（一九八八）年には企業単位の労組に解体されている。正しくは、全日産労組という単一化した組織はもはや存在していない。

歴史に学ぶとは

西原は「歴史に学ぶ必要がある」と述べている。その通りだと思う。但し、それには正確な歴史に学ばねばならない。そして、その歴史を正しく理解する必要がある。しかし残念ながら、そのために必要な資料は労連には存在しない。書庫にあるべき日産労組結成以来の私の運動に関する記録も、労使間の交渉の議事録、テープなどの膨大な資料も、すべて焼却されてしまった。学ぶにも学びようがないのだ。私は「証言」を書き残すことの意義と義務を改めて痛感する。

労働組合のリーダーが如何に言葉巧みでも、一知半解の歴史認識で不誠実な言動を続けていたら、労組は組合員の信頼を失い組織は弱体化し、労働者を守ることはできない。私が期待するようなことは、今の日産の体制内で楽に生きることに慣れた幹部には不可能なことかも知れないが、それでも、〝労働組合なのだから〟と私は言いたい。

「運動路線の価値ある遺産を堅持し」と言うなら、自動車労連が昭和四十五年の第十回定期大会で「人間らしさと社会正義を求めて」を運動の基調として採択し、「基本綱領」の「社会正義を運動の基調とし、自由、平等、公正の実現に努力する」を基本に据えて、メーカー・販売・部品・関連企業の仲間が連帯し、誠実に進めてきたかつての労働運動を継承してもらいたい。

第七節　徹底した排除

突然届いた案内状

本書の冒頭、「はじめに」の中で、日産労連結成五十周年のOB会に関わる問題について述べた。要するに、日産労連は「会社が反対だから塩路を組合のOB会に呼べない」という姿勢だが、このような私に対する扱いを推測できる出来事が、この六年前に発生していた。外資の救済を得なければ倒産を免れない状態にあった日産が、ベンツに断られてルノーに救済されることがようやく決まった頃のことだ。

一九九八年の暮れに私は意外な差出人からの封書を受け取った。そこには、日産自動車労働組合横浜支部・執行委員長荒岡典昭の文字があった。今ごろ何の連絡かと訝りながら封を開けると、「平成十一年常任・執行委員OB懇親会開催のご案内」〔二月六日一八〇〇〜二〇〇〇 横浜国際ホテル〕という案内状が入っていた。

私は昔の仲間の意見を聞いてから出欠を決めようと考え、正月明けの一月十三日に横浜支部の常任OB十数人に集まってもらった。ここで言う昔の仲間とは、昭和六十一年一〜二月に、本社人事部長・労務部長の陣頭指揮で「塩路会長退任要求書」への署名運動が全工場で就業時間中に展開されたとき、一人ずつ部・課長の前に呼ばれて署名を強要されてもそれを拒否したために、私の失脚後に係長や組長の役職を外され、職場を替えられ、中には販売店のセールスに出された人たちである。

私に来た案内状を見せると、「会長への宛名は毛筆書きだけど、我々宛はボールペンで書かれている。横浜支部委員長はちゃんと意識して会長宛の案内状を出したようだ」と言われた。また、「以前の横浜支部常任OB会の時に、『何故塩路さんを呼ばないのか』と訊いたら、高坂さん（元日産労連会長）が『雰囲気が変わるからダメだ』と言っていた。だから、本部が承知しているのか疑問はあるが、ゴーン改革の時期だけに会長に対する現場の空気の表れかも知れない。支部委員長は本気のようだから、出席したらどうか」という意見も出た。荒岡氏のことを知っている者は誰も居なかった。

そこで私は、「もし出席すれば、一言挨拶を、ということになるだろう。そのときは、『ここは呉越同舟の集まりだから、お互いに言いたいことは山ほどあるだろうが、それは忘れて、今日ただ今から〈一つの心で拡がる幸せ〉を合い言葉に、常任OB会の団結を図ろう。そうすれば日産は回生できる。』という話をしたいがどうか」という提案をした。全員の了解が得られたので、回答期限ぎりぎりの一月十五日に出席の返事を出した。

（「一つの心で拡がる幸せ」は、昭和三十六年の全日産労組単一化大会のために作った標語で、その後自動車労連や各組合の大会・総会等でスローガンとして使われてきた）

懇親会取り止め

二十五日になっても何も組合からの反応がないので、OB会は予定通り開催されるのかなと思い始めていたとき、OBの仲田実君（元係長・横浜工場機関組立から部品検査に配置転換された）から電話が来た。

「横浜市議会議員選挙に立候補している佐藤候補の選挙事務所に陣中見舞いに行ったら、奥さんから『常任OB会が中止になったわね、何故だか知ってる？』と訊かれた。『知らない』と答えると、『塩路会長が出席することが解って、本部から中止命令が出たそうよ』と言われた」

という連絡だった。日産労組の本部では、どの名簿が宛名書きに使われたかが問題になったそうだ。追いかけるように、日産労組横浜支部荒岡執行委員長名の封書が私に届いた。封筒の宛名は、また筆書きである。

「過日ご案内申し上げました横浜支部常任・執行委員OB懇談会につきましては、当支部のやむを得ぬ事情により、その実施が困難な状況となりました。折角ご案内申し上げ、ご返事を頂いたところでありますが、この度のＯＢ懇親会については残念ながら中止とさせて頂くことを悪しからずご理解願えればと存じます。今回の不手際を心よりお詫び申し上げますと共に、今後の開催にあたっては万全を期し、改めてご案内申し上げます。

平成十一年一月末日」

とあった。開催日寸前の緊急中止である。私は荒岡君を知らないが、彼は私が写真週刊誌のスキャンダル記事で辞めたことは百も承知しているはずだ。その私に案内状を出したのは、彼なりの明確な意志によるものだろう。本部に相談せずに私に案内状を出したカドで、どんな処分を受けたのか。感謝の気持ちと共に申し訳ないことをしたと思ったが、私にはどうすることもできない。

その後、横浜支部常任・執行委員ＯＢ懇談会についてはずっと音沙汰が無く、中止後六年も経って、平成十七年四月二日に万全を期して開催された。万全を期すために、前もってリハーサルが行われたという。すなわち、ちょうど丸一年前の四月三日に、東京支部との共催という形で全日産労組創立五十周年「東京・横浜支部合同レセプション」が行われたのである。二支部合同の「支部別ＯＢ会レセプション」は前例がない。だから、横浜支部常任ＯＢの間では「監視付きのＯＢ会だ」と囁かれていたそうだ。これで、横浜支部は単独でＯＢ会を開催できるようになった。案内状を間違いなく出すための常任ＯＢ名簿が確定したからである。そこには勿論、塩路の名前はない。

この二支部合同のレセプションの日付を見ると気になることがある。全日産労組創立五十周年と銘打っての行事が平成十六年四月二日に行われていることだ。創立五十周年に当たる日は平成十五年八月三十日だから、年を越えての七カ月遅れだ。いまの日産の組合は、創立記念の日を疎かに扱うことを全く気にしていないようだ。ＯＢからは三千円の会費を取って後は組合費でまかない、ただ呑むだけの集まり。昔のような歴史を語り継ぐとか組織を強化するための会合ではない。

ＩＭＦ・ＪＣは顧問にせずＯＢも外す

ＩＭＦ・ＪＣは、私がＪＣ副議長を辞任（一九八六年三月）して以来、毎年末に開催する「顧問・三役懇談会」で「ＯＢ」という扱いを続けてきた。案内状の出席者欄には、まずＪＣ三役経験者の氏名が「顧問」として並び、一行明けて列外に、塩路一人が「ＯＢ」の肩書きで載っている。

私は、二〇〇五年連合大会終了後のレセプション（十月六日）の会場で、ＪＣ議長になった加藤（裕治・トヨタ出身）自動車総連会長に、

「今年も年末の『顧問・三役懇談会』の案内状が来たが、過去二十年間、私の肩書きはＯＢのままだ。三役経験者はみんな顧問なのに、副議長の経験が最も長い私が、何故一人だけＯＢなのか。あなたが議長になったのを機に、その理由を明らかにし、私の扱いを顧問にしてほしい」と申し入れた。

十月二十八日に、加藤ＪＣ議長から次の回答があった。

「顧問の資格は、ＪＣ三役経験者に対して、出身労組から特に異存がない限り、規約に基づいて付与される。そこで塩路さんの扱いについて、日産労連の幹部（萩原自動車総連事務局長、西原日産労連会長、草野連合事務局長）の意見を個別に訊いた」

加藤「塩路さんはＪＣの〝ＯＢ〟という扱いになっているが、ＪＣが〝顧問〟として遇するのが当然の

人だ。もう辞めて二十年も経っているので、今後どうするか?」

萩原「日産としてはそういう扱いをしてきた。自分の判断では何とも言えない」

西原「今の労連の中で当時を知っている人は少ない。当時の関係者の代表、草野氏の了解をとってもらいたい」

草野「日産の関係者の間には、わだかまりを持っている人がいる。相談するから時間をもらいたい」

そこで後日、得本さん（国際労働財団理事長・元自動車総連会長）経由で返事を聞いてもらうと、草野さんは、

「会社首脳（日産）が反対だから、塩路をJCの顧問にすることは了承できない」

とのことだった。以上の経緯から、

「JCは塩路さんを顧問にできない。そして、JCの規約に『顧問制度』はあるが、『OB』の規定はないので、今までが変則的な扱いであり、今回、塩路さんのOBという扱いは取りやめる」


《注》①加藤JC議長によると、この決定はJC三役会の議を経ている。従って、JCは公式に、塩路を元三役の扱いから削除したことになった。
②この二十年間は、当時JC議長だった中村（卓彦）氏（鉄鋼）が、日産労連の塩路排除に抗して、「OB」という扱いをしてくれていたのだ。

自動車総連本部専従者OB会

自動車総連は平成二十一年十一月、「自動車総連本部専従者OB会総会ならびに得本元会長を偲ぶ会の

ご案内」という、次の文面の葉書を関係者に郵送した。

自動車総連の元会長である得本輝人様が、本年四月にご逝去されてから約半年が経ちました。故得本元会長におかれましては、自動車総連本部専従者OB会の会長をお務め頂いておりました為、OB会三役体制の見直しが必要となっております。

つきましては、臨時にて総会を開催し、新役員体制を選出致したく存じます。

本部OB会開催に合わせ、新役員とOB会の皆さんを中心に、自動車総連副会長OBの方々にもご参加頂き、得本元会長を偲ぶ会を開催させて頂きたく存じます。

ご多忙のところ恐縮に存じますが、ぜひご出席賜りますようご案内申し上げます。

平成二十一年十一月吉日

自動車総連
会長　西原　浩一郎

記

日　時　平成二十二年一月二十三日(土)
本部専従者OB会幹事会　十四時〜
本部専従者OB会総会　十四時三十分〜
(ゆうらいふセンター大会議室)
得本輝人元会長を偲ぶ会　十五時三十分

（ホテルインターコンチネンタル東京ベイ）

これは私が受け取った葉書ではない。元自動車労連・販労の幹部に来たものだが、これを見た時に初めて解ったことがある。

自動車総連には「ＯＢ会」が無かった。作れば私を会長にせざるを得ないからだ。それが、いつの間にか「総連本部専従者ＯＢ会」というＯＢ組織を作っていた。塩路を総連のＯＢ会から排除するための工夫をした、ということだ。「本部専従者のＯＢ会」にすれば、私は入れない。総連本部の専従をやっていないからだ。

私は、昭和四十年に自動車労協を結成した時から議長をやり、引き続き四十七年の総連結成時から六十一年に辞任するまで会長を務め、二十一年間にわたって産業別組織の代表を務めてきた。総連に専従しなかったのは、傘下の自動車労連（日産グループ）の専従をしていたからだ。労線統一が民間先行で進み始めたので、労連は後継者に譲って総連の専従会長になろうと考えていた時に石原氏の組合攻撃が激しくなり、かつ無謀な海外プロジェクトが続き、これを放置できずに、切り替えのタイミングを失してしまったのだ。

さらに異常なことは、私を「得本元会長を偲ぶ会」からも排除していることだ。彼の活躍ぶりを詳しく知り、エピソードを添えて「忍ぶ言葉」を話せる者は、私をおいて居ないと思う。得本君は昭和五十一年九月から私が会長を辞任した六十一年三月まで、事務局長として私とコンビを組み協力し合ってきた。それは激動の十年間であり、国際的には日米自動車摩擦が激化し自動車産業が大きく変容した時期（輸出自主規制、対米工場進出）で、国内ではＪＣ四単産集中決戦や労働戦線統一への動き（進める会、全民労協）など、自動車総連が純中立グループとして貴重な役割を果たした時期だった。

得本総連会長は私が失脚してからも、時折私を食事に招くなど先輩ＯＢとして遇してくれた。総連が私をＯＢから外し始めたのは、得本君の後、日産出身が総連の会長になって以降である。

終章　多国籍企業問題と日本の課題

GMの破産

二〇〇九年六月一日、創業（一九〇八年）百年のGM（General Motors）が遂に連邦破産法十一条を申請した。オバマ米大統領は直ぐさま「GMの利害関係者は信頼に足る達成可能なプランをまとめた。米政府は（再建を）支援する」との声明を発表、GMはアメリカの国有企業として再生されることになった。

私はこれを見た時、昔ヘンリー・キッシンジャー国務長官が「自動車は米国の『総合安全保障』に関わる産業だ」と言われたことを思い出した。第一次オイルショックの後、日本の小型車の対米輸出が急増し、ビッグスリーの生産が年一〇〇〇万台から五〇〇万台に激減、UAWの組合員及び関連産業を加えたレイオフが約五〇万人となり、日米自動車摩擦という言葉が飛び交っていた時である。

このGMの救済について、日本のマスコミは「米国の保護主義化」、あるいは「社会主義化」を懸念する論評をしていたが、これをもたらした日本企業の問題点については一言も触れていない。それは、日本の自動車企業の不公正（Unfair）な多国籍企業活動の問題であり、われわれが考えるべき今日的重要課題である。

この問題について、二〇〇六年五月、IMF（国際金属労連）がインターネットに「グローバル・キャンペーン」を載せた時に、私は海軍同期の「五十六期々会々報」に次のような所感（①②）を載せた。

①トヨタに象徴される日本企業の米国進出

米国市場で日本車の快進撃が続いている。すでにフォードを抜いたトヨタは、今年度はＧＭも抜いて一位になると予測されている。昨年度（二〇〇五）の日本車の販売は、米国で五六〇万台（現地生産三四〇万、輸出二二〇万）、日本国内はそれより少ない三四〇万台。これは軽を除くトヨタ・ホンダ・日産の数字だ。

トヨタは好調な北米販売を支えに、純利益が四期連続で過去最高を更新した。そのトヨタの先行投資が凄まじい。二〇〇七年三月期の設備投資額は、前期並みの一兆五五〇〇億円、三期連続で一兆円を越えている。来年は生産台数でも世界一になるかもしれない。これらの日本勢好調の報道と平行して、ＧＭ・フォードの工場閉鎖のニュースが続いている。

このような報道を見て日本人は何を感ずるのだろうか。「トヨタは凄い、日本は凄い」と誇らしく思うのだろうか。私はこれらの報道を見るたびに、胸が塞がる思いがする。その都度、〝ＵＡＷ（全米自動車労組）の組合員がまた失業する〟と思うからだ。さらに、労働組合を排除しての海外生産の拡大は、世界の平和な発展を脅かす行為であるからだ。

トヨタだけではない、ホンダも日産も同様に米国でボロ儲けして、ビッグスリーは後退を続けている。その市場は、アメリカの若者が身命を張って守っている国である。その米国で販売を増大し、南部の州に工場を増設してＵＡＷを排除している。昔一六〇万人いたＵＡＷの組合員は六三万人に減った（二〇一〇年現在三五万人）。

トヨタは、「次期大統領候補ヒラリー・クリントンの地盤、アーカンソー州にグループ企業の工場を建設する」と発表した。「貿易摩擦の芽を早期に摘み取るためだ」と言う。記事を書いた日本経済新聞もトヨタも本気でそう思っているようだが、見当違いも甚だしい独りよがりだ。米国の南部で低賃金の未組織労働者を使ってUAWを駆逐し、北部でUAWの組合員を失業させることを、貿易摩擦対策と言えるのだろうか。

私が昔「乗用車工場の対米進出」を提唱していた時は、UAWが組織化することを前提にしていた。しかし、私が会長を辞任（一九八六）したら、自動車総連（JAW）はUAW排除に路線を転換してしまった。私が辞めた後、UAWから総連に次のような手紙が来た。

「米国にあるフォルクスワーゲン工場の組織化に関して、我々はドイツ金属労組と協力協定を結んだので、そのコピーを送る。日本の在米自動車工場の組織化についても同様の協定を結びたいので、今度JAWの大会で日本に行くときに協議したい」

ところが自動車総連は、労組の国際連帯として当然受けるべきこの提案を、けんもほろろに拒否してしまったのである。これで、総連結成以来続けてきた日米自動車労組間の定期的な交流が途絶えることになった。

昨二〇一一年七月に開催されたAFL—CIOの創立五十周年記念大会では、一三〇〇万人から八労組六〇〇万人が脱退するという衝撃的な事態が発生した。組合員半減の主要な要因は、活動の中心的な役割を担ってきた自動車や電機などの組合が、日本企業の進出によって組合員が激減し、AFL—CIOの政治的影響力が弱体化してしまったからだ。五十年前にAFL（職能別組織）とCIO（産業別組織）が手を結んで、米国資本主義社会に正義を育成しながら築いてきた産業文化を、トヨタやホンダや日産など日本企業の労使が破壊しているに等しい。

この大会では、もう一つ重大な決定があった。それは、スウィーニー会長が開会冒頭の挨拶で、「組織化が最大の課題である」として、その主要ターゲット四社の一つにトヨタを挙げたことだ。これは日本でも大ニュースになる筈の問題なのに、マスコミはおろかJAWも連合も全く取り上げていない。日本企業が稼ぐためなら、進出先国で何を引き起こそうと気にしない、ということでいいのだろうか。

②ＩＭＦ（国際金属労連）のグローバル・キャンペーン

平成十八（二〇〇六）年五月十九日、日本のマスコミが報道しなかった重大ニュースがインターネットで世界に流れた。ＩＭＦがノルウエーの首都オスロで執行委員会を開き、「フィリピン・トヨタは直ちに解雇者一三六名を復職させよ」と世界にキャンペーンを張ることを決定、その内容をＩＭＦのウェブサイトに載せたのである。

欧米諸国だったら社会的に問題になっていると思われる事件だが、日本ではＪＣも連合も全く反応を見せなかったし、マスコミも取り上げていない。ただ、非連合系の独立労組が「フィリッピン・トヨタ労組を支援する会」を作り、資金カンパなどの支援活動を続けていた。問題の経緯を「ＩＬＯ結社の自由委員会」がフィリピン政府に出した勧告書で見てみよう。

事の起こりはこの六年前（二〇〇〇年）に始まる。まず、ＴＭＰ（トヨタ・モーター・フィリピン）で団体交渉権確認の全員投票が行われ、賛成五〇三、反対四四〇で唯一団体交渉権が確認された。それを、会社が「未開票が一〇五票ある」と仲裁官にその無効を訴えたのだ。労組側は「一〇五人は管理者で投票権はない」と反論。その結果は、仲裁官が「一〇五票は無効であり、ＴＭＰＣＷＡ（Toyota Motor Philippines Corporation Workers' Assosiation）は団体交渉権を持つ唯一の組合である」と裁定した。

そこで、労組は会社に団体交渉の申入書を提出したが、会社はこれに回答を出さずに、労働雇用省長官に対して、却下された団交権承認投票結果の再審査を申請した。長官室が「二〇〇一年二月下旬に公聴会を開く」旨を両当事者に通告すると、組合は会社に「公聴会及び集会に参加するため一部組合員は職場に出勤しないが、代わりに休日出勤する」と提案して、公聴会当日、雇用省前で抗議集会を開いた。

三月中旬、労働雇用省長官も「ＴＭＰＣＷＡは唯一団体交渉権を持つ組合である」と裁定を下したが、同日、会社は「執行委員を含む労組員二二七名を解雇、六四人を三十日間停職処分にする」と発表したのである。

この問題は二〇〇三年二月にＩＬＯに提訴され、「結社の自由委員会」は、「二〇〇一年二月の行動は違法ストとみなされたとしても、関わった労働者の解雇という深刻な処分を考慮し、二二七名の労働者の復職の可能性に関し、政府が組合活動による差別を排して議論を開始することを要請する」とフィリピン政府に勧告書を出した。

二〇〇四年十一月、ＩＭＦはＪＣと自動車総連に対して、「ＩＬＯの勧告に基づき、ＴＭＰＣＷＡメンバー二二七名の復職を求める動きに同調するよう」要望してきた。しかし、ＪＣ、自動車総連は「日本の対立組織（非連合系）と共同する組織とは連携できない、復職はＴＭＰに混乱を招き、フィリピン労働者の利益にならない」と回答した。

二〇〇五年五月から、ＩＭＦマレンタッキ書記長の要請で、ＩＭＦ・ＪＣ議長（電機）、自動車総連会長（トヨタ）、トヨタ労組委員長及びＴＭＰＣＷＡ代表の五者が、マニラと東京で五回に亘り協議を続けた。しかし、日本側三労組が経営側の主張を支持する立場を取ったためにラチが開かない。怒ったマレンタッキ書記長は、ＩＭＦの執行委員会をオスロに招集して、トヨタをグローバル・キャンペーンのターゲット（標的）にすることを決めた。

実は、ＩＭＦ本部が日本の加盟組織（ＪＣ）に対して公に問題を提起したのは、これが初めてではない。ＩＭＦの季刊誌『メタルワールド』の二〇〇五年秋季号が、「フィリッピン・トヨタは二〇〇〇年以降、労組の認証を拒否し続けているが、ＩＭＦは日本の加盟組織と協力して解決に努めている」と報じ、さらに「インド・ホンダは昨年、組合結成に関与した五〇人の労働者を停職にし、組合幹部を解雇して労働組合を承認せず、これに抗議した三〇〇〇人のデモ行進に官憲が暴力的に介入、七〇〇人が負傷し六二人が逮捕された」と、激しい衝突のカラー写真を掲載していた。トヨタだけではない。日産、ホンダなど日本の海外進出企業は同様の行動を犯しているのだ。同号の《巻頭言》には、マレンタッキ書記長の「Time for a change in Japan」（日本の変革の時）を載せており、そこには次のくだりがある。

「〝良好な労使関係〟はこれまで日本企業の哲学である。その模範的な形は、組合が会社の利益の重要性を認めると、会社はそのお返しに組合を認め尊重する。これが、日本が長い間享受してきた社会的経済的発展の基礎であった。日本の多国籍企業が、自国ではこのような方針を実践していながら、海外の工場や事業所で働く労働者にそれと同じ条件を認めることを大いに渋っていることは、理解し難く容認できないことだ」

こんなことを機関誌に書かれても、ＪＣにはいささかも動ずる様子が見えない。事の是非を判断する基準が欧米とは明らかに違うようだ。私は昔から感じていることだが、日本の企業別労働組合には、欧米労組の常識である「社会正義」という理念が乏しいからだと思う。

多国籍企業問題に対応する国際的な努力

ＩＭＦの「グローバル・キャンペーン」が持つ意味を理解するためには、これまで国際労働運動やＩＬＯなどの場で行われてきた議論や努力の跡を振り返る必要がある。

すでに第四章「私とＩＬＯ」で触れたように、ＩＬＯは第二次世界大戦のさなかに米国のフィラデルフィアで第二六回総会を開催し、それまで蓄積されてきた知識と経験を踏まえ、平和の実現に向けた熱い願いを込めてＩＬＯの目的を再確認し、加盟国が政策の基調となすべき原則に関する宣言、「フィラデルフィア宣言」を採択した。

そこには、「①労働は商品ではない、②表現および結社の自由は不断の進歩のために欠くことができない、③一部の貧困は全体の発展にとって危険である、などの、ＩＬＯ活動の根本原則が謳われた。

ＩＬＯはこの原則を踏まえて様々なＩＬＯ条約を策定し、国際公正労働基準として加盟国による批准を求めてきた。しかし、途上国の批准は遅々として進まず、労働条件の改善はあまり進まない。そこでＩＬＯでは、一九七〇～八〇年代にかけて国際貿易における「公正労働基準」の扱いが問題になり、先進国と途上国との間で「公正」とは何かをめぐって意見の対立が続き、やがて、基本的なＩＬＯ条約を「社会条項」とし、その批准・適用を貿易上の条件とすることを求める動きが先進国側から出てきた。この難題に加え、増大する多国籍企業の活動が活発化するにつれて、進出先における反労組的活動が各地で目につくようになった。このような状態に危機感を強めたＩＬＯは、九四年以降、国連社会サミットやＷＴＯ閣僚会議に働きかけるなど懸命の努力を続けた結果、九八年（平成十年）の総会で「労働における基本的原則及び権利に関するＩＬＯ宣言」を採択した。

「宣言」は、ＩＬＯ創設の精神とフィラデルフィア宣言を再確認した後、

「すべての加盟国は、問題となっている条約を批准していない場合においても、機関の加盟国であるという事実そのものにより、誠意を持って憲章に従い、これらの条約の対象となっている基本的権利に関する原則、すなわち、(a)結社の自由及び団体交渉の効果的承認（八七号、九八号）、(b)強制労働の禁止（二九号、一〇五号）、(c)児童労働の実効的廃止（一三八号、一八二号）、(d)雇用・職業の差別の排除（一〇〇号、一一一号）を尊重し、促進し、かつ実現する義務を負うことを宣言する」

と、中核的労働基準の遵守を加盟国に訴えている（日本は一〇五号、一一一号、一八二号を未批准）。

多国籍企業問題に対する国際労働運動の動きを見ると、一九六〇年代の半ばから、国際自由労連（ＩＣＦＴＵ、現在の国際労働組合総連合ＩＴＵＣ）やＩＭＦ（国際金属労連）などの国際産業別組織が真剣に対応を模索し、ＩＬＯの活動にも問題を提起しながら、組織としての具体的な対策を講じてきた。

日本でも昭和四十八年七月に、ＩＭＦ・ＪＣの鉄鋼・造船・電機・自動車が「多国籍企業問題対策労組会議」を発足させ、その後、合化労連・全織同盟・全化同盟と共に「多国籍企業問題対策労組連絡会

議」を結成して、多国籍企業の行動が引き起こす悪影響を排除し、日本企業の投資先の組織化や正常な労使関係の確立、労働条件の改善などを促進するための活動を始めている。

そして自動車総連は、その三カ月後の十月に日産・トヨタの「世界自動車協議会」（World Auto Council）を結成、日産とトヨタの多国籍活動に対する組合としての態勢を整え、その後、ホンダ、マツダ、三菱も「世界自動車協議会」を結成、ＩＭＦ本部と連携を取りながら、ほぼ隔年で各「世界協議会」を開催し活動を進めてきた（第二部第二章第四節参照）。

しかし、残念なことに私の失脚後、「多国籍企業問題対策労組連絡会議」や「世界自動車協議会」の活動は衰退し、形骸化していったようだ。

ＩＭＦは「労働における基本的原則及び権利に関するＩＬＯ宣言」の採択を受けて、「多国籍企業とＩＦＡ（International Framework Agreement）（国際枠組協約）を締結するよう」加盟組織に指針を出した。私は、自動車総連が結成した「世界自動車協議会」がそれぞれにメーカーと協約を結べば良いのではないかと思っていたが、全く動きがない。

しかし、欧米労組（ドイツ金属労組や全米自動車労組など）は直ちに行動を開始し、ダイムラー・クライスラーとその国際労働組織代表（二〇〇二年九月）、フォルクスワーゲンとその世界労組協議会（二〇〇二年六月）、ＧＭヨーロッパと欧州従業員協議会（二〇〇二年十月）の間で協約が結ばれた。ダイムラー・クライスラーのＩＦＡは、「たとえ法律で『結社の自由』が保障されていない国においても、これを付与する」と明記し、多国籍企業が犯してきた最も重大な問題点の克服を極めて明確に規定している。

ＩＭＦ・ＪＣ、自動車総連の取り組みと日本の課題

日本のＩＭＦ加盟組織であるＪＣはどのような取り組みをしているのか、ＪＣが発行した季刊誌『ＩＭＦＪＣ二〇〇四年春季号』（二七五号）を見ると、

「ＩＭＦの提唱する企業行動規範（ＣＯＣ）（現在、ＩＭＦはＩＦＡ「国際枠組協約」と呼称）、すなわち『海外事業展開に際しての労働・雇用に関する企業行動規範』を、個別企業労使で締結する取り組みを再度展開している」とある。

「国際枠組協約」と言うのに、なぜ〝個別企業労使で締結〟としたのか、なぜ〝多国籍企業との締結〟としないのかは疑問だが、ＪＣは二〇〇〇年七月に、個別企業での締結を目指す最終的な案文「海外事業に際しての労働・雇用に関する企業行動規範」を策定して、九月にその関連資料集を発行した。そして、日経連や経団連との懇談や金属産業労使会議などで「企業行動規範」について説明し、理解を求めた。

ところが、日経連はこれに応えて、「企業の行動規範は本来的に経営権に属する事柄で、企業が主体的に作成するものであり、労使で作成する性質のものではない」との見解を発表した。

経営者側は「労働・雇用に関する企業行動規範は労使で締結すべきものかどうか」「画一的な行動規範を作成することは、実際問題として可能でもない。各社の責任において固有のものを作成することが望ましい」と反論して、個別企業における締結はおろか、ＪＣ傘下の多国籍企業におけるＩＦＡの締結も、十年経って一歩も進んでいない。

この取り組みを開始した時期は、先に述べたフィリピン・トヨタの労組抑圧に対するＩＭＦのグロー

バル・キャンペーンと重なっている。あるJC議長は「進出先工場の組織化は、国際競争力が弱体化するから反対だ」と言っていたが、JCの基本姿勢に問題があるように思う。

この問題に対するJCの取り組みを見ると、海外日系企業の良好な労使関係作りに努めている。しかし、果たしてそれで、日本の労働組合として国際的な役割を果たせるのだろうか。

「IMF・JC二〇一〇秋季号」（二〇〇号）の特集記事、「海外日系企業の健全な労使関係の構築に向けて」の中に、その取り組み姿勢が窺えるレポートが載っている。

それは、「アジアの金属労働組合が抱える課題～第3回アジア金属労組連絡会議での議題から～」と題する、IMF・JC野木正弘事務局次長（国際局長、トヨタ出身）の記事だが、その中に「多国籍企業労働組合ネットワーク構築・組織化・連帯」の小見出しで、次の記述がある。

「マレーシアからの参加者が『多国籍企業の親会社の労働組合は、各国労組のニーズに従って主体的にネットワークを構築しなければならない。IMF・JCは一九七〇年代には、マレーシア国内の子会社で発生した問題の解決のために日本の親会社に接触し解決してくれたが、もはやIMF・JCは親会社に影響を及ぼすことが出来ない』と発言した。

これに対し筆者は、具体的にIMF・JCの何を問題視しているのか説明を求めた。すると彼は、最近の多国籍企業における労組認証問題を指摘し、日本だけではないが多国籍企業が組合の設立を妨害するケースがある、と発言した。しかし、これは現地労働法の問題であり、IMF・JCの問題ではない。

西原IMF・JC議長（日産出身）は『IMF・JCはこのアジア金属労組会議の開催をはじめ、アジア全体の労働運動強化のために取り組みを行っている。JCの活動にも課題はあるし、完璧ではない。そ

れについてはオープンに議論し必要に応じ見直す用意はある。しかし先ほどのような、ＪＣの努力を否定するような発言には、ＪＣ議長として強く抗議する』と発言した。このやりとりが象徴するように、ＪＣがアジア全体のために果たしている役割、実績はアジアの加盟組織に必ずしも正当に認識されていない」

アジア会議における議論がこの通りだとしたら、私はマレーシアからの参加者に軍配をあげたい。

「親企業の労働組合は各国労組のニーズに従って主体的に……」という主張は正しいと思うし、「ＪＣは一九七〇年代には、マレーシア国内の子会社で発生した問題の解決のために日本の親会社に接触し解決してくれた」との発言は、そういう史実を先輩から聞いての話ではないかと思われる。つまり、

これは「日産世界自動車協議会」の活動として実際にあった事で、自動車労連（日産労組）は親企業労組として、タイ・マレーシア・台湾などでその役割を果たしていた。それを認識しているのは日産協議会メンバーであり、その歴史を知らないのは現在のＪＣ、ＪＡＷの幹部だからだ。また、「多国籍企業が組合の設立を妨害するケース」は、現地労働法の問題ではない、ＩＭＦ・ＪＣ（親企業労組）の課題であると思う（第二部第二章第四節「世界自動車協議会」、第五章「多国籍企業問題対策労組会議」参照）。

自動車総連は、ワーゲンやダイムラーと同様に、トヨタ、ホンダ、日産などの「世界自動車協議会」が親企業の経営側とＩＦＡの交渉をすべきだと思うのだが、なぜか鳴りをひそめて動かない。米国をはじめ海外の工場では、自由で民主的な労働組合の結成を忌避し続けるつもりのようだ。

私は全民労協（全国民間労組協議会）が結成（一九八二・一二・一四）されたときに、当時の日本の産業情勢から、〝日本の多国籍企業問題への対応策は、五年後に結成する連合の主要課題にすべきだ〟と考えていた。志半ばで失脚し、連合に提言できなかった事だが、一言その理由を述べると、経営者に弱い企業

別労働組合の限界にメスを入れるという、連合運動の基本に関わる問題になると思うからだ。

それは、日本の労組幹部の意識に基本的な変革を問うことになる。活動の範囲を企業内の正規労働者に限定している日本の企業別労働組合に、非正規労働者のこと、下請け関連企業の労働者や社会の問題、さらには海外工場労働者の組織化問題も、守備範囲として真剣に取り組むことが労組の義務であるという自覚が生まれない限り、解決の糸口が見えない問題なのだ。

ＥＵのＣＳＲ政策

ＥＵ（欧州連合）が発行している季刊誌「ｅｕｒｏｐｅ」二〇一〇秋季号に、「企業の社会的責任」と題して次の説明が載っている。

「世界最大の経済圏である欧州連合（ＥＵ）は、「企業の社会的責任」（ＣＳＲ）においても政策を作り、社会的対話、域内外の企業の支援を通じて世界の一歩先を進んでいる。社会の持続的発展と自社の成長を共に実現する事業活動を積極的に奨励することを主軸に据えたＥＵのＣＳＲ政策は、現下の経済不況に対するＥＵの対応、ならびにＥＵの新経済成長戦略「欧州二〇二〇」の一端を担っている」。

ＥＵは二〇〇〇年に経済成長十年計画として「リスボン戦略」を採択し、ＣＳＲ（企業の社会的責任 Corporate Social Responsibility）に関する、次のような概念を作成した。

「ＯＥＣＤの多国籍企業行動指針やＩＬＯの国際労働基準といった国際規範は、それぞれ異なる問題に対応したものであるが、これらはＣＳＲにおける原則と価値の中核をなすものであり、企業がＣＳＲを実践するに当たって重要な土台になっている。ＣＳＲは欧州の『社会的市場経済』が健全であるためには不可欠である」

『リスボン戦略』は、ＥＵを①持続的な経済成長が可能で、②より多くのよりよい雇用と一層の社会的結束力を備えた、③世界で最も競争力と活力のある知識基盤型経済圏にする、ことを目指したものだ。

ＥＵは「企業が社会問題解決に尽力するＥＵの戦略」として、次のようにも述べている。

「ＥＵの執行機関である欧州委員会は、ＣＳＲを次のように定義した。即ち、『企業が自主的に、その事業活動または利害関係者との関わりの中に、社会および環境への配慮を組み込むもの』という概念である。つまり、企業が最低限の法的要件や団体協約の義務を越えて社会的問題の解決に対応する、ということだ。

企業が公益に尽くすための自主的な取り組みは、経済と社会と政治の協力が必要である。こうした取り組みは、政治的手段や法令という既存の政策ツールに取って代わるものではないが、社会的目標を追求するものであり、その達成に大きく貢献することができる。従って、ＣＳＲは社会的市場経済の新しい形態であるとも言える」

「公共政策の役割は、企業のＣＳＲ活動を支援すると共に、社会が経済に対し一層の責任を果たすことを求めるよう促すことにある。

ＣＳＲの実践は、労働市場の統合進化や社会的包摂の向上、天然資源のより合理的な使用や公害の軽減、人権尊重・環境保護・中核的労働基準のより一層の尊重、および貧困の削減などの、さまざまな公共政策の実現に貢献する」

「経済危機との関連から見ても、ＣＳＲはこれまで以上に重要な意味を持つ。何故なら、ＣＳＲが欧州の『社会的市場経済』が健全であるために不可欠な、企業への信頼の確立および回復に役立つからである」

ＥＵがこのように、ＩＬＯの「労働における基本的原則及び権利に関するＩＬＯ宣言」を正面から受けとめ、二十一世紀の経済戦略として取り組んでいることを、日本の政・労・使は真剣に考え、企業の多国籍活動のあり方と日本の経済戦略を策定してほしい。

ＥＵの前身であるＥＣ（European Community）（欧州共同体）の創造には、労働組合が参画していた。私がＩＬＯ理事の時に親しくしていたフランスの労働側副理事ルーエ氏は、その後ＥＣの社会経済委員会の事務局長になった。ＥＣの副委員長の一人はドイツＤＧＢ（ドイツ労働総同盟）の出身だった。つまり、現在のＥＵの活動には労働組合の意見が色濃く反映しているのである。

生活者優先の社会的市場経済

ＥＵのＣＳＲ政策の中に「社会的市場経済」の文字があるのを見て思い出したことがある。古い話だが、一九五七（昭和三十二）年、ドイツのルードヴィッヒ・エアハルト経済相（後に首相）が日本政府の招聘で来日した時のことだ。日本はまだ戦後の復興に四苦八苦していたが、同じ敗戦国でしかも国土が焦土と化したドイツは、一九五一年から奇跡の復興を遂げつつあった。その秘密を知りたい、というのが招聘の理由である。

「社会的市場経済」はその時の講演で始めて耳にした戦後ドイツの経済政策だが、講演後の政財界人との懇談会で「日本に何か助言を」と求められたエアハルト氏は、

「日本はもっと給与を上げて、消費者を大事にすることをやってみてはどうか。経済成長の成果を、

あらゆる人に公正に分かつことが望ましい」と答えた。

ところが、これを聞いた日本側の反応は、「いらぬお節介だ。日本の生産力はドイツより遅れているし、そんなことをやる余裕などない」というものだった。

当時の日本の識者たちの認識は、「いたずらに消費生活の向上を望んだり、八時間労働を求めたりすることは、貧乏人が金持ちの生活を真似るようなもの」というものだったが、エアハルト氏の発言の背景には、「国民の生活水準を抑えてまでも生産や輸出を伸ばそうとする、不思議な国ニッポン」というイメージがあったそうだ。

この対照的な相違は、両国の戦後の経済政策が全く異なっていたことに始まる。日本は戦時中の統制経済を戦後も継続した。しかし、ドイツは戦時中の統制経済を完全に撤廃したのである。

日本の場合は産業の復興・発展を何よりも優先する政策をとった。国民生活の向上や労働条件の改善は後回しにして、生産力の強化を最優先させ、輸出産業を保護育成して国際競争力の強化を図ってきた。外国製の方が安くて良い製品であっても、統制して高い関税をかけ、国民の消費生活の向上を後回しにした。輸入品に代わる国産品を作ることを奨励して、輸入をできるだけ抑え外貨を節約し、ようやく稼いだ外貨は工業化に使った。

かくして、日本は経済大国になって久しいが、労働時間の短縮は経済が発展した割にはあまり進んでいない。年間実労働時間は千八百時間（三十人以上の事業所統計）である。

ドイツは戦後、経済の統制を撤廃することが国民の福祉につながるという考え方を基本に据えて、「社会的市場経済」という手法で戦後の復興・発展を図ってきた。「生活者優先の自由経済」ということで統制を撤廃したから、外国の製品がどんどん入ってくる。価格的、技術的に優れたもの、安くて良いものをどんどん輸入した。ドイツの市場でドイツ製品に勝るものがあればその国に任せよう、という国際分業の考え方が徐々にドイツの産業構造に浸透していった。そこには、「ドイツ経済は隣国と共にある」というルードヴィッヒ・エアハルト氏の哲学がある。

ドイツの時間短縮は貿易摩擦を避けるために進められた。中小企業でも週三十五時間、年間一千五百時間を一九九〇年代に実現した要因はここにある。戦後のミラクルと言われた経済復興とその後の発展は、公正貿易に努めることで達成されたのである。

生活者優先の「社会的市場経済政策」はＥＣ（欧州共同体）の創造と無縁ではないし、それは今日の欧州連合に受け継がれている。

日本がいまだに戦後の復興期と同じような会社第一主義で、「国際競争力の強化」を親企業の労使が大合唱してリストラをやり、コストダウンで下請けを泣かせ、非正規労働者をつくり、労働組合は賃上げも時短も控えるというパターンの繰り返しで、日本の将来はあるのだろうか。産業優先で働く者を疎かにしてきた日本経済の体質からどうしたら抜け出せるのか、いまや労働組合の社会的役割が大きく問われていると思う。

エアハルト氏は、「経済発展を主導するただ一つの尺度は生活者の視点だ。われわれは普通の人々の富と福祉の向上に努力すべきで、経営者の立場を強くしてはならない」と言われた。私は自分の労働運動を振り返りながら、二十一世紀の日本を考えるときに、この言葉が思い出されてならない。

参考資料

『基調報告』

（ＩＭＦ日産・トヨタ世界自動車協議会結成に当たって　一九七三年九月二十七日）

〈多国籍企業問題に対する国際労働運動の取り組み〉

自動車の多国籍企業が引き起こしている諸問題と、その対応の仕方が重要な課題として提起され始めたのは、一九五〇年代の半ば頃からです。それまでは、例えば米国のビッグスリー（ＧＭ・フォード・クライスラー）に代表される多国籍企業の活動について、進出先の各国に多額の資本と新しい技術を持ち込むことにより、その国の経済発展に大きく貢献しているという面が強調されておりました。

しかし、各国経済や国際貿易が飛躍的に拡大し、多国籍企業の活動が進出先国の経済に占める比重が高まるにつれ、その独自の行動が当該国の主体性に少なからぬ影響を与えるようになり、また、その国の労使関係の伝統的パターンや労働組合の自由な活動にも好ましくない影響を及ぼすようになってきました。

そこで、一九六四年にフランクフルトで開かれたＩＭＦ自動車部会は、「企業別世界自動車協議会の結成に関する勧告」を採択しました。これに基づき、一九六六年六月、デトロイトにおいて、ＧＭ、フォード、クライスラーの各企業別世界協議会が結成されたのを皮切りに、現在、世界で七つの「企業別世界自動車協議会」が作られております。

昔は多国籍企業問題というと、資本進出された国に起こる問題でしたが、今日では、資本を出す側の（親企業のある）国の労働問題としても議論されるようになって参りました。

例えば、最近のアメリカにおいては、多国籍企業の海外投資の増大、海外工場の新設が、自国の技術と仕事を輸出し、加えて、ビッグスリーの海外工場から製品が逆輸入されるようになり、アメリカ労働者の失業問題としてはね返ってくるようになりました。このように今日では、多国籍企業は進出国、被進出国の両方に問題を生み出しているのです。

従って、このように複雑かつ世界的な広がりで起こる諸問題の解決は、一国内における努力だけでは不可能であり、労働組合の国際的な連帯活動が必要とされています。

これらの問題に対応すべく、IMFは早くから産業レベルにおける国際的な対策活動を進めてきましたが、ICFTU（国際自由労連）もこの問題への取り組みを始めました。即ち，ICFTUは一九六九年の世界大会において「多国籍企業の民主化のための声明」を採択し、翌一九七〇年の執行委員会で「多国籍企業の行動基準を作成するために、国連の主催により、労働組合が参加した会議を開催すべきである」との要請を決定、これを国際諸機関に要請しております。

さらにICFTUは、執行委員会の中に「多国籍企業に関する作業委員会」を設け、具体的な対策活動の立案を進めておりますが、このたび、本会議に引き続き十月三〜五日に、その作業委員会がこの教育センターで開催される予定になっております。

このように、今日、多国籍企業の問題は、労働者の雇用と生活を守り世界の平和と繁栄を築くために、極めて重要な国際的課題として取り上げられるに至っております。

私たち自動車総連は三ヶ月前に、他の産業別組織と協力して、多国籍企業問題対策労組連絡会議を結成しました（一九七三・七・二）。それはこのような世界的課題に対して、日本の労組としての役割を担って行きたいと考えるからです。

〈労使協議制で効果的な活動を〉

多国籍企業は、世界市場の発展や新しい生産技術・経営技術の利用の所産です。そして、その生産の国際的体制は、新しい生産技術を世界に普及し、経済の成長や社会の進歩に重要な役割を果たすことができますが、ただし、それは労働組合が、労働者及び国民全体の利益を守るために、多国籍企業に対して影響力を行使し得る場合に限られます。

ですから私ども自動車総連は、多国籍企業に対し影響を与え得る行動を組織的に展開するために、他の産業別労組と協力して国内的な労組の体制を築こうとしているわけですが、同時に国際的な連帯活動の強化を図らなければならないと考えております。

これからの多国籍企業問題と世界経済の動向を考えるとき、労働組合の真の国際連帯活動が不可欠の要件として求められていると思います。かかる観点から、自動車総連は結成時の運動方針でも、また本年九月六～八日の第二回定期大会の運動方針の中でも、国際連帯活動の強化を強調し、具体的な活動の一つとして、まず日産とトヨタの世界自動車協議会の結成をはかることを決定しました。

日本の自動車企業は欧米の自動車企業と比べて、歴史も浅く海外活動の規模、形態、進出先などが、アメリカのビッグスリーなどとはかなり異なっております。しかし、日本の自動車企業も急速に海外における企業活動を拡大してきておりますので、私たち日本の自動車産業労組も自らの責任として、多国籍企業問題対策に力を入れることが、非常に重要になっております。

特に日本の自動車企業は、発展途上国との関係が主要な部分を占めておりますので、労働問題に対する特別な配慮が必要であると考えます。これまで、発展途上国への進出企業の中には、進出先国の労働組合の問題を始め国民生活の向上、或いは均衡のとれた経済発展などに対する配慮を欠き、好ましからぬ問題を起こした例が幾つかあり、私は大変残念なことと思っております。そして、日本の自動車企業には絶対に、そのような過ちを繰り返させてはならないと考えています。その立場から私たちＪＡＷは、次のことを経営者に強く主張してきました。

「日本の自動車企業が資本進出し、或いは製品輸出をする場合は、関係国の国民生活の向上と労働者の福祉の増大に役立つことを大原則とすべきであり、そのためにも、それぞれの国において、社会的責任を果たすことを企業行動の基準におくべきである」ということです。

すなわち、私たちは産業段階、企業段階における労使協議制を通じて、企業の海外活動に関して、事前・事後の協議を効果的に実施することが極めて重要であるとの認識に立ち、この活動に取り組む体制を作りつつあります。

私たちは、以上のような多国籍企業問題と労働者の国際連帯活動を考えながら、ＩＭＦの企業別世界協議会の活動をさらに発展させ、日本の自動車労組としての役割を担ってい行こくために、先ず日産とトヨタの世界自動車協議会を発足させる準備を進めてきました。

〈同じ製品で結ばれた労働者の団結体に〉

そこで私たちが結成しようとしている日本の自動車企業別 World Auto Council について、その考え方及び内容の特徴点を簡単に述べたいと思います。

日産世界協議会とトヨタ世界協議会は、すでに設置されている七つのＩＭＦ世界協議会とは異なった面も併せ持った形にしたいと考えております。

すなわち、既存のＧＭやフォード、クライスラーなどの協議会と同様の活動をすることは勿論ですが、さらにそれ以外の機能も持ち、活動の幅を拡げたいと考えております。

七つの協議会は、同一資本の傘下にある、世界の工場の生産労働者の集まりです。私たちが作りたいと思う協議会は、資本には無関係に、同じ製品（ブランド）で結ばれた労働者の国際的な組織体です。例えば日産世界協議会は、ダットサンの部品を作り、ダットサンを組立て、それを販売し、サービスする労働者の集まりにしたいのです。

このように考えた理由、歴史的な背景を若干述べてみます。それは今から二十年前、一九五三年の日産自動車における大争議の経験が出発点です。当時、日産自動車の組合は、五ケ月に及ぶストライキを続けましたが、その結果、部品、販売の労働者も失業と生活苦に見舞われました。

その時、私たち日産労組の幹部が考えたことは、メーカー労組はメーカーの労働者を守るだけではなく、関連する販売企業、部品企業に働く労働者も守る義務があるという事でした。そこで私たちは、部品・販売の労働者と共に自動車労連を結成し、同一労働・同一賃金の原則に基づいて賃金格差を直しながら、労働条件を改善し、雇用を守ってきました。このことは、メーカーの経営者にその社会的責任を自覚させ、経営の姿勢を転換させるという成果を生むと同時に、労組の交渉力を強大にしました。

すなわち、日産の経営者は、それまでは日産自動車のことだけ考えて経営し、労使の交渉をしていれば良かったのですが、労連結成以降は、関連する部品や販売の雇用や賃金問題まで配慮するように変わってきたのです。そして自動車労連は、関連する各企業の経営政策に対しても意見を言い、影響力を持つに至っております。

私たちはこの経験を国際的に拡げて行きたいと考えたわけです。日産もトヨタも現在は海外に投資会社は少ないし、そこに働く労働者の数もあまり多くはありませんが、日本以外でダットサンやトヨタの仕事に携わって生活している労働者ということで捉えるなら、非常に大きな数になると思います。そして、これらの仲間が何らかの方法で、もし強い協力関係が作れるとしたら、それは経営に対して強大な力を持つことになるでしょう。このような考え方による私たちの世界自動車協議会（World Auto Council）の目的を整理すると、次のようになると思います。

1．多国籍化しつつある日産あるいはトヨタに対して、労働者を守るための活動。それは、既存のIMF世界自動車協議会の活動分野に当たるものです。

2．日産あるいはトヨタの資本関係の有無にかかわらず、自動車の製造、販売、サービスの仕事に従事している労働者を守り、それぞれの国において、企業の社会的責任を果たさせること。

3．日本の発展途上国に対する技術協力というILOの課題に、労働組合としての役割を担う。すなわち、アジアをはじめ発展途上国の労働組合の結成と強化に協力し、国民生活の向上、産業・経済の発展と社会進歩に寄与する。

以上、この世界協議会について私の見解を申し上げました。後の討議の素材にして頂ければ幸いです。

[著者略歴]

塩路一郎（しおぢ・いちろう）

1927（昭和2）年1月1日、東京・神田に生まれる
1939（昭和14）年　第1東京市立中学（現九段高校）入学
1943（昭和18）年　海軍機関学校入校
1945（昭和20）年　海軍兵学校舞鶴分校卒業
1953（昭和28）年　明治大学法学部卒業
　日産自動車株式会社入社
　日産自動車労働組合常任執行委員
1959（昭和34）年　日産自動車労働組合書記長
1960（昭和35）年　米国ハーバード大学ビジネススクール卒業
1961（昭和36）年　日産自動車労働組合組合長
　日本自動車産業労働組合連合会（自動車労連）副会長
1962（昭和37）年　日本自動車産業労働組合連合会（自動車労連）会長
　全日本労働総同盟（同盟）副会長
1965（昭和40）年　全日本自動車産業労働組合協議会（自動車労協）議長
1966（昭和41）年　IMF・JC副議長
1969（昭和44）年　国際労働機関（ILO）理事
1972（昭和47）年　全日本自動車産業労働組合総連合会（自動車総連）会長
　国際自由労連（ICFTU）副会長
1982（昭和57）年　全民労協副議長
1983（昭和58）年　日米諮問委員会委員
1986（昭和61）年　ICFTU、全民労協、同盟、IMF・JC、 自動車総連、
　自動車労連の役員を退任

日産自動車《にっさんじどうしゃ》の盛衰《せいすい》——自動車労連会長《じどうしゃろうれんかいちょう》の証言《しょうげん》

2012 年 8 月 30 日　初版第 1 刷発行　　定価 2200 円 + 税

著　者　塩路一郎 ©

発行者　高須次郎

発行所　緑風出版

〒 113-0033　東京都文京区本郷 2-17-5　ツイン壱岐坂
［電話］03-3812-9420　［FAX］03-3812-7262［郵便振替］00100-9-30776
［E-mail］info@ryokufu.com［URL］http://www.ryokufu.com/

装　幀　斎藤あかね

制　作　R 企 画　　印　刷　シナノ・巣鴨美術印刷

製　本　シナノ　　用　紙　大宝紙業・シナノ　　E2000

ISBN978-4-8461-1214-1　C0036